高等学校电子信息类系列教材

普通高等教育"十三五"规划教材

光 电 检 测 技 术

（第 4 版）

主　编　张志伟　曾光宇　李仰军

副主编　赵冬娥　赵　辉　许富景

清 华 大 学 出 版 社

北京交通大学出版社

·北京·

内 容 简 介

本书介绍了光电检测系统的构成和应用基础知识。重点叙述了光电检测过程中常用的光源、各种性能的光电转换器、光纤与光纤传感技术和光外差检查技术。

本书内容全面，叙述简明扼要，既重视理论性，也讲究实用性。可供电子信息类及其他相关专业的理工科本科生、研究生作教材选用，也可作为相关科技工作者的参考用书。

图书在版编目（CIP）数据

光电检测技术/张志伟，曾光宇，李仰军主编．—4 版．—北京：北京交通大学出版社：清华大学出版社，2018.8（2022.6 重印）

高等学校电子信息类系列教材

ISBN 978-7-5121-3663-2

Ⅰ.① 光… Ⅱ.① 张… ② 曾… ③ 李… Ⅲ.① 光电检测-高等学校-教材 Ⅳ.① TP274

中国版本图书馆 CIP 数据核字（2018）第 179573 号

光电检测技术
GUANGDIAN JIANCE JISHU

责任编辑：吴嫦娥
出版发行：清华大学出版社　　邮编：100084　　电话：010-62776969　　http://www.tup.com.cn
　　　　　北京交通大学出版社　邮编：100044　　电话：010-51686414　　http://www.bjtup.com.cn
印刷者：北京时代华都印刷有限公司
经　　销：全国新华书店
开　　本：185 mm×260 mm　　印张：19　　字数：481 千字
版印次：2018 年 8 月第 4 版　　2022 年 6 月第 3 次印刷
定　　价：49.00 元

本书如有质量问题，请向北京交通大学出版社质监组反映。对您的意见和批评，我们表示欢迎和感谢。
投诉电话：010-51686043，51686008；传真：010-62225406；E-mail：press@bjtu.edu.cn。

第4版前言

《光电检测技术》（第3版）自2014年出版以来，收到一些好的修改建议。同时，我们开展了"光电检测技术"课程内容及教学方法的优化与实践以及"光电检测技术"精品资源共享课程建设工作。为使其在高等教育的相关专业教学中发挥更好的作用，再次进行了修订。

本书和第3版相比，除了修改了某些错误之外，主要做了如下工作：

1. 修订原书中的其他基本概念为光度学的基本定律，保留了点源和扩展源的基本概念，明晰了照度与距离平方反比定律、朗伯余弦定律和亮度守恒定律，增加了噪声的等效处理等内容；

2. 丰富了光电器件与集成运算放大器的连接的内容，增加了电流放大型、电压放大型和阻抗变换型变换电路的工作原理及优缺点等内容；

3. 丰富了光敏电阻应用电路的内容，增加了对恒流偏置、恒压偏置和恒功率偏置工作原理等内容；

4. 微通道板在提升光电倍增管和像增强器性能方面具有重要的作用，本次修订增加了使用MCP时应注意的事项，如输出电流密度的饱和效应和离子反馈等内容；

5. 丰富了自扫描光电二极管阵列的内容，增加了CMOS图像传感器的内容，如CMOS图像传感器的结构与工作原理、CMOS图像传感器阵列、CMOS光敏元的单元电路、固定图像噪声（FPN）消除电路以及CMOS与CCD图像传感器比较和CMOS摄像器件的发展现状和应用；

6. 光纤面板在提升像增强器性能和改善像质等方面具有重要的作用，本次修订丰富了光纤面板的内容，如锥形光纤的工作原理和光纤面板的三环效应等内容；

7. 鉴于共线光外差干涉系统在纳米光学测量中的重要性，根据自己的科研成果增加了共线光外差干涉系统相位调制的内容。

8. 删除了第10章"太赫兹波的产生与检测"一章，同时对第1、4、5和7章的作业也进行了补充。

本版修订中第1和4章由张志伟完成，第2章由曾光宇完成，第3和7章由山西大学许富景完成，第5章由李仰军完成，第6章由赵冬娥完成，第8章由王高完成，第9和10章由太原理工大学张文静完成，第11章由赵辉完成。

本版修订参阅了大量的参考资料，编者再次向相关作者表示衷心感谢。由于我们的学识有限，书中难免存在错误和不当之处，恳请广大读者指正，以便进一步修订和完善。

编　者

2018年7月

第3版前言

为了适应光电检测技术的快速发展和21世纪高等教育培养高素质人才的需要，我们在第2版的基础上，总结了多年来课程改革的经验，结合光电检测技术的新成果，对教材内容作了修改、更新和补充。在修订时，既保持了多年形成的比较成熟的知识体系，又面向了新技术的发展；既符合了电子信息类相关专业对本门课程的基本要求，又适当地引入了光电检测新技术、新方法和新成果。

和第2版相比，此次修订后的教材有如下变化。

1. 改正了一些明显的错误和叙述不够精确与严谨的地方。如第1章"其他基本概念"中扩展源总辐射通量积分公式，第3章"结型光电器件放大电路"中的阻抗变换型放大电路，第4章"光敏电阻的主要特性参数"的温度特性公式，第5章"光电倍增管的主要特性参数"中的二次电子发射系数表达式，第6章异质结靶的硒砷碲靶及摄像管的特性参数的调制传递函数的表达式等。

2. 补充了一些新的科研成果内容和习题。如在第1章基本定律的普朗克辐射公式中，补充了关于该公式的实证结果；在第1章半导体基础知识的热平衡下的载流子浓度中补充了能级密度、费米能级和电子占据率、平衡载流子浓度、本征半导体中的载流子浓度和杂质半导体的载流子浓度；在第1章光电发射效应中，补充了负电子亲和势及其形成；在第3章结型光电器件中，补充了透过型光传感器的应用电路；在第9章光导纤维与光纤传感器中，补充了有关光纤的习题。

3. 基于光外差检测技术在激光通信、激光雷达、激光测长、激光测速、激光测振和激光光谱学等方面的广泛应用，以及声光调制技术及器件的快速发展和应用，本次修订增加了光外差检测技术，包括光外差检测原理、光外差检测调相信号的解调方法、光外差检测的特性及空间匹配条件等内容。

本版修订工作中，第1、3、7、9和11章由张志伟完成，第2、4、8章由曾光宇完成，第10章由首都师范大学张存林完成，第5章由李仰军完成，第6章由赵冬娥完成，第12章由赵辉完成。

由于我们的能力和水平有限，书中所修订的具体内容若有疏漏、欠妥和错误之处，恳请专家、学者及使用本书的广大教师、工程技术人员和学生一如既往，多加指正，以便今后不断改进和完善。

编　者
2014年8月

第 2 版前言

本书自 2005 年 9 月出版以来，被国内数十几所大学所使用，受到较多的好评；同时也得到一些好的修改建议。为了更好地发挥本教材的教学作用，我们对全书内容进行了修订和补充。

这次再版所做的修订约近百处，修改了一些错误和论述不太准确和不够严谨的地方，如与单色辐出度和辐射出射度量有关的描述、二次电子发射系数表达式以及亮电流、暗电流与光电流之间的关系；补充和更新的内容涉及光电探测器的特性参数、真空成像器件中的像管和摄像管内容、固体成像器件中的电荷耦合原理与电极结构、电荷耦合器件的组成及其工作原理、CCD 摄像机分类中的微光 CCD 以及固体摄像器件的发展和应用、光导纤维与光纤传感器中的光纤面板和光纤液体折射率传感器。其他修订和补充的内容此处不一一列举说明。

"光电检测技术"是一门实用性较强的技术应用基础课，根据本书出版以来国内数十所大学四年的使用所反馈回来的修改建议，这次再版增加了光电检测技术的基础性实验内容。实验内容主要包括：光电探测器光谱响应度、响应时间、探测度的测量实验和光敏电阻、光电二极管、三极管、PSD 和 CCD 的基本特性测量实验。

本版修订工作中，第 1、2、4、8 章由曾光宇完成，第 3、5、6、7、9 和 11 章由张志伟完成，第 10 章由张存林完成。

本书配有教学课件，如有需求请从北京交通大学出版社网站下载，或发邮件至 cbswce @jg. bjtu. edu. cn 联系索取。

本次再版工作坚持原版的指导思想和编写原则，面向培养工程应用型人才的一般高等院校，以满足一般高等院校师生掌握应用光电检测技术的教学需要。对学习、修订工作中参考过的文献资料的作者表示感谢。

新版中存在的问题，诚恳希望广大专家、同行和读者给予批评指正，同时诚恳希望广大专家、同行和读者支持我们把本书修改得更加适应光电检测技术发展的需要。

编　者
2009 年 8 月

第 1 版前言

21 世纪是信息社会，计算机技术、通信技术和传感器技术是信息社会的三大技术支柱。20 世纪 60 年代的激光技术和 70 年代的光纤技术的迅速发展更加促进了传感器技术和通信技术的快速发展。目前光导纤维和光电器件已成为传感器技术的一个重要方面，它们已广泛应用于科研、生产和社会生活的各个方面。大学生作为现代化建设的后备力量，了解、学习和掌握光电检测技术方面的有关知识是相当必要的。

但是，目前有关光电检测技术或介绍光电器件的课程大都设置在光电类专业，内容较深，学时较多。非光电类理工科专业由于光学基础知识比较薄弱，学时限制，大都不能开设这门课程。为了满足非光电类专业学生学习光电检测知识的愿望，本教材集作者多年来在信息工程专业讲授光电技术课程的经验，参阅国内外有关教材和资料编写而成。学时控制在 48 学时以内，内容易学易懂，基本上可以满足非光电类专业大学生的要求。对于学时更少的也可以选学其中感兴趣的章节。

作为一本非光电专业的光电检测技术课程教材，既要阐明原理，又要具有实用价值。本书编写遵循了这个原则。

全书共分 10 章。第 1 章介绍光电检测过程中涉及的基础知识和基本定律；第 2 章介绍光电检测系统中常用光源的工作原理和性能特征，并对激光的产生原理作了叙述；第 3 章和第 4 章主要介绍以光电导效应和结型光伏效应为基础的光敏电阻、光电二极管、光电三极管、特殊光电二极管等器件的工作原理和特性参数、典型应用等内容。第 5 章、第 6 章介绍了主要的真空光电器件和真空摄像器件；第 7 章对固体成像器件 CCD 和 SSPD 作了简单介绍；第 8 章介绍了红外辐射与红外探测器件；第 9 章叙述了光导纤维的结构特征和传光原理，并介绍了不同调制状态下的光纤传感器的结构和应用；第 10 章介绍了太赫兹波的产生、检测和应用技术及其发展现状。THz 技术是近年来光电子学研究中的前沿热点之一，了解和学习一些基本知识很有必要。

本书第 1、2、9 章由曾光宇编写，第 3、5、6、7、8 章由张志伟编写，第 4 章由牟静竹编写；第 10 章由张存林编写。全书由曾光宇统稿。对学习、写作过程中参考的文献资料的作者表示感谢。

本书配有教学课件及其实验指导书，如有需求请从北京交通大学出版社网站下载，或发邮件至 cbswce@jg. bjtu. edu. cn 联系索取。

因水平有限，书中难免有不足或错误之处，诚恳希望读者给予批评和指正。

编 者
2005 年 8 月

目　　录

第1章 光电检测应用中的基础知识

光电检测系统的典型配置见图1-1，包括辐射源（或光源）、信息载体、光电探测器及信息处理装置。在大部分情况下，探测器前要加光学系统。本书将重点介绍常用的辐射源和光电探测器，讨论它们的结构、工作原理、性能及用途。本章将介绍一些相关的基础理论知识。

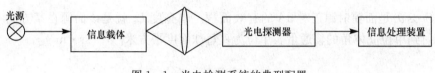

图1-1 光电检测系统的典型配置

1.1 辐射度学和光度学基本概念

辐射度学研究各种电磁辐射的传播和量度，包括可见光区域。辐射度学单位是纯粹物理量的单位，例如，熟悉的物理学单位焦耳（J）和瓦特（W）就是辐射能和辐射功率的单位。光度学所讨论的内容仅是可见光波的传播和量度，因此光度学的单位必须考虑人眼的响应，包含了生理因素。例如，光度学中光功率的单位不用瓦特（W）而用流明（lm）。虽然光度学采用另一套单位制，但是各物理量的定义及其物理意义和辐射度学是一致的。为了区分，辐射度学和光度学各物理量分别加脚标"e"和"v"表示。

1.1.1 辐射度学基本物理量

1. 辐［射］功率（或称辐［射能］通量）Φ_e

对辐射源来说，其辐功率定义为单位时间内向所有方向发射的能量，对于电磁波的传播来说，辐功率 Φ_e（e为辐射 emission 的第一个字母）的定义是单位时间通过某一截面的辐射能。单位为瓦［特］（W）。

2. 辐［射］强度 I_e

点状辐射体在不同方向上的辐射特性用辐强度 I_e 表示。若在某方向上，一个小立体角 $\mathrm{d}\Omega$ 内的辐通量为 $\mathrm{d}\Phi_e$，则点光源在该方向的辐强度 I_e 为

$$I_e = \frac{\mathrm{d}\Phi_e}{\mathrm{d}\Omega} \tag{1-1}$$

辐强度 I_e 的单位为瓦每球面度（W/sr）。对于均匀辐射的点光源，若辐通量为 Φ_e，则其辐

强度为

$$I_e = \frac{\Phi_e}{4\pi} \tag{1-2}$$

3. 辐[射]亮度(或称辐射度)L_e

对于小面积的面辐射源,以辐亮度 L_e 来表示其表面不同位置在不同方向上的辐射特性。如图 1-2 所示,一小平面辐射源的面积为 dS,与 dS 的法线夹角 θ 的方向上有一面元 dA。若 dA 所对应的立体角 $d\Omega$ 内的辐通量为 $d\Phi_e$,则面辐射源在此方向上的辐亮度为

$$L_e = \frac{d^2\Phi_e}{\cos\theta dS d\Omega} \tag{1-3}$$

式中,$d(S\cos\theta)$ 是面辐射源正对 dA 的有效面积。辐亮度 L_e 就是该面源在某方向上单位投影面积辐射到单位立体角的辐通量。单位为瓦每球面度平方米 $[\text{W}/(\text{sr}\cdot\text{m}^2)]$。

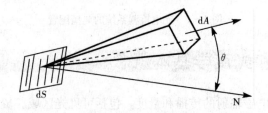

图 1-2   辐射源的辐亮度

4. 辐[射]出[射]度 M_e

辐出度只表示面辐射源表面不同位置的辐射特性,而不考虑辐射方向。其定义为:面辐射源的单位面积上辐射的辐通量,即把辐亮度 L_e 对所有可能方向的角积分,即

$$M_e = \frac{d\Phi_e}{dS} = \int_{\Omega} L_e d\Omega \tag{1-4}$$

其单位为瓦每平方米 (W/m^2)。

5. 辐[射]照度 E_e

辐照度表示每单位受照面接受的辐通量,即

$$E_e = \frac{d\Phi_e}{dA} \tag{1-5}$$

这里,无须考虑面元 dA 所接受的辐通量来自何方,故与该面的取向无关。辐照度的单位为瓦每平方米 (W/m^2)。

此外,还有一些物理量,如辐射能 Q(单位是 J),辐射能密度 ω(单位是 J/m^3),等等。

如果辐亮度和辐强度与辐射方向有关,可用带下标的 $L_{e\theta}$ 和 $I_{e\theta}$ 表示。如果仅仅考虑在波长 λ 附近的辐射情况,则可用 $L_{e\lambda}$ 和 $I_{e\lambda}$ 表示。例如 $I_{e\lambda}$ 称为光谱辐强度,表示在波长 λ 附近每单位波长间隔的辐强度。辐强度与光谱辐强度的关系为

$$I_{e} = \int_0^\infty I_{e\lambda} d\lambda \qquad (1-6)$$

其余物理量，如 $M_{e\lambda}$，$L_{e\lambda}$ 等意义与 $I_{e\lambda}$ 相仿，在此不一一叙述。

1.1.2 光度学基本物理量

人眼是最常用也是最重要的可见光接受器。它对不同波长的电磁辐射有不同的灵敏度，而且不同人的眼睛，其灵敏度也有差异。为了从数量上描述人眼对各种波长辐射能的相对敏感度，引入视见函数 $V(\lambda)$。国际照明委员会从许多人的大量观察结果中取其平均值，得出视见函数 $V(\lambda)$-λ 的曲线（见图 1-3），图中虚线是暗视觉视见函数，实线是明视觉视见函数。人眼对于波长为 555 nm 的绿色光最敏感，取其视见函数值为 1。其他的波长 $V(\lambda)<1$，而在可见光谱以外的波段 $V(\lambda)=0$。在 380～780 nm 的区域里，各种波长处的视见函数值如表 1-1 所示。从表 1-1 所列数值可见，波长为 740 nm 的红光，其功率必须大于波长为 555 nm 的绿光的 4×10^3 倍，才能引起相同强度的视觉感受。

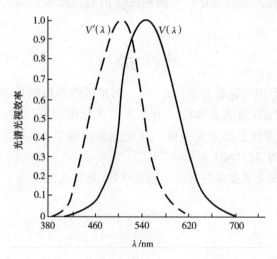

图 1-3 视见函数 $V(\lambda)$-λ 的曲线

表 1-1 各种波长处的视见函数值

光 色	λ/nm	$V(\lambda)$	光 色	λ/nm	$V(\lambda)$	光 色	λ/nm	$V(\lambda)$
紫	380	4×10^{-5}	绿	530	0.862	橙	620	0.381
紫	390	1.2×10^{-4}	绿	540	0.954	红	640	0.175
紫	400	4×10^{-4}	绿	550	0.995	红	660	0.061
紫	420	4×10^{-3}	绿	555	1.000	红	680	0.017
蓝	440	2.3×10^{-2}	绿	560	0.995	红	700	4×10^{-3}
青	460	6×10^{-2}	黄	570	0.952	红	720	1×10^{-3}
青	480	0.139	黄	580	0.870	红	740	2.5×10^{-4}
绿	500	0.323	黄	590	0.757	红	760	6×10^{-5}
绿	520	0.710	橙	600	0.631	红	780	1.5×10^{-5}

1. 光通量 Φ_v

为了从数量上描述电磁辐射对视觉的刺激强度，引入一个新的物理量，称为光通量 Φ_v（v 为可见度 visibility 的第一个字母），也称为光功率。光通量的定义为

$$\Phi_v = CV_\lambda \Phi_e \qquad (1-7)$$

式中：Φ_v——光通量，lm；

$\quad C$——最大光视效能，683 lm/W；

$\quad \Phi_e$——辐通量，W。

从定义可见，辐通量为 1 W，波长等于 555 nm 的绿光的光通量（即视觉感受）为 683 lm，即 1 lm 的光通量所相当的瓦特数为 1/683（对波长为 555 nm 而言）。对其他波长，1 lm 光通量所相当的瓦特数都大于 1/683。

2. 发光强度 I_v

这是从光通量导出的光度学的量，与辐射度学的辐强度很相似。点光源的发光强度定义为

$$I_v = \frac{\mathrm{d}\Phi_v}{\mathrm{d}\Omega} \qquad (1-8)$$

发光强度的单位应是流明每球面度（lm/sr），但是国际单位制规定发光强度为七个基本量之一，其单位坎德拉（cd）为基本单位。中华人民共和国国家标准 GB 3100—1993 规定，坎德拉是一光源在给定方向上的发光强度，该光源发出频率为 540×10^{12} Hz 的单色辐射，且在此方向上的辐强度为 $(1/683)$ W·sr^{-1}。

其他光度学单位从发光强度单位导出。例如 1 lm 是发光强度为 1 cd 的点光源在 1 sr 立体角内的光通量。

3. 亮度 L_v

面光源的亮度定义为

$$L_v = \frac{\mathrm{d}^2\Phi_v}{\cos\theta \mathrm{d}S \mathrm{d}\Omega} \qquad (1-9)$$

L_v 的单位为 cd/m²（坎德拉每平方米）。这个单位曾称为 nt（尼特），但在国际标准 ISO 中已废除。

4. 光出射度 M_v

光出射度，过去也称为面发光度。其定义为面光源从单位面积上辐射的光通量，即

$$M_v = \frac{\mathrm{d}\Phi_v}{\mathrm{d}S} = \int_\Omega L_v \mathrm{d}\Omega \qquad (1-10)$$

M_v 的单位为流明每平方米（lm/m²）。从量纲上看，光出射度 M 和照度 E 单位应一样，但照度专门命名了一个单位 lx。

5. 照度 E_v

入射到单位面积上的光通量称为照度，即

$$E_v = \frac{\mathrm{d}\Phi_v}{\mathrm{d}A} \tag{1-11}$$

E_v 的单位为勒克斯(lx)。1 lm 的光通量均匀分布在 $1\ m^2$ 的平面上所产生的照度为 1 lx。

表 1-2 是主要辐射度学量和相应的光度学量对照表。当需要区分时，辐射度学和光度学各量分别加脚标"e"和"v"，若不会引起混淆即省去。根据眼睛的视见函数 $V(\lambda)$，可从辐射度学单位表示的量值换算为以光度学单位表示的相应值。例如，已知某一波长 λ 的光谱辐照度 $E_{e\lambda}$ 时，与之相当的光谱照度 E_λ 为

$$E_\lambda = 683\,V(\lambda)E_{e\lambda} \tag{1-12}$$

如果照明光源不是单色的，则总的照度可用积分求出。

表 1-2　主要辐射度学量和相应的光度学量对照表

符　号	光度学量及单位	辐射度学量及单位	定　义
Φ	光通量(光功率)　lm	辐通量(辐功率)　W	单位时间通过某截面的能量
I	发光强度　cd	辐强度　W/sr	$I = \dfrac{\mathrm{d}\Phi}{\mathrm{d}\Omega}$
E	照度　lx	辐照度　W/m^2	$E = \dfrac{\mathrm{d}\Phi}{\mathrm{d}A}$
L	亮度　cd/m^2	辐射度　$W/(sr \cdot m^2)$	$L = \dfrac{\mathrm{d}^2\Phi}{\cos\theta\,\mathrm{d}S\mathrm{d}\Omega}$
M	光出射度　lm/m^2	辐出度　W/m^2	$M = \dfrac{\mathrm{d}\Phi}{\mathrm{d}S} = \displaystyle\int_\Omega L\,\mathrm{d}\Omega$
Q	光量　$lm \cdot s$ 或 $lm \cdot h$	辐射能　J	$Q = \displaystyle\int_t \Phi\,\mathrm{d}t$

$$E_\lambda = 683\int_\lambda V(\lambda)E_{e\lambda}\,\mathrm{d}\lambda \tag{1-13}$$

式中的积分限应按照光源的辐射波长范围确定。对于白光光源，一般取 $380\sim780$ nm。

1.1.3　光度学基本定律

1. 照度与距离平方反比定律

点源实际尺寸不一定很小，可按辐射源线度尺寸与接收面距离的比例来区分。同一辐射源在不同场合，可能是点源也可能是面源。一般而言，当距离比辐射源线度尺寸大 10 倍以上时，可以看成点源。比如飞机的尾喷管，在 1 km 以上的距离观察时是点源；而在 3 m 的距离观察时，则表现为面源。

从强度为 I 的点源辐射到立体角 $\mathrm{d}\Omega$ 的通量为

$$\mathrm{d}\Phi = I\mathrm{d}\Omega \tag{1-14}$$

若点源沿各方向均匀辐射，则总通量为

$$\Phi = 4\pi I \qquad (1-15)$$

当点源照射一个小面元 dA 时，若面元 dA 的法线与 dA 到点源连线 r 的夹角为 θ，则照到 dA 上的通量为

$$d\Phi = I\frac{\cos\theta\, dA}{r^2} \qquad (1-16)$$

根据照度的定义，得该面元上的照度为

$$E = \frac{d\Phi}{dA} = \frac{I}{r^2}\cos\theta \qquad (1-17)$$

这就是照度与距离 r 之间的平方反比定律。仅当光源极小或极远时，平方反比定律才能成立，这时才能把辐射源看作点源。

2. 朗伯余弦定律

对于漫反射体或某些自身可辐射的辐射源，其辐亮度与方向无关，即辐射源各方向的辐亮度不变，这类辐射源称为朗伯辐射体。一个面积为 dS 的朗伯源在立体角 $d\Omega$ 内辐射的通量为

$$d^2\Phi = L\cos\theta dS d\Omega \qquad (1-18)$$

按照朗伯辐射体亮度不随角度 θ 变化的定义，有

$$L = \frac{I_0}{dS} = \frac{I_\theta}{\cos\theta dS} \qquad (1-19)$$

由式(1-19)可得到

$$I_\theta = I_0\cos\theta \qquad (1-20)$$

式中，I_0 是理想漫反射表面法线方向上的光强，I_θ 是与法线方向夹角为 θ 方向的辐射光强。式(1-20)说明，在理想情况下，朗伯体单位表面积向空间规定方向单位立体角内发射(或反射)的辐射通量和该方向与表面法线方向的夹角 θ 的余弦成正比，称为朗伯余弦定律。朗伯余弦定律又称为布格定律，它描述了光辐射在半球空间内照度的变化规律。朗伯体的辐射强度按余弦规律变化，因此，朗伯辐射体又称为余弦辐射体。

如图 1-4 所示，若辐射表面积为 dS，则知法线方向辐射亮度 $L_0 = I_0/dS$，而与法线成 θ 角方向的辐射亮度由式(1-19)给出。对于理想漫反射表面，有 $L_0 = L_\theta$，因此有 $I_\theta = I_0\cos\theta$。若以法线方向上的光强大小值为直径画一个圆球与表面 dS 相切，那么由 dS 中心向 θ 角方向作的到球面交点的矢量大小就是此方向的光强。

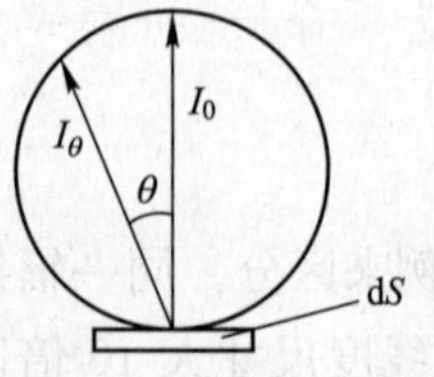

图 1-4　朗伯余弦定律

一个理想化的扩展源，称之为朗伯源。对于一个面积为 dS 的朗伯源，式(1-18)给出了其在立体角 $d\Omega$ 内辐射的通量。假设此朗伯源是不透明物质，其辐射的通量仅仅分布在半球空间内，如图 1-5 所示。对于半球空间，其立体角为

$$d\Omega = \frac{rd\theta \cdot r\sin\theta d\varphi}{r^2} = \sin\theta d\theta d\varphi$$

所以此面源的总辐通量为

$$\Phi = L\mathrm{d}S\int_0^{\pi/2}\cos\theta\sin\theta\,\mathrm{d}\theta\int_0^\pi 1\mathrm{d}\varphi = \pi L\mathrm{d}S \qquad (1-21)$$

根据辐出度的定义，可得到朗伯源的辐出度与辐亮度的关系，即

$$M = \frac{\Phi}{\mathrm{d}S} = \pi L \qquad (1-22)$$

3. 亮度守恒定律

如图 1-6 所示，当光束在同一种媒质中传播时，沿其传输路径可任取两个面元 $\mathrm{d}S_1$ 和 $\mathrm{d}S_2$，而且通过面元 $\mathrm{d}S_1$ 的光束也都通过面元 $\mathrm{d}S_2$，假设两者之间的距离为 l，面元法线与光束传播方向夹角分别为 θ_1 和 θ_2，则面元 $\mathrm{d}S_1$ 的辐射亮度可由式(1-18)给出

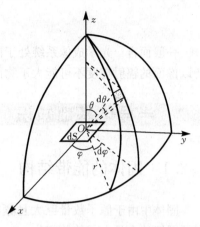

图 1-5   某一方向上的发光强度

$$L_1 = \frac{\mathrm{d}^2\Phi}{\cos\theta_1\,\mathrm{d}S_1\,\mathrm{d}\Omega_1} \qquad (1-23)$$

同样，面元 $\mathrm{d}S_2$ 的辐射亮度为

$$L_2 = \frac{\mathrm{d}^2\Phi}{\cos\theta_2\,\mathrm{d}S_2\,\mathrm{d}\Omega_2} \qquad (1-24)$$

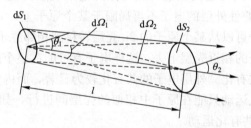

图1-6   光在同一种介质中传播时的亮度守恒关系

根据立体角的定义，求得两个面元沿着 l 方向的立体角之后，通过比较式(1-23)和式(1-24)可得到 $L_1 = L_2$。即光在同一种媒质中传播时，若传播过程中无能量损失，那么光能传播的任一表面的亮度相等，即亮度守恒。

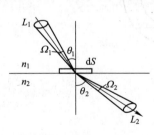

图 1-7   光在两种介质中
传播时的亮度守恒关系

如图 1-7 所示，若两个面元 $\mathrm{d}S_1$ 和 $\mathrm{d}S_2$ 不在同一介质中，即光从一种介质(折射率为 n_1)传播到另一种介质(折射率为 n_2)，并认为光在两种介质表面无反射和吸收损失。此时，考虑到折射定律，可有

$$\frac{L_1}{n_1^2} = \frac{L_2}{n_2^2} \qquad (1-25)$$

假设 L/n^2 为基本辐亮度，则由式(1-25)可得出：在不同介质中传播的光束，在无能量损耗的情况下其基本辐亮度是守恒的。

若光传播过程中通过光学系统，则光学系统会使光汇聚或发散，若光学系统的透射比为

τ，物空间和像空间的折射率分别为 n_1 和 n_2，物面亮度和像面亮度分别为 L_1 和 L_2，那么有

$$L_2 = \tau \left(\frac{n_2}{n_1} \right)^2 L_1$$

一般而言，光学成像系统处于同一介质（即满足 $n_1 = n_2$），而且 $\tau < 1$，因而有 $L_2 < L_1$，所以像面的辐射亮度不可能大于物面的辐射亮度，即光学成像系统不会增加亮度。

1.2   半导体基础知识

1.2.1   固体的能带结构

固体中由于原子数量巨大且紧密排列，形成所谓"能带"。为了弄清能带的形成原因，先要了解什么是电子的共有化。

1. 电子的共有化运动

固体中电子的运动状态与孤立原子中的电子状态有所不同。在孤立原子中，原子核外的电子按照一定的壳层排列，每一壳层容纳一定数量的电子。每个电子具有确定的分立能量值，也就是电子按能级分布。固体中大量原子紧密结合在一起，而且原子间距很小，以致使原子的各个壳层之间有不同程度的交叠。最外面的电子壳层交叠最多，内层交叠较少，如图1-8所示。壳层的交叠使外层的电子不再局限于某个原子上，它可能转移到相邻原子的相似壳层上去。例如电子可以从某个原子的2p壳层转移到相邻原子的2p壳层，也可能从相邻原子运动到更远的原子的相近壳层上去。这样电子有可能在整个晶体中运动。晶体中电子的这种运动称为电子的共有化。外层电子的共有化较为显著，而内壳层因交叠少而共有化不十分显著。电子的共有化运动只能在原子中相似的壳层间进行，如3s壳层上的电子只能在所有原子的3s壳层上做共有化运动。

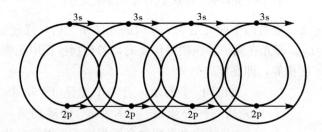

图1-8   电子共有化运动示意图

2. 能带的形成

电子共有化会使本来处于同一能量状态的电子发生微小的能量差异。例如，组成固体的 N 个原子在某一能级上的电子本来都具有相同的能量，由于共有化状态而使它们不仅仅受本身原子核的作用，而且还受到周围其他原子核的作用而具有各自不同的能量。于是，一个电子能级因受 N 个原子核的作用而分裂成 N 个新的靠得很近的能级。这 N 个新能级之间能

量差异极小，而 N 值很大，于是这 N 个能级几乎连成一片而形成具有一定宽度的能带。图 1-9 是原子能级分裂成能带示意图。能带是描述晶体中电子能量状态的重要方法。

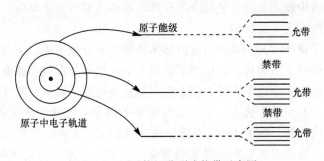

图 1-9   原子能级分裂成能带示意图

3. 能带结构

原子中每一电子所在能级在固体中都分裂成能带。这些允许被电子占据的能带称为允带。允带之间的范围是不允许电子占据的，这一范围称为禁带。因为电子的能量状态遵守能量最低原理和泡利不相容原理，所以内层能级所分裂的允带总是被电子先占满，然后再占据能量更高的外面一层允带。被电子占满的允带称为满带。原子中最外层电子称为价电子，这一壳层分裂所成的能带称为价带。比价带能量更高的允许带称为导带；没有电子进入的能带称为空带。任一能带可能被电子填满，也可能不被填满，满带电子是不导电的。泡利不相容原理认为，每个能级只能容纳自旋方向相反的两个电子，在外加电场上，这两个自旋相反的电子受力方向也相反。它们最多可以互换位置，不可能出现沿电场方向的净电流，所以说满带电子不导电。同理，未被填满的能带就能导电。金属之所以有导电性就是因为其价带电子是不满的。

4. N 型半导体和 P 型半导体

半导体材料多为共价键。例如，锗（Ge）或硅（Si）原子外层有 4 个价电子，它们与相邻原子组成共价键后形成原子外层有 8 个电子的稳定结构。由于共价键上电子所受束缚力较小，它可能受到激发而跃过禁带，占据价带上面的能带。这种现象称为电子的跃迁。电子从价带跃迁到导带后，导带中的电子称为自由电子。自由电子不附着于任何原子上，有可能在晶体中游动，在外加电场作用下形成电流。价带中电子跃迁到导带后，价带中出现电子的空缺称为自由空穴。在外电场作用下，附近电子可以去填补空缺，犹如自由空穴发生定向移动，也能形成电流。所以说，在常温下半导体有导电性。

可见，与半导体导电性能有关的能带是导带和价带。不含杂质的半导体称为纯净半导体，如图 1-10 所示为纯净半导体的能带结构。在纯净半导体中，电子获取热能后从价带跃迁到导带，导带中出现自由电子，价带中出现自由空穴，形成电子-空穴对。而导电的自由电子和自由空穴统称为载流子。没有杂质和缺陷的半导体称为本征半导体，本征半导体导电性能

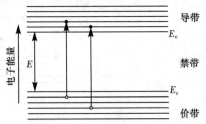

图 1-10   纯净半导体的能带结构

的好坏与材料的禁带宽度有关。禁带宽度越小，电子越容易跃迁到导带，因而导电性就越好。

在半导体中掺入少量杂质就形成掺杂半导体，也称为非本征半导体。杂质的种类和多少对半导体的导电性能有很大的影响。

如果在四价原子锗(Ge)或硅(Si)组成的晶体中掺入五价原子砷(As)或磷(P)，于是在晶格中某个锗原子被砷原子所替代。五价原子砷用 4 个价电子与周围的锗原子组成共价键，尚有 1 个电子多余。这个多余电子因受力较小它很容易被砷原子释放，跃迁到导带而形成自由电子。易释放电子的原子称为施主。施主束缚电子的能量状态称为施主能级 E_d，它位于禁带中比较靠近导带的位置，如图 1-11 所示。施主能级 E_d 和导带底 E_c 间的能量差为 ΔE_d，它称为施主电离能。这种由施主能级激发到导带中去的电子来导电的半导体称为 N 型半导体。在 N 型半导体中，自由电子浓度高于自由空穴浓度。

图 1-11　N 型半导体的能带结构

同理，如果在四价锗晶体中掺入三价原子硼(B)，就形成了 P 型半导体。于是某锗原子被硼原子所替代，硼原子的 3 个价电子和周围锗原子的 4 个价电子组成共价键，形成 8 个电子的稳定结构，但尚缺 1 个电子，如图 1-12 所示。它很容易从锗晶体中获取 1 个电子形成稳定结构。这样就使硼变成负离子而在锗晶体中出现自由空穴。容易获取电子的原子称为受主，受主获取电子的能量状态用受主能级 E_a 表示，它也处于禁带之中，位于价带顶 E_v 附近。E_a 与 E_v 之能量差 ΔE_a，称为受主电离能。受主电离能愈小，价带中的电子愈容易跃迁到受主能级上去，在价带中的自由空穴浓度也愈高。这种由受主控制材料导电性的半导体称为 P 型半导体。在 P 型半导体中，自由空穴浓度高于自由电子浓度。

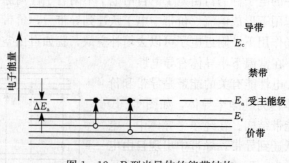

图 1-12　P 型半导体的能带结构

1.2.2　热平衡下的载流子浓度

载流子浓度是指单位体积内的载流子数量。在一定温度下，若没有外界作用，半导体中的载流子是由热激发产生的。电子如果从不断热振动的晶体中获得一定的能量，就能从价带跃迁到导带，形成自由电子，同时在价带中出现自由空穴。在热激发的同时，也有电子从导带跃迁到价带并向晶格放出能量，这就是电子与空穴的复合。在一定温度下激发和复合两种过程形成平衡，称为热平衡状态，这时的载流子浓度即为某一稳定值。当温度改变后，破坏了原来的平衡状态而建立起新的平衡状态，即达到另一个稳定值。所以热平衡状态时的载流子浓度是一稳定值。半导体的电学性质与材料的载流子浓度有关。改变载流子浓度就可以改变半导体的电学性质。

1. 能级密度

能级密度是指在导带和价带内单位体积、单位能量能级数目，用 $N(E)$ 表示。由固体物理可知，在导带内的能级密度为

$$N(E) = \frac{4\pi}{h^3}(2m_e^*)^{3/2}(E - E_c)^{1/2}$$

式中，$N(E)$ 为导带中在能级 E 处的能级密度，m_e^* 为自由电子的有效质量，h 为普朗克常量。在价带内的能级密度为

$$N(E) = \frac{4\pi}{h^3}(2m_p^*)^{3/2}(E_v - E)^{1/2}$$

式中，$N(E)$ 为价带中在能级 E 处的能级密度，m_p^* 为自由空穴的有效质量。

2. 费米能级和电子占据率

根据量子理论和泡利不相容原理可知，半导体中的电子的能级分布服从费米-狄拉克分布

$$f_n(E) = \frac{1}{1 + \exp\left(\dfrac{E - E_f}{kT}\right)} \tag{1-26}$$

式中，E_f 为费米能级，$k = 1.38 \times 10^{-23}$ J/K，为玻耳兹曼常量，T 为热力学温度。由上式可以看出：

(1) 当 $T = 0$ K 时，若 $E < E_f$，则 $f_n(E) = 1$；说明 0 开时，凡是能量比费米能级 E_f 低的能级被电子占据的概率为 1；也就是说，比费米能级 E_f 高的能级是空的，不被电子占据。

(2) 当 $T > 0$ K 时，若 $E = E_f$，则 $f_n(E) = 0.5$；把电子占据率为 0.5 的能级称为费米能级；若 $E < E_f$，则 $f_n(E) > 0.5$；说明比费米能级低的能级被电子占据的概率大于 0.5；若 $E > E_f$，则 $f_n(E) < 0.5$；说明比费米能级高的能级被电子占据的概率小于 0.5，而且比费米能级能量高得越多的能级，电子占据的概率越小。

在价带中，若已知电子的占据概率 $f_n(E)$，即可求得空穴的占据概率 $f_p(E) = 1 - f_n(E)$，也即不被电子占据的概率。

3. 平衡载流子浓度

在导带中能级为 E 的电子浓度为 $n(E)=N(E)\cdot f_n(E)$，即等于在能级 E 处的能级密度和可被电子占据的概率的乘积。因此，在整个导带内总的电子浓度为

$$n=\int_{E_c}^{\infty}n(E)\mathrm{d}E=\int_{E_c}^{\infty}N(E)\cdot f_n(E)\mathrm{d}E=N_c\exp\left(-\frac{E_c-E_f}{kT}\right)\qquad(1-27)$$

式中，$N_c=2\left(\dfrac{2\pi m_e^* kT}{h^2}\right)^{3/2}$，称为导带有效能级密度。上式说明自由电子浓度 n 与温度有关，在温度一定时与费米能级位置呈指数关系。

同样，在价带中能级为 E 的空穴浓度为 $p(E)=N(E)\cdot f_p(E)$，在整个价带内总的空穴浓度为

$$p=\int_{-\infty}^{E_v}p(E)\mathrm{d}E=\int_{E_c}^{\infty}N(E)\cdot f_p(E)\mathrm{d}E=N_v\exp\left(-\frac{E_f-E_v}{kT}\right)\qquad(1-28)$$

式中，$N_v=2\left(\dfrac{2\pi m_p^* kT}{h^2}\right)^{3/2}$，称为价带有效能级密度。上式说明价带中的自由空穴浓度 p 与温度有关，在温度一定时与费米能级位置呈指数关系。

在半导体中平衡载流子的电子数与空穴数之积为

$$n\cdot p=N_cN_v\exp\left(-\frac{E_c-E_f}{kT}\right)\cdot\exp\left(-\frac{E_f-E_v}{kT}\right)=N_cN_v\exp\left(-\frac{E_g}{kT}\right)\qquad(1-29)$$

式中 E_g 为禁带宽度（或称能级间隙），由上式可得到如下结论：

(1) 在每种半导体中平衡载流子的电子数与空穴数之积与费米能级无关；

(2) 禁带宽度越小，n 与 p 之积越大，半导体的导电性能越好；

(3) 半导体中的载流子浓度随温度的升高而增加。

4. 本征半导体中的载流子浓度

在本征半导体中，自由电子浓度与自由空穴浓度相等，即 $n_i=p_i$。由式(1-27)式(1-28)可以求得本征半导体的费米能级

$$E_{fi}=\frac{1}{2}(E_c+E_v)+\frac{1}{2}kT\ln\left(\frac{N_v}{N_c}\right)=E_i+\frac{3}{4}kT\ln\left(\frac{m_p^*}{m_e^*}\right)\qquad(1-30)$$

式中，E_i 位于禁带的中间位置，称为中间能级。对于硅和锗等半导体材料有 $m_p^*/m_e^*=0.5\sim1$；对砷化镓则有 $m_p^*/m_e^*=7.4$。式(1-30)中的第 2 项很小，可以忽略。因此，本征半导体的费米能级位于禁带中线处，基本上与中间能级重合。

由式(1-29)可得到本征半导体载流子浓度为

$$n_i=p_i=(N_cN_v)^{1/2}\exp\left(-\frac{E_g}{2kT}\right)\qquad(1-31)$$

例如，室温下 Si、Ge 和 GaAs 的能级间隙分别为 1.12 eV、0.67 eV 和 1.35 eV；其对应的本征载流子浓度分别为 1.3×10^{10} cm^{-3}、2.1×10^{13} cm^{-3} 和 1.1×10^7 cm^{-3}。

5. 杂质半导体的载流子浓度

N 型半导体中，施主原子的多余价电子容易跃迁进入导带，使导带中的自由电子浓度

高于本征半导体的电子浓度。室温下施主原子基本上都电离，此时导带中电子的浓度为

$$n = N_d + p \approx N_d \tag{1-32}$$

式中 N_d 为 N 型半导体中掺入的施主原子浓度。由式(1-29)可得到导带中空穴的浓度为 $p = \dfrac{n_i^2}{N_d}$，其中 n_i 为本征半导体的电子浓度。

把式(1-27)代入式(1-32)，可得到 N 型半导体的费米能级为

$$E_{fn} = E_{fi} + kT\ln\left(\frac{N_d}{n_i}\right) \approx E_i + kT\ln\left(\frac{N_d}{n_i}\right) \tag{1-33}$$

由上式可知，N 型半导体的费米能级位于禁带中线以上。掺杂浓度越高，费米能级离禁带中线越远，更靠近导带底。

同样，在 P 型半导体中，受主原子易从价带中获得电子，使价带中的自由空穴浓度高于本征半导体中的自由空穴浓度。室温下价带中空穴的浓度 p 为

$$p = N_a + n \approx N_a \tag{1-34}$$

式中 N_a 为 P 型半导体中掺入的受主原子浓度；$n = n_i^2 / N_a$ 为价带中电子的浓度。

把式(1-28)代入式(1-34)，可得到 P 型半导体的费米能级

$$E_{fp} = E_{fi} - kT\ln\left(\frac{N_a}{n_i}\right) \approx E_i - kT\ln\left(\frac{N_a}{n_i}\right) \tag{1-35}$$

由上式可知，P 型半导体的费米能级位于禁带中线以下。掺杂浓度越高，费米能级离禁带中线越远，更靠近价带顶。

1.2.3　半导体中的非平衡载流子

一般通过外部注入载流子或用光激发方式而使载流子浓度超过热平衡时的浓度。这些超出部分的载流子通常称为非平衡载流子或过剩载流子。半导体材料吸收光子能量转换成电能是光电器件的工作基础。

1. 半导体材料的光吸收效应

1) 本征吸收

在一定温度条件下，无光照时本征半导体材料中的电子和空穴浓度分别为 n_0 和 p_0，且两者都是一确定值。受光照时，价带中的电子吸收光子而跃迁到导带，于是导带电子浓度增加 Δn，空穴浓度增加 Δp。这些载流子称为光生载流子或过剩载流子。此时，总的载流子浓度就比热平衡下载流子浓度要大。本征半导体吸收光子能量的过程称为本征吸收，它只决定于半导体本身的性质，与它所含杂质和缺陷无关。要发生本征吸收，光子能量必须大于等于材料禁带宽度，即

$$h\nu \geqslant E_g$$

或

$$\frac{hc}{\lambda} \geqslant E_g \tag{1-36}$$

式中，h 是普朗克常量，c 是光速，λ 是光的波长。

于是，本征吸收在长波方向存在一个界限 λ_0，称为长波限。本征吸收的长波限为

$$\lambda_0 = \frac{hc}{E_g} = \frac{1.24}{E_g} \qquad (1-37)$$

半导体的禁带宽度愈窄，长波限 λ_0 愈长。

2）杂质吸收

掺有杂质的半导体在光照下，中性施主的束缚电子可以吸收光子而跃迁到导带，中性受主的束缚空穴也可以吸收光子而跃迁到价带。这种吸收称为杂质吸收。施主释放束缚电子到导带，受主释放束缚空穴到价带，它们所需能量即为电离能 ΔE_d 和 ΔE_a。显然，杂质吸收的最低光子能量等于杂质的电离能 ΔE_d（或 ΔE_a），即杂质吸收光的长波限，其大小为

$$\lambda = \frac{1.24}{\Delta E_d}$$

由于杂质的电离能 ΔE_d（或 ΔE_a）一般比禁带宽度 E_g 小得多，所以杂质吸收的光谱也就在本征吸收的长波限 λ_0 以外。

本征吸收和杂质吸收的能带示意图如图 1-13 所示。

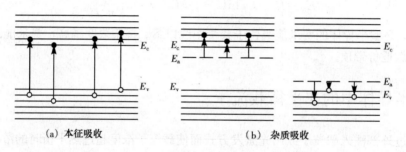

（a）本征吸收　　　　　　　　（b）杂质吸收

图 1-13　本征吸收和杂质吸收的能带示意图

2. 非平衡载流子浓度

光照射半导体材料时，载流子浓度一直在增加；如果停止光照，光生载流子就不再产生，而载流子浓度因电子与空穴的复合而逐渐减小，最后恢复到热平衡时的浓度值。

载流子复合过程一般有直接复合和间接复合两种。

直接复合是指晶格中运动的自由电子直接由导带回到价带与自由空穴复合，释放出多余的能量。

间接复合是自由电子和自由空穴通过禁带中的复合中心进行复合。如果材料中含有极少的缺陷、错位或杂质，缺陷和错位中的共价键未被填满的原子起着施主或受主的作用，在禁带中形成能级；杂质也能在禁带中形成能级起施主或受主的作用，禁带中的这些能级就是复合中心。自由电子可先与复合中心复合而使复合中心带电。再由库仑力的作用而与空穴复合；自由空穴也可经类似过程进行复合。间接复合往往在复合过程中起主要作用。

若光由照射到停止，光生载流子浓度会因复合而逐渐减小，最后逐渐回到平衡状态。复合有先有后，光生载流子停留在自由状态的时间是不等的，有的长些，有的短些。光生载流

子的平均生存时间称为光生载流子的寿命 τ。

1.2.4　载流子的扩散与漂移

1. 扩散

当材料的局部位置（如材料表面）受到光照时，在这局部位置的光生载流子浓度就比平均浓度要高。这时电子将从浓度高的点向浓度低的点运动，这种现象称为扩散。扩散有一定方向，可以形成电流。在扩散过程中，流过单位面积的电流称为扩散电流密度，它正比于光生载流子的浓度梯度，即

$$\boldsymbol{J}_{nD} = qD_n \frac{\mathrm{d}n}{\mathrm{d}\boldsymbol{x}} \qquad (1-38)$$

$$\boldsymbol{J}_{pD} = -qD_p \frac{\mathrm{d}p}{\mathrm{d}\boldsymbol{x}} \qquad (1-39)$$

式中，$\boldsymbol{J}_{nD}$、$\boldsymbol{J}_{pD}$ 分别为电子扩散电流密度矢量和空穴扩散电流密度矢量。式中的 D_n、D_p 分别是电子的扩散系数和空穴的扩散系数，$\mathrm{d}n/\mathrm{d}\boldsymbol{x}$ 和 $\mathrm{d}p/\mathrm{d}\boldsymbol{x}$ 分别是指在 $\boldsymbol{x}$ 方向上的电子浓度梯度和空穴浓度梯度。

由于载流子扩散取载流子浓度减少的方向，所以空穴电流是负的；因电子的电荷是负值，扩散方向的负号与电荷的负号相乘，使电子电流是正值。

2. 漂移

半导体受外电场作用时，其中的电子向正电极方向运动，空穴向负电极方向运动，这种运动称为漂移。

根据欧姆定律，电流密度矢量 $\boldsymbol{J}$ 正比于电场矢量 $\boldsymbol{E}$，$\boldsymbol{J}$ 沿 x 方向有

$$\boldsymbol{J}_x = \sigma \boldsymbol{E}_x \qquad (1-40)$$

式中，σ 为电导率，单位为 $\mathrm{S} \cdot \mathrm{m}^{-1}$。

$\boldsymbol{J}$ 的大小应与载流子浓度和载流子沿电场的漂移速度成正比。对于 N 型半导体有

$$\boldsymbol{J}_x = qn\boldsymbol{v}_x \qquad (1-41)$$

式中，q 是电子的电荷，$\boldsymbol{v}_x$ 为电子沿 x 方向的速度。$\boldsymbol{v}_x$ 与电场强度为线性关系，即

$$\boldsymbol{v}_x = \mu_n \boldsymbol{E}_x \qquad (1-42)$$

式中，μ_n 为电子迁移率，单位是 $(\mathrm{m} \cdot \mathrm{s}^{-1})/(\mathrm{V} \cdot \mathrm{m}^{-1})$。

联立式(1-40)～式(1-42)可得

$$\sigma = nq\mu_n \qquad (1-43)$$

同样，对于 P 型材料有

$$\sigma = pq\mu_p \qquad (1-44)$$

式中，μ_p 是空穴迁移率。

在电场中，漂移所产生的电子电流密度矢量 $\boldsymbol{J}_{nE}$ 和空穴电流密度矢量 $\boldsymbol{J}_{pE}$ 分别为

$$
\begin{aligned}
\boldsymbol{J}_{nE} &= nq\mu_n \boldsymbol{E}_x \\
\boldsymbol{J}_{pE} &= pq\mu_p \boldsymbol{E}_x
\end{aligned}
\tag{1-45}
$$

当扩散和漂移同时存在时，总的电子电流密度矢量 $\boldsymbol{J}_n$ 和空穴电流密度矢量 $\boldsymbol{J}_p$ 分别为

$$
\boldsymbol{J}_n = \boldsymbol{J}_{nD} + \boldsymbol{J}_{nE} = nq\mu_n \boldsymbol{E} + qD_n \frac{\mathrm{d}n}{\mathrm{d}x}
$$

$$
\boldsymbol{J}_p = \boldsymbol{J}_{pD} + \boldsymbol{J}_{pE} = pq\mu_p \boldsymbol{E} - qD_p \frac{\mathrm{d}n}{\mathrm{d}x}
\tag{1-46}
$$

总电流密度为

$$
\boldsymbol{J} = \boldsymbol{J}_n + \boldsymbol{J}_p
\tag{1-47}
$$

1.3　基本定律

1.3.1　黑体辐射定律

如果一物体，在任何温度下对任何波长的入射辐射能的吸收比都等于 1，那么此物体称为绝对黑体。显然，绝对黑体的吸收比 $\alpha_B(\lambda, T) = 1$，而反射比 $\rho_B(\lambda, T) = 0$。在自然界，绝对黑体实际上是不存在的。

如果有一物体，对各种波长的吸收比虽小于 1，但近似地为一常数 η，那么这物体称为灰体，η 称为灰体的黑度。一般金属材料大都可以近似地看成灰体。

下面介绍几个有关黑体的辐射定律。

1. 基尔霍夫定律

早在 1860 年，基尔霍夫就发现物体的辐射出射度与物体的吸收比之间有内在联系。他首先从理论上推知：吸收比 $\alpha(\lambda, T)$ 较高的物体，其单色辐出度 $M_e(\lambda, T)$ 也较大，然而其比值 $M_e(\lambda, T)/\alpha(\lambda, T)$ 是一恒量。这恒量与物体性质无关，其大小仅决定于所考察的温度 T 和波长 λ。具体一些说，设有不同的物体 1，2，3，…和绝对黑体 B，它们在同一温度 T 时的单色辐出度分别为 $M_{e1}(\lambda, T)$，$M_{e2}(\lambda, T)$，$M_{e3}(\lambda, T)$，…，$M_{eB}(\lambda, T)$，单色吸收比分别为 $\alpha_1(\lambda, T)$，$\alpha_2(\lambda, T)$，$\alpha_3(\lambda, T)$，…和 $\alpha_B(\lambda, T)$，那么

$$
\frac{M_{e1}(\lambda, T)}{\alpha_1(\lambda, T)} = \frac{M_{e2}(\lambda, T)}{\alpha_2(\lambda, T)} = \frac{M_{e3}(\lambda, T)}{\alpha_3(\lambda, T)} = \cdots = \frac{M_{eB}(\lambda, T)}{\alpha_B(\lambda, T)} = （常数）
\tag{1-48}
$$

因为对绝对黑体 $\alpha_B(\lambda, T) = 1$，所以上面的恒量应等于绝对黑体在同一温度 T 时单色辐出度 $M_{eB}(\lambda, T)$。这样，式 (1-48) 可简写为

$$
\frac{M_e(\lambda, T)}{\alpha(\lambda, T)} = M_{eB}(\lambda, T)
\tag{1-49}
$$

即任何物体的单色辐出度和单色吸收比之比，等于同一温度时绝对黑体的单色辐出度，这就是基尔霍夫定律。

一般物体的 $\alpha(\lambda,T)$ 总小于 1，所以 $M_{eB}(\lambda,T)$ 总大于物体的 $M_e(\lambda,T)$。把两者的比值定义为物体的光谱发射率，即

$$\varepsilon(\lambda,T) = \frac{M_e(\lambda,T)}{M_{eB}(\lambda,T)} = \alpha(\lambda,T) \tag{1-50}$$

这样又得一重要结论，即物体的光谱发射率总等于其光谱吸收比，也就是强吸收体必然是强发射体。

$\varepsilon(\lambda,T)$ 是波长和温度的函数，也与辐射体的表面性质有关。按照 $\varepsilon(\lambda,T)$ 值的不同，一般将辐射体分为三类：

① 黑体，$\varepsilon(\lambda,T)=1$；
② 灰体，$\varepsilon(\lambda,T)<1$，与波长无关；
③ 选择体，$\varepsilon(\lambda,T)<1$，且随波长和温度而变化。

2. 普朗克辐射公式

普朗克根据光的量子理论，推导出描述黑体光谱辐射出射度与波长、热力学温度之间关系的著名公式，即

$$M_{eB}(\lambda,T) = \frac{c_1}{\lambda^5 (e^{c_2/\lambda T} - 1)} \tag{1-51}$$

式中

$$c_1 = 2\pi hc^2 = 3.74 \times 10^{-16} (\text{W} \cdot \text{m}^2)$$
$$c_2 = hc/k = 1.438\,79 \times 10^{-2} (\text{m} \cdot \text{K})$$

式中，c 为光速，k 和 h 分别为玻耳兹曼常量和普朗克常量。该公式是两物体间热力传导的基本法则。其在绝大多数情况下都成立，但在微距物体间与实验不相符合。实验结果表明，当两物体微距时，其辐射是该公式预测结果的 1 000 倍。

在短波区或温度不高的情况下，$\lambda T \ll c_2$，则可将式(1-51)简化成

$$M_{eB}(\lambda,T) = c_1 \lambda^{-5} e^{-c_2/\lambda T} \tag{1-52}$$

图 1-14 表示按式(1-52)求得的黑体光谱辐射出度与波长和温度的关系。

3. 斯忒藩－玻耳兹曼定律

在图 1-14 中，每一条曲线反映了在一定温度下，绝对黑体的单色辐出度按波长而分布的情况。每一条曲线下的面积等于绝对黑体在一定温度下的辐射出射度 $M_{eB}(T)$，即

$$M_{eB}(T) = \int_0^\infty M_{eB}(\lambda,T)\mathrm{d}\lambda$$

由图 1-14 可见，$M_{eB}(\lambda,T)$ 随温度而迅速地增加，经实验确定 $M_{eB}(T)$ 和热力学温度 T 的关系为

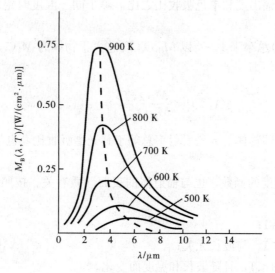

图 1 - 14 黑体光谱辐射出度与波长和温度的关系

$$M_{\mathrm{eB}}(T) = \sigma T^4 \qquad\qquad (1-53)$$

式中，$\sigma = 5.67 \times 10^{-8}$ W·m^{-2}·K^{-4}。

这一结果也可由热力学理论导出，称为斯忒藩 - 玻耳兹曼定律。它只能适用于绝对黑体，σ 称为斯忒藩 - 玻耳兹曼常量。

4. 维恩位移定律

由图 1 - 14 可见，在每一曲线上，$M_{\mathrm{eB}}(\lambda, T)$ 有一最大值，即最大的单色辐出度。相应于这最大值的波长，用 λ_{m} 表示，热力学温度 T 愈高，λ_{m} 值愈小，两者的关系经确定为

$$T\lambda_{\mathrm{m}} = B \qquad\qquad (1-54)$$

式中，$B = 2.897 \times 10^{-3}$ m·K。

这一结果也可由热力学理论和普朗克辐射公式积分导出，称为维恩位移定律。维恩位移定律指出：当绝对黑体的温度增高时，单色辐出度的最大值向短波方向移动。例如，如低温度的火炉所发出的辐射能较多地分布在波长较长的红光中，而高温度的白炽灯所发出的辐射能较多地分布在波长较短的绿光与蓝光中，这些现象也可用维恩位移定律来说明。

1.3.2 光电效应

光电效应分为内光电效应和外光电效应，内光电效应又分为光电导效应和光生伏特效应。

1. 光电导效应

光电导效应是光电导探测器光电转换的基础。当半导体材料受光照时，由于吸收光子使其中的载流子浓度增大，因而导致材料电导率增大，这种现象称为光电导效应。材料对光的

吸收有本征型和非本征型，所以光电导效应也有本征型和非本征型之分。当光子能量大于材料禁带宽度时，可以把价带中的电子激发到导带，在价带中留下自由空穴，从而引起材料电导率的增加，即本征光电导效应。若光子激发杂质半导体，使电子从施主能级跃迁到导带或从价带跃迁到受主能级，产生光生自由电子或自由空穴，从而增加材料电导率，即非本征光电导效应。能够产生光电导效应的材料称为光电导体。图 1-15 为光电导效应原理图。

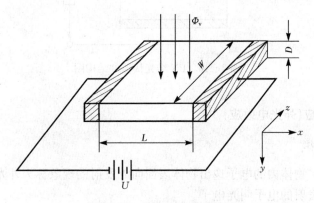

图 1-15　光电导效应原理图

2. PN 结光伏效应

1）结电场的形成

在 N 型材料中，电子浓度大而空穴浓度很小；在 P 型材料中，空穴浓度大而电子浓度很小。N 型半导体和 P 型半导体接触时，在这两种材料的交界处就形成了 PN 结。刚开始时结区存在着载流子浓度梯度，导致空穴从 P 区到 N 区和电子从 N 区到 P 区的扩散运动。空穴扩散后，在 P 区留下不可移动的带负电的电离受主；电子扩散后，在 N 区留下了不可移动的带正电的电离施主。这些正负离子在结区附近形成由 N 区指向 P 区的内建电场。在内建电场作用下，载流子出现漂移运动，方向与扩散运动相反，起着阻止扩散的作用。随着扩散的不断进行，空间电荷逐渐增加，阻碍扩散进行的漂移作用也随之增强。最后扩散与漂移运动形成动态平衡，内建电场也叫结电场。

2）光生伏特效应

图 1-16 为 PN 结光伏器件结构图，通常在基片（假定为 N 型）的表面形成一层薄薄的 P 型层，P 型层上做一小的电极，N 型底面为另一电极。光投向 P 区时，在近表面层内激发出电子-空穴对，其中电子将扩散到 PN 结区并被结电场拉到 N 区，同时空穴也将依赖扩散及结电场的作用进入 P 区。为了使 P 型层内产生的电子能全部被拉到 N 区，P 层的厚度应小于电子的扩散长度。这样，光子也可能穿透 P 区到达 N 区，在那里激发出电子-空穴对。这些光生载流子被结电场分离后，空穴流入 P 区，电子流入 N 区，在结区两边产生势垒。这就是光生伏特效应。于是，入射的光能就转变成流过 PN 结的电流，即为光电流。

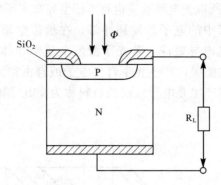

图 1-16　PN 结光伏器件结构图

3. 光电发射效应(外光电效应)

1) 光电发射定律

在光的作用下,物体内的电子逸出物体表面向外发射的现象称为外光电效应,也叫光电子发射效应。向外发射的电子叫光电子。

众所周知,光子是具有能量的粒子,每个光子具有的能量可由式(1-55)确定。

$$E = h\nu \tag{1-55}$$

式中:h——普朗克常量,6.626×10^{-34} J·s;

　　　ν——光的频率,Hz。

物体中的电子吸收入射光子的能量,当吸取的能量大于逸出功 A_0 时,电子就逸出物体表面,产生光电子发射。光子能量 $h\nu$ 超过逸出功 A_0 的部分表现为逸出电子的动能。根据能量守恒定理,有

$$h\nu = \frac{1}{2}m\upsilon_0^2 + A_0 \tag{1-56}$$

式中:m——电子质量;

　　　υ_0——电子逸出速度。

该方程称为爱因斯坦光电效应方程或光电发射第一定律。它表明:光电子的动能随入射光子频率的增加而线性地增加。

光电子逸出物体表面具有初始动能 $\frac{1}{2}m\upsilon_0^2$,因此外光电效应器件(如光电管)即使没有加阳极电压,也会有光电流产生。为了使光电流为零,必须加负的截止电压,而且截止电压与入射光的频率成正比。

以上是一个光子激发一个电子产生的光电效应,当一束光照在物体上时,有光电发射第二定律。当辐射的光谱分布不变时,饱和光电流与入射的光通量 Φ 成正比。

$$I_p = q\frac{\eta\Phi}{h\nu} = S_g\Phi \tag{1-57}$$

式中,η 为量子效率,S_g 为光电灵敏度。

或

$$I_p = S_g E \tag{1-58}$$

光强愈大，意味着入射光子数目越多，逸出的电子数也就越多。

光电发射过程可以归纳为以下 3 个步骤：

① 物体吸收光子后体内的电子被激发到高能态；

② 被激发电子向表面运动，在运动过程中因碰撞而损失部分能量；

③ 克服表面势垒逸出金属表面。

电子逸出表面必须获得的最小能量，即逸出功 A_0。

2）物质的逸出功和红限频率

金属中虽有大量的自由电子，但在通常条件下并不能从金属表面挣脱出来。这是因为在常温下虽然有部分自由电子克服了原子核的库仑引力而能逸出金属表面，但由于逸出表面的电子对金属的感应作用，使金属中电荷重新分布，在表面下出现与电子等量的正电荷。逸出电子受到这种正电荷的静电作用，动能减小，以致不能远离金属，只能出现在靠近金属表面的地方，于是在金属表面上下形成偶电层。偶电层的存在使表面电位突变，阻碍电子向外逸出。所以电子欲逸出金属表面必须克服两部分力，即克服原子核的静电引力和偶电层的势垒作用力。其他物质中的电子要发射出来，也要克服这两种力。电子发射所需做的这种功，称为逸出功或功函数 A_0。

当光电子的速度等于零，即光电子的动能 $\frac{1}{2}mv_0^2 = 0$ 时，有

$$h\nu = A_0$$
$$\nu = \frac{A_0}{h} \tag{1-59}$$

因而光电子能否产生，取决于光子的能量是否大于该物体的表面电子逸出功 A_0。不同的物质具有不同的逸出功，这意味着每一个物体都有一个对应的光频阈值，称为红限频率或长波限。光线频率低于红限频率，光子的能量就不足以使物体内的电子逸出，因而小于红限频率的入射光，光强再大也不会产生光电子发射；入射光频率如果高于红限频率，即使光线微弱，也会有光电子射出。

3）半导体材料的阈值波长

光电探测器大部分是半导体材料。对于半导体，一般情况下，能够有效吸收光子的电子大多是处在价带顶附近，所以光电子发射的逸出功为

$$A_0 = E_g + E_A$$

式中：E_g——半导体禁带宽度；

E_A——电子亲和势。

因而半导体材料光电发射的能量阈值为

$$E_{th} = E_g + E_A \tag{1-60}$$

所以长波限为

$$\lambda_{max} = \frac{hc}{E_{th}}$$

或

$$\lambda_{max} = \frac{hc}{A_0} \tag{1-61}$$

式中：h——普朗克常量，4.13×10^{15} eV·s；

c——光速，3×10^8 m/s。

把 h，c 值代入式(1-61)得半导体材料的阈值波长为

$$\lambda_{max} = \frac{1.24}{E_{th}}$$

或

$$\lambda_{max} = \frac{1.24}{A_0} \tag{1-62}$$

4）负电子亲和势及其形成

电子亲和势是半导体导带底部到真空能级间的能量值，它表征材料在发生光电效应时，电子逸出材料的难易程度。电子亲和势越小，就越容易逸出。如果电子亲和势为零或负值，则意味着电子处于随时可以脱离的状态。下面以 P-Si 和 N-Cs₂O 为例，说明负电子亲和势的形成原因。

在 P-Si 的基底上涂一层极薄 Cs，经过特殊处理形成一层 N-Cs₂O，与 P-Si 形成一个异质结的 PN 结，造成能带弯曲，使 PN 结两侧能量下降 E_d，如图 1-17 所示。

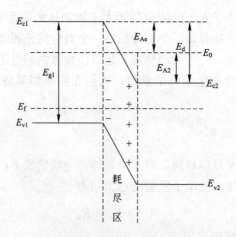

图 1-17 负电子亲和势材料表面能带变曲示意图

如果 P-Si 的基底上不涂一层 Cs₂O，其发射阈值为

$$E_{th} = E_{g1} + E_{A1} \tag{1-63}$$

该式说明，电子受光激发进入导带后需要克服亲和势 E_{A1} 才能逸出表面。但是，现在电子在表面附近受到耗尽区的内电场的漂移作用容易达到表面，而表面材料的亲和势为 $E_{A2} < E_{A1}$。所以电子只需克服 E_{A2} 就可以逸出材料表面。对于 P-Si 中的电子，逸出到表面需要克服的有效电子亲和势为

$$E_{Ae} = E_0 - E_{cl} = E_0 - E_{c2} - E_d = E_{A2} - E_d \tag{1-64}$$

因此，只要能使 $E_{A2} < E_d$，就有 $E_{Ae} < 0$，形成负电子亲和势。

P-Si 基底上的 Cs_2O 层很薄，光的吸收基本上都是在 P-Si 基底中进行。在 P-Si 基底中产生的载流子受到结区内电场的作用而漂移，电子到达 Cs_2O 层时因受内电场作用得到加速具有一定的能量，故可继续向表面运动并逸出表面。只要电子能跃迁到 P-Si 基底的导带中，其能量就已经超过真空能级，故长波限主要受 E_{g1} 的影响。

1.4　光电探测器的噪声和特性参数

光辐射探测器是一种由入射光辐射引起可度量物理效应的器件。光辐射探测器的种类很多，按照工作原理和结构将常用的光辐射探测器分类见图 1-18。

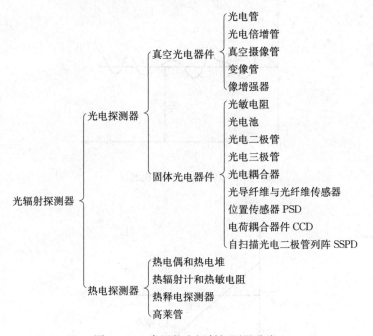

图 1-18　常用的光辐射探测器分类

本节将叙述各种探测器普遍存在的噪声及主要特性参数。

1.4.1　光电探测器中的噪声

从示波器中可以看到，在一定波长的光照下光电探测器输出的光电信号并不是平直的，而是在平均值上下随机地起伏，如图 1-19 所示。这种随机的、瞬间幅度不能预知的起伏，

称为噪声。图 1-19 中的直流信号值为

$$I = \bar{i} = \frac{1}{T}\int_0^T i(t)\,\mathrm{d}t \tag{1-65}$$

由于噪声是在平均值附近随机起伏，长时间的平均值为零，所以一般用均方噪声来表示噪声值的大小，即

$$\overline{i_{\mathrm{n}}^2} = \overline{\Delta i(t)^2} = \frac{1}{T}\int_0^T [i(t) - \overline{i(t)}]^2\,\mathrm{d}t \tag{1-66}$$

噪声电流的均方值 $\overline{i_{\mathrm{n}}^2}$ 代表了单位电阻上所产生的功率，它是确定的可测得的正值。

把噪声这个随机时间函数进行频谱分析，就得到噪声功率随频率变化关系，即噪声的功率谱 $S(f)$。$S(f)$ 数值是频率为 f 的噪声在 $1\,\Omega$ 电阻上所产生的功率，即

$$S(f) = \overline{i_{\mathrm{n}}^2}(f)$$

如图 1-20 所示，根据功率谱与频率的关系，常见的有两种典型噪声：一种功率谱大小与频率无关，称为白噪声；另一种功率谱与 $1/f$ 成正比，称为 $1/f$ 噪声。

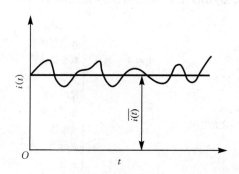

图 1-19　信号的随机起伏

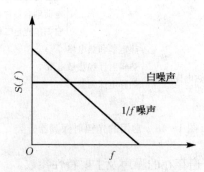

图 1-20　白噪声和 $1/f$ 噪声

一般光电测量系统的噪声可分成三类，如图 1-21 所示。

(1) 光子噪声，包括：① 信号辐射产生的噪声；② 背景辐射产生的噪声。

(2) 探测器噪声，包括：① 热噪声；② 散粒噪声；③ 产生-复合噪声；④ $1/f$ 噪声；

⑤ 温度噪声。

（3）信号放大及处理电路噪声。

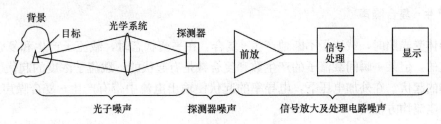

图 1-21　光电测量系统噪声分类

下面主要介绍光电探测器中的几种噪声。

1. 热噪声

导体和半导体中的载流子在一定温度下都做无规则的热运动，因而频繁地与原子发生碰撞。它们在两次碰撞之间的自由运动过程中表现出电流，但是它们的自由程长短是不一定的，碰撞后的方向也是任意的。在没有外加电压时，从导体中某一截面看，往左和往右两个方向上都有一定数量的载流子。但是，每一瞬间从两个方向穿过某截面的载流子数目是有差别的，相对于长时间平均值上下有起伏。这种载流子热运动引起的电流起伏或电压起伏称为热噪声。热噪声均方电流$\overline{i_n^2}$和热噪声均方电压$\overline{U_n^2}$由式（1-67）决定。

$$\left.\begin{aligned}\overline{i_n^2} &= \frac{4kT\Delta f}{R} \\ \overline{U_n^2} &= 4kT\Delta fR\end{aligned}\right\} \tag{1-67}$$

式中：k——玻耳兹曼常量；

　　　T——热力学温度，K；

　　　R——器件电阻值；

　　　Δf——所取的通带宽度（频率范围）。

载流子热运动速度取决于温度，所以热噪声功率与温度有关。在温度一定时，热噪声只与电阻和通带有关，故热噪声属于白噪声。在常温下，式（1-67）适合于10^{12} Hz 频率以下范围。

2. 散粒噪声

从手中落下的宝珠无规则地落在盘中时，每一瞬间到达盘面的数值有多有少，这些散粒是完全独立的事件。这种随机起伏所形成的噪声称为散粒噪声。入射到光辐射探测器表面的光子是随机起伏的，光电子从光电阴极表面逸出是随机的，PN 结中通过结区的载流子也是随机的，它们都是一种散粒噪声源。散粒噪声电流的表达式为

$$\overline{i_n^2} = 2qI\Delta f \tag{1-68}$$

式中：q——电子电荷；

　　　I——器件输出平均电流；

Δf——所取的带宽。

散粒噪声也是与频率无关而与带宽有关的白噪声。

3. 产生-复合噪声

半导体受光照时，载流子不断地产生-复合。在平衡状态时，载流子产生和复合的平均数是一定的，但某一瞬间载流子的产生数和复合数是有起伏的。载流子浓度的起伏引起半导体电导率的起伏。在外加电压下，电导率的起伏使输出电流中带有产生-复合噪声。产生-复合噪声电流均方值为

$$\overline{i_n^2} = \frac{4I^2\tau\Delta f}{N_0[1+(2\pi f\tau)^2]} \tag{1-69}$$

式中：I——总的平均电流；

N_0——总的自由载流子数；

τ——载流子寿命；

f——噪声频率。

4. $1/f$ 噪声

这种噪声的功率谱近似与频率成反比，故称 $1/f$ 噪声。其噪声电流的均方值近似表示为

$$\overline{i_n^2} = \frac{cI^\alpha}{f^\beta}\Delta f \tag{1-70}$$

式中：α 接近于 2；β 在 0.8~1.5 之间；c 是比例常数。α,β,c 值是由实验测得。在半导体器件中，$1/f$ 噪声与器件表面状态有关。$1/f$ 噪声产生的机理很复杂，目前尚没有十分精确的解释。但是多数器件的 $1/f$ 噪声在 200~300 Hz 以上已衰减到很低水平，所以可忽略不计。

5. 温度噪声

由于器件本身温度变化引起的噪声称为温度噪声。温度噪声电流的均方值为

$$\overline{i_n^2} = \frac{4kT^2\Delta f}{G_t \cdot [1+(2\pi f\tau_t)^2]} \tag{1-71}$$

式中：G_t——器件的热导；

τ_t——器件的热时间常数，大小为 C_t/G_t；

C_t——器件的热容；

T——周围温度，K。

在低频时，有

$$(2\pi f\tau_t)^2 \ll 1$$

因而式(1-71)可简化为

$$\overline{i_n^2} = \frac{4kT^2\Delta f}{G_t} \tag{1-72}$$

由此可见，低频时的温度噪声也具有白噪声的性质。

光电探测器噪声源的功率谱分布可用图 1-22 表示。由图 1-22 可见：在频率很低时，$1/f$ 噪声起主导作用；当频率达到中间频率范围时，产生-复合噪声比较显著；当频率较高时，只有白噪声占主导地位，其他噪声影响很小。

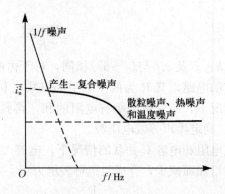

图 1-22　光电探测器噪声源的功率谱分布示意图

1.4.2　噪声的等效处理

光电检测电路具有不同类型的元器件，在对系统作噪声估算时，工程上常将各种器件的噪声等效为相同形式的均方值(或有效值)电流源的形式，这样便可以与其他电路器件以统一的方式建立起等效噪声电路。

1. 等效噪声带宽

电路带宽通常是指其电压(或电流)输出的频率特性下降到最大值的某个百分比时所对应的频带宽度。例如，低频放大器的 3dB 带宽，是指电信号频率特性下降到最大信号的 0.707 倍时对应的从零频到该频率间的频带宽度。

如图 1-23 所示，光电检测系统的等效噪声带宽定义为最大增益矩形带宽，可表示为

$$\Delta f = \frac{1}{A_m}\int_0^\infty A(f)\mathrm{d}f \tag{1-73}$$

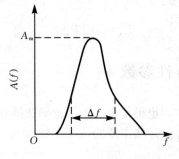

图 1-23　等效噪声带宽

从而可求得通频带内的噪声。

2. 等效噪声带宽

图1-24所示为简单电阻的噪声等效电路，热噪声电流源 I_T 和电阻 R 并联。其噪声电流的均方值为

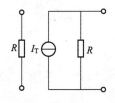

$$\overline{i_n^2} = \frac{4kT\Delta f}{R} \tag{1-74}$$

式中，k、T 及 Δf 与(1-67)相同，对于由两个电阻 R_1 和 R_2 串联或并联而成的电路，其 R 为两个电阻的串联之和或者并联之和。在更为复杂的情况下，应先求出所有电阻的和，再画出简化电路，然后根据式(1-74)确定噪声等效电流源。

图1-24　简单电阻的噪声等效电路

在电阻和电容 C 并联的情况下，电容 C 的频率特性使合成阻抗随频率的增加而减少，合成阻抗可表示为

$$R(f) = \frac{R}{1 + (2\pi f RC)^2} \tag{1-75}$$

因此，并联 RC 电路的噪声电压有效值为

$$\overline{U_n^2} = 4kT \int_0^\infty \frac{R}{1 + (2\pi f RC)^2} \, df \tag{1-76}$$

令 $\tan\beta = 2\pi f RC$，则式(1-76)变为

$$\overline{U_n^2} = \frac{2kT}{\pi C} \int_0^{2\pi} d\beta \tag{1-77}$$

对式(1-77)求积分，并在分子、分母上同乘以 $4R$，则式(1-77)变为

$$\overline{U_n^2} = \frac{4kTR}{4RC} \tag{1-78}$$

式中，$1/(4RC)$ 就是电路的等效噪声带宽 Δf，即

$$\Delta f = \frac{1}{4RC} \tag{1-79}$$

式(1-79)表明，并联 RC 电路对噪声的影响相当于使电阻热噪声的频谱分布由白噪声变窄为等效噪声带宽 Δf，它的物理意义可以由图1-23看到。频带变窄后的噪声非均匀分布曲线所包围的面积等于以 Δf 为带宽、$4kTR$ 为恒定幅值的矩形区域的面积。也就是说，用均匀等幅的等效带宽代替了实际噪声频谱的不均匀分布。这样，可得到阻容电路热噪声的一般表示式为

$$\overline{U_n^2} = 4kTR\Delta f \tag{1-80}$$

1.4.3　光电探测器的特性参数

影响探测器性能的因素很多，也很复杂。为了正确选择和应用光电探测器，掌握与了解这些参数是十分必要的。下面介绍一些主要的性能参数。

1. 响应率

探测器的输出信号电压 U_s 或电流 I_s 与入射的辐通量 Φ_e 之比，称为电压响应率 S_U 或电

流响应率 S_I。即

$$S_U = \frac{U_s}{\Phi_e}$$

或

$$S_I = \frac{I_s}{\Phi_e} \tag{1-81}$$

S_U 的单位为 V/W，S_I 的单位为 A/W。

2. 光谱响应率

探测器在波长为 λ 的单色光照射下，输出的电压 $U_s(\lambda)$ 或电流 $I_s(\lambda)$ 与入射的单色辐通量 $\Phi_e(\lambda)$ 之比称为光谱响应率。即

$$S_U(\lambda) = \frac{U_s(\lambda)}{\Phi_e(\lambda)}$$

或

$$S_I(\lambda) = \frac{I_s(\lambda)}{\Phi_e(\lambda)} \tag{1-82}$$

$S_U(\lambda)$ 或 $S_I(\lambda)$ 随波长 λ 的变化关系称为探测器的光谱响应曲线。若将光谱响应函数的最大值归一化为 1，得到的响应函数称为相对光谱响应曲线。一般将响应率最大值所对应的波长称为峰值波长(λ_m)，而把响应率下降到响应值的一半所对应的波长称为截止波长(λ_c)，它表示探测器适用的波长范围。

3. 等效噪声功率

如果投射到探测器敏感元件上的辐射功率所产生的输出电压(或电流)正好等于探测器本身的噪声电压(或电流)，则这个辐射功率就叫"噪声等效功率"。意思是说，它对探测器所产生的效果与噪声相同，通常用符号"NEP"表示。

$$\text{NEP} = \frac{\Phi_e}{I_s / \sqrt{\overline{i_n^2}}} \quad \text{(W)} \tag{1-83}$$

式中，$I_s / \sqrt{\overline{i_n^2}}$ 称为信噪比。对于许多红外探测器而言，有 $\text{NEP} \propto \sqrt{A_d \Delta f}$。

将式(1-82)代入式(1-83)，则

$$\text{NEP} = \frac{\sqrt{\overline{i_n^2}}}{S_I} \tag{1-84}$$

噪声等效功率是信噪比为 1 时的探测器所能探测到的最小辐射功率，所以又称为最小可探测功率。其值愈小，探测器所能探测到的辐射功率愈小，探测器愈灵敏。

4. 探测率与比探测率

等效噪声功率 NEP 与人们的习惯不一致，所以通常用 NEP 的倒数，即探测率 D 作为探测器探测最小光信号能力的指标。探测率 D 的表达式为

$$D = \frac{1}{\text{NEP}} = \frac{S_I}{\sqrt{\overline{i_n^2}}} \quad (\text{W}^{-1}) \tag{1-85}$$

对于探测器，D 越大越好。

比探测率又称归一化探测率，也叫探测灵敏度。实质上就是当探测器的敏感元件面积为单位面积（$A_d = 1 \text{ cm}^2$），放大器的带宽 $\Delta f = 1 \text{ Hz}$ 时，单位功率的辐射所获得的信号电压与噪声电压之比，通常用符号 D^* 表示。

$$D^* = \frac{1}{\text{NEP}^*} = \frac{S_I (A_d \Delta f)^{1/2}}{\sqrt{\overline{i_n^2}}} = D \cdot (A_d \Delta f)^{1/2} \tag{1-86}$$

式中：NEP^* 为归一化参数 $\sqrt{A_d \Delta f}$ 的等效噪声功率；A_d 的单位为 cm^2；Δf 的单位为 Hz；$\sqrt{\overline{i_n^2}}$ 的单位为 A；S_I 的单位为 A/W。所以，D^* 的单位为 $\text{cm} \cdot \text{Hz}^{1/2} \cdot \text{W}^{-1}$。

由式（1-86）可知，比探测率与探测器的敏感元件面积和放大器的带宽无关。当不同的探测器性能对比时，就比较方便了。在一般情况下，D^* 越高，探测器的灵敏度越高，性能就越好。

因一般光电探测器的光谱响应都是有选择性的，响应率是指某一特定光源下的响应率。探测器的光谱响应与光源的光谱匹配得愈好，探测率也就愈高。此外，某些探测器的噪声还与频率有关，所以 D^* 通常附有测量条件。如 $D^*(500 \text{ K}, 900, 1)$ 表示是用温度为 500 K 的黑体作光源，调制频率为 900 Hz，测量带宽为 1 Hz 等测量条件。

5. 时间常数

时间常数表示探测器的输出信号随射入的辐射变化的速率。在一般情况下，当辐射突然照射或消失时，探测器的输出信号不会马上到达最大值或下降为零，而是出现变化缓慢的上升沿和下降沿。通常用时间常数（响应时间）τ 来衡量探测器的惰性，如图 1-25 所示。一般定义当探测器的输出上升达到稳态值的 63% 所需要的时间（上升时间）或下降到稳态值的 37% 所需要的时间（下降时间）称为探测器的时间常数。时间常数 τ 为

$$\tau = \frac{1}{2\pi f_c} \tag{1-87}$$

式中，f_c 为幅频特性下降到最大值的 0.707（3 dB）时的调制频率，称为截止响应频率，也称为探测器的上限频率。

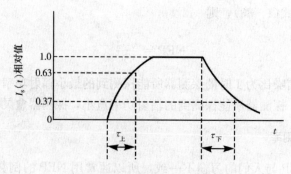

图 1-25　探测器的响应时间

6. 线性

探测器的线性在光度和辐射度等测量中是一个十分重要的参数。对于光电探测器，线性是指它输出的光电流或电压与输入的光通量成比例的程度和范围。探测器线性的下限往往由暗电流和噪声等因素决定，而上限通常由饱和效应或过载决定。

实际上，探测器的线性范围的大小与其工作状态有很大的关系，也与它所在的检测系统的组成单元的线性和性能有关系，如偏置电压、光信号调制频率、信号输出电路等。可能会发生这样的情况：一个探测器的光电流信号用运算放大器作电流电压转换输出，在很大的范围内是线性的，而同一探测器，其光电流通过一只 $100\ \text{k}\Omega$ 的电阻输出，线性范围可能就很小。因此要获得宽的线性范围，必须使探测器工作在最佳的工作状态。

7. 量子效率

光电探测器的量子效率是指每入射一个光子所释放的平均电子数。假设入射到光电探测器上的光功率为 P，产生的光电流为 I_c，那么光电探测器的量子效率为

$$\eta = \frac{I_c h\nu}{Pe} \tag{1-88}$$

式中，$h\nu$ 为一个光子的能量，e 为一个电子的电荷量。对于没有内部增益的理想的光电探测器而言，$\eta=1$，也就是说一个光子能产生一个光电子；但对实际的光电探测器而言，$\eta<1$。很明显，光电探测器的量子效率越大越好。对于有内部增益的光电探测器，如光电倍增管和雪崩光电二极管，其量子效率可以大于 1。

1.4.4　光电探测器的合理选择

在设计光电检测系统时，首先根据测量要求反复比较各种探测器的主要特性参数，然后选定最佳的器件。其中，最关心的问题有以下 5 个方面。

① 根据待测光信号的大小，确定探测器能输出多大的电信号，即探测器的动态范围。

② 探测器的光谱响应范围是否同待测光信号的相对光谱功率分布一致，即探测器和光源的光谱匹配。

③ 对某种探测器，它能探测的极限功率或最小分辨率是多少——需要知道探测器的等效噪声功率，需要知道所产生电信号的信噪比。

④ 当测量调制或脉冲光信号时，要考虑探测器的响应时间或频率响应范围。

⑤ 当测量的光信号幅值变化时，探测器输出的信号的线性程度。

除了上述几个问题外，还要考虑探测器的稳定性、测量精度、测量方式等因素。

练 习 题

1-1　波长为 $0.7\ \mu\text{m}$ 的 1 W 辐射能量约为多少光子？

1-2 通常光辐射的波长范围可分为哪几个波段?

1-3 He-Ne 激光器(波长为 632.8 nm)发出激光的功率为 2 mW。该激光束的平面发散角为 1 mrad,激光器的放电毛细管直径为 1 mm。

① 求出该激光束的光通量、发光强度、光亮度、光出射度。

② 若激光束投射在 10 m 远的白色漫反射屏上,该漫反射屏的反射比为 0.85,求该屏上的光亮度。

1-4 一只白炽灯,假设各向发光均匀,悬挂在离地面 1.5 m 的高处,用照度计测得正下方地面上的照度为 30 lx,求出该白炽灯的光通量。

1-5 一束光通量为 620 lm、波长为 460 nm 的蓝光射在一个白色屏幕上,问屏幕上在 1 min 内接受多少能量?

1-6 在大气层外的卫星上,测得太阳光谱的峰值波长为 456.0 nm。求出太阳表面的温度。

1-7 试简述黑体辐射的几个定律,并讨论其物理意义。

1-8 根据物体的辐射发射率可将物体分为哪几种类型?

1-9 光电发射的基本定律是什么?它与光电导和光伏特效应相比,本质的区别是什么?

1-10 写出爱因斯坦光电方程式,并说明其物理意义。

1-11 什么是电子亲和势?简述如何得到负电子亲和势。

1-12 说明光电导器件、PN 结光电器件和光电发射器件的禁带宽度和截止波长间的关系。

1-13 何谓"白噪声"?何谓"$1/f$ 噪声"?要降低电阻的热噪声应采用什么措施?

1-14 探测器的 $D^* = 10^{11}\ \text{cm} \cdot \text{Hz}^{1/2} \cdot \text{W}^{-1}$,探测器光敏面的直径为 0.5 cm,用于 $\Delta f = 5 \times 10^3$ Hz 的光电仪器中,它能探测的最小辐射功率为多少?

1-15 某一干涉测振仪的最高频率为 20 MHz,选用探测器的时间常数应小于多少?

第 2 章　光电检测中的常用光源

一切能产生光辐射的辐射源，无论是天然的，还是人造的，都称为光源。天然光源是自然界中存在的，如太阳、恒星等；人造光源是人为将各种形式的能量（热能、电能、化学能）转化成光辐射能的器件，其中利用电能产生光辐射的器件称为电光源。在光电检测系统中，电光源是最常用的光源。按照光波在时间、空间上的相位特征，一般将光源分成相干光源和非相干光源，如图 2-1 所示。

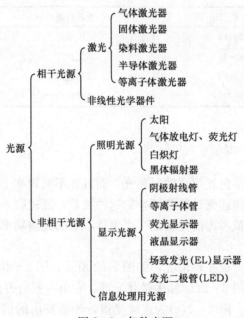

图 2-1　各种光源

按照发光机理，光源又可以分成热辐射光源、气体发光光源、固体发光光源和激光器 4 种。

本章将简要地叙述其中主要几种光源的工作原理和特性，为读者在设计光电检测系统时，正确选用光源提供依据。

2.1　光源的特性参数

2.1.1　辐射效率和发光效率

在给定 $\lambda_1 \sim \lambda_2$ 波长范围内，某一辐射源发出的辐射通量与产生这些辐射通量所需的电功率之比，称为该辐射源在规定光谱范围内的辐射效率，即

$$\eta_e = \frac{\Phi_e}{P} = \frac{\int_{\lambda_1}^{\lambda_2} \Phi_e(\lambda)\mathrm{d}\lambda}{P} \tag{2-1}$$

某一光源所发射的光通量与产生这些光通量所需的电功率之比，就是该光源的发光效率，即

$$\eta_v = \frac{\Phi_v}{P} = \frac{683\int_{380}^{780} \Phi_e(\lambda)V(\lambda)\mathrm{d}\lambda}{P} \tag{2-2}$$

式中，$V(\lambda)$ 为视见函数；η_v 的单位为流明每瓦(lm/W)。

表 2-1 中所列的为一些常用光源的发光效率。

表 2-1 常用光源的发光效率

光源种类	发光效率/(lm/W)	光源种类	发光效率/(lm/W)
普通钨丝灯	8～18	高压汞灯	30～40
卤钨灯	14～30	高压钠灯	90～100
普通荧光灯	35～60	球形氙灯	30～40
三基色荧光灯	55～90	金属卤化物灯	60～80

2.1.2 光谱功率分布

光源发出的大都是由单色光组成的复色光，而且在不同频率上辐射出的光功率的大小不同。常用光谱功率分布来描述光功率和频率的这种关系，经过归一化后的光谱功率分布称为相对光谱功率分布。如果被考虑的光源是一个黑体，它的光谱功率分布可以用普朗克公式计算出来。

光源的光谱功率分布分成4种情况，如图2-2所示。图2-2(a)称为线状光谱，由若干条明显分隔的细线组成；图2-2(b)称为带状光谱，它由一些分开的谱带组成，每一谱带中又包含许多连续的细谱线；图2-2(c)为连续光谱，光源发出的谱线连成一片；图2-2(d)是混合光谱，它由连续光谱与线、带光谱混合而成。

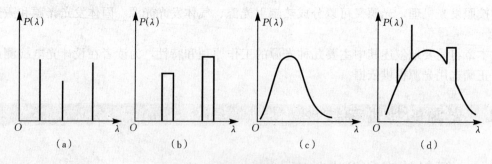

图2-2 光源的光谱功率分布形式

在选择光源时，它的光谱功率分布应由测量对象的要求来决定。在目视光学系统中，一般采用可见区光谱辐射比较丰富的光源。对于彩色摄影用光源，为了获得较好的色彩还原，

应采用类似于日光色的光源，如卤钨灯、氙灯等。在紫外分光光度计中，通常使用氘灯、汞氙灯等紫外辐射较强的光源。

2.1.3　空间光强分布

一般光源的发光强度在空间各方向上是不相同的。常用发光强度矢量和发光强度曲线来描述光源的这种特性。在空间某一截面上自原点向各径向取矢量，矢量的长度与该方向的发光强度成正比，称其为发光强度矢量。将各矢量的端点连起来，就得到光源在该截面上的发光强度分布曲线，也称配光曲线。图 2-3 是气体发光光源光强分布。

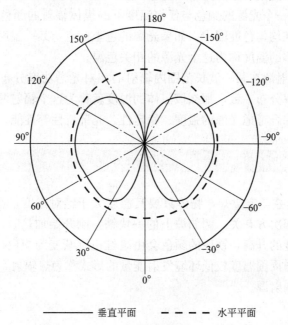

图 2-3　气体发光光源光强分布

为了提高光的利用率，一般选择发光强度高的方向作为照明方向。为了进一步利用背面方向的光辐射，还可以在光源的背面安装反光罩，反光罩的焦点位于光源的发光中心上。

2.1.4　光源的颜色

光源的颜色包含两方面的含义，即色表和显色性。用眼睛直接观察光源时所看到的颜色称为光源的色表。例如高压钠灯的色表呈黄色，荧光灯的色表呈白色。当用这种光源照射物体时，物体呈现的颜色(也就是物体反射光在人眼内产生的颜色感觉)与该物体在完全辐射体照射下所呈现的颜色的一致性，称为该光源的显色性。国际照明委员会(CIE)规定了 14 种特殊物体作为检验光源显色性的"试验色"。白炽灯、卤钨灯、镝灯等几种光源的显色性较好，适用于辨色要求较高的场合，如彩色电影、彩色电视的拍摄和放映、染料、彩色印刷等行业。高压汞灯、高压钠灯等光源显色性差一些，一般用于道路、隧道、码头等辨色要求低的场合。

2.1.5 光源的色温

黑体的温度与它的辐射特性是一一对应的。从光源的颜色与温度的这种关系，引出了颜色温度的概念，简称色温。对非黑体辐射源，它的某些辐射特性常可用黑体的辐射特性来近似地表示。一般光源，经常用色温、相关色温和分布温度表示。

(1)色温。如果辐射源发出的光的颜色与黑体在某一温度下辐射出的光的颜色相同，则黑体的这一温度称为该辐射源的色温。由于一种颜色可以由多种光谱分布产生，所以色温相同的光源，它们的相对光谱功率分布不一定相同。

(2)相关色温。若一个光源的颜色与任何温度下的黑体辐射的颜色都不相同，这时的光源用相关色温表示。在均匀色度图中，如果光源的色坐标点与某一温度下的黑体辐射的色坐标点最接近，则该黑体的温度称为这个光源的相关色温。

(3)分布温度。辐射源在某一波长范围内辐射的相对光谱功率分布，与黑体在某一温度下辐射的相对光谱功率分布一致，那么该黑体的温度就称为这个辐射源的分布温度。

选择光源时，应综合考虑光源的强度、稳定性、光谱特性等性能。

2.2 热辐射源

根据斯忒藩-玻耳兹曼定律知，物体只要其温度大于绝对零度，都会向外界辐射能量，其辐射特性与温度的四次方有关。例如炉上的一块铁，刚开始加热时，温度较低呈暗红色。若继续加热，随着温度的升高，铁块的颜色会由暗红色逐渐变为炽白，而且发光也更明亮。物体由于温度较高而向周围温度较低环境发射能量的形式称为热辐射，这种物体称为热辐射源。下面介绍几种热辐射源。

2.2.1 太阳

太阳是直径约为 1.392×10^9 m 的光球，它到地球的年平均距离是 1.496×10^{11} m。因此从地球上观看太阳时，太阳的张角只有 $0.533°$。

太阳光谱能量分布相当于工作温度 5 900 K 左右时的黑体辐射(见图 2-4)。其平均辐亮度为 2.01×10^7 W·m^{-2}·sr^{-1}，平均亮度为 1.95×10^9 cd/m^2。

在大气层外，太阳对地球的辐照度值在不同的光谱区所占的百分比为

紫外区(<0.38 μm)　　　　6.46%

可见区($0.38 \sim 0.78$ μm)　　46.25%

红外区(>0.78 μm)　　　　47.29%

辐射到地球上的太阳光，要穿过一层厚厚的大气层，因而在光谱、空间分布、能量大小、偏振状态等方面都发生了变化。大气中的氧(O_2)、水汽(H_2O)、臭氧(O_3)、二氧化碳(CO_2)、一氧化碳(CO)和其他碳氢化合物(如 CH_4)等，都在不同程度上吸收太阳辐射，而且它们都是光谱选择性的吸收介质。在标准海平面上太阳的光谱辐射照度曲线，如图2-4所示，其中的阴影部分表示大气的光谱吸收带。

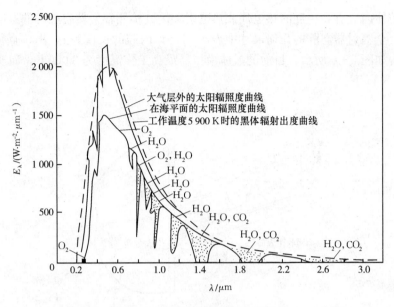

图 2-4　太阳的光谱能量分布曲线

2.2.2　黑体模拟器

　　吸收比等于 1、能发射所有波长的辐射源叫绝对黑体，绝对黑体是一种理想辐射源。在许多光电仪器或系统中，往往需要这样一种辐射源，它的温度特性和光谱特性酷似理想黑体的特性。这种辐射源常称为黑体模拟器，也称基准辐射源，其温度可以很精确地控制在设定值上。这种模型原则上是开有发射小孔并带有均匀加热壁的不透明封闭空腔。空腔的几何形状多种多样，但从结构上考虑，最常见的黑体模型是管状的。

　　图 2-5 给出了 8 种工程黑体的典型结构。由图可见，工程黑体的内腔呈简单的几何形状——球形、锥形、圆柱形，或者是这些形状的组合。

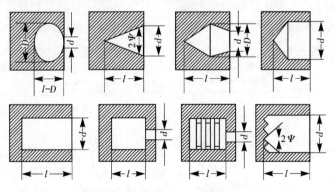

图 2-5　8 种工程黑体的典型结构

d—发射孔直径；l—最大腔深

　　在实际应用中，基准辐射源称为黑体炉，由石墨制作，外壁包上较厚一层可长时间承受工作高温的热绝缘材料，以利于保温。采用电加热线圈加热，其线圈绕制、排列保证均匀加热。此外，腔体内置有高精度的热电偶或热电阻，用其检测辐射器空腔内的温度。为了使温度均匀稳定，全辐射器空腔的几何尺寸中 $l/d > 1.5$。内腔的长度为 l，出口直径为 d。黑体模拟器的结构如图 2-6 所示，目前的黑体模拟器最高工作温度为 3 000 K，而实际应用的大多是在 2 000 K 以下。

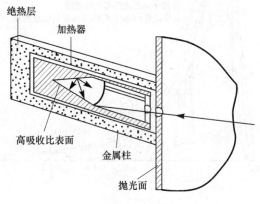

图 2-6　黑体模拟器的结构

2.2.3　白炽灯

白炽灯是光电测量中最常用的光源之一。白炽灯发射的是连续光谱，在可见光谱段中部和黑体辐射曲线相差约 0.5%，而在整个光谱段内和黑体辐射曲线平均相差 2%。此外，它的发光特性稳定，寿命长，使用和量值复现方便，因而也广泛用作各种辐射度量和光度量的标准光源。

白炽灯有真空钨丝白炽灯、充气钨丝白炽灯和卤钨灯等，光辐射由钨丝通电加热发出。真空钨丝白炽灯的工作温度为 2 300～2 800 K，发光效率约 10 lm/W。钨的熔点约为 3 680 K，进一步增加白炽灯的工作温度会导致钨的蒸发率急剧上升，从而使寿命骤减。

充气钨丝白炽灯，由于在灯泡中充入和钨不发生化学反应的氩、氮等惰性气体，使由灯丝蒸发出来的钨原子在和惰性气体原子碰撞时，部分钨原子能返回灯丝。这样可以有效地抑制钨的蒸发，从而使白炽灯的工作温度可以提高到 2 700～3 000 K，相应的发光效率提高到 17 lm/W。

如果在灯泡内充入卤钨循环剂（如氯化碘、溴化硼等），在一定温度下可以形成卤钨循环，即蒸发的钨和玻璃壳附近的卤素合成卤钨化合物，而该卤钨化合物扩散到温度较高的灯丝周围时，又分解成卤素和钨。这样，钨就重新沉积在灯丝上，而卤素被扩散到温度较低的灯泡壁区域再继续与钨化合。这一过程称为钨的再生循环。卤钨循环工作原理如图 2-7 所示。卤钨循环进一步提高了灯的

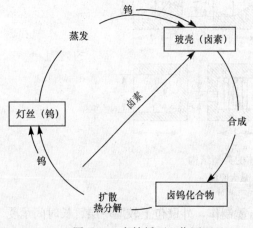

图 2-7　卤钨循环工作原理

寿命。灯的色温可达 3 200 K，发光效率也相应提高到 30 lm/W。

2.3　气体放电光源

利用气体放电原理制成的光源称为气体放电光源。制作时在灯中充入发光用的气体，如氦、氖、氙、氪等，或金属蒸气，如汞、钠、铊、镝等，这些元素的原子在电场作用下电离出电子和离子。当离子向阴极、电子向阳极运动时，从电场中得到加速，当它们与气体原子或分子高速碰撞时会激励出新的电子和离子。在碰撞过程中有些电子会跃迁到高能级，引起原子的激发。受激原子回到低能级时就会发射出相应的辐射，这样的发光机制被称为气体放电原理。

气体放电光源具有下列共同的特点：

① 发光效率高，比同瓦数的白炽灯发光效率高 2～10 倍，因此具有节能的特点；

② 由于不靠灯丝本身发光，电极可以做得牢固紧凑，耐震、抗冲击；

③ 寿命长，一般比白炽灯寿命长 2～10 倍；

④ 光色适应性强，可在很大范围内变化。

由于上述特点，气体放电光源具有很强的竞争力，在光电测量和照明中得到广泛使用。气体放电光源也称气体灯。气体灯内可充不同的气体或金属蒸气，从而形成放电介质不同的多种灯源。即使充有同一种材料时，由于结构不同又可构成多种气体灯。如汞灯就可分为：低压汞灯，管内气压低于 0.8 Pa，它又可分为冷阴极辉光放电型和热阴极弧光放电型两类；高压汞灯，管内气压为 1～5 Pa，该灯的发光效率可达 40～50 lm/W；超高压汞灯，管内气压可达 10～200 Pa。又如氙灯有长弧和短弧之分，它们各有各自的发光效率、发光强度、光谱特性、启动电路及具体结构等。

气体放电光源的种类很多。下面介绍几种常用气体放电灯的情况。

2.3.1　脉冲灯

这种灯的特点是在极短的时间内发出很强的光辐射，其结构和工作电路原理如图 2-8 所示。直流电源电压 U_0 经充电电阻 R，使储能电容 C 充电到工作电压 U_C。U_C 一般低于脉冲灯的自击穿电压 U_S，而高于灯的着火电压 U_Z。脉冲灯的灯管外绕有触发丝。工作时在触发丝上施加高的脉冲电压，使灯管内产生电离火花线，火花线大大减小了灯的内阻，使灯"着火"。电容 C 中储存的大量能量可在极短的时间内通过脉冲灯，产生极强的闪光。除激光器外，脉冲灯是最亮的光源。

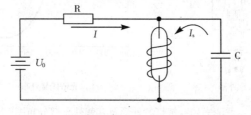

图 2-8　脉冲灯结构和工作电路原理图

　　由于脉冲灯的高亮度，所以广泛用作摄影光源、激光器的光泵和印刷制版的光源等。

　　例如照相用的万次闪光灯就是一种脉冲氙灯，它的色温与日光接近，适于作彩色摄影的光源。氙灯内充有惰性气体——氙，由两个电极之间的电弧放电而发出强光。氙灯的辐射光谱是连续的，与日光的光谱能量分布相接近（见图2-9），色温6 000 K左右，显色指数90以上，因此有"小太阳"之称。

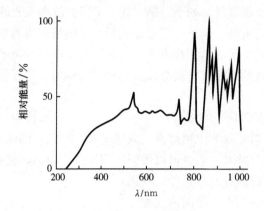

图2-9　短弧氙灯光谱能量分布

　　氙灯分为长弧氙灯、短弧氙灯和脉冲氙灯3种。长弧氙灯的发光效率为25～30 lm/W。

　　在固体激光装置中，常把脉冲氙灯用作泵浦光源。这时的氙灯有直管形和螺旋形两种，发光时能量可达几千焦耳，而闪光时间只有几毫秒，可见有很大的瞬时功率。

　　常见的脉冲灯中还有氘灯。氘灯内充有高纯度的氘气，是一种热阴极弧光放电灯。氘灯的阴极是直热式氧化物阴极，阳极用0.5 mm厚的钽皮做成，中心正对口，灯泡由紫外透射性能比较好的石英玻璃制成。工作时先加热灯丝，产生电子发射，当阳极加高压后，氘原子在灯内受高速电子的碰撞而激发，从阳极小圆孔中辐射出连续的紫外光谱（185～500 nm）。图2-10是氘灯的外形及其紫外光谱分布图。氘灯的紫外线辐射强度高、稳定性好、寿命长，因此常用作各种紫外分光光度计的连续紫外光源。中国计量院用氘灯作为200～250 nm的标准辐射光源。

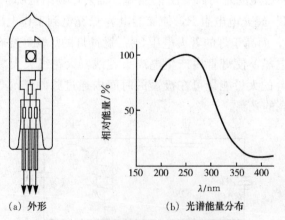

　（a）外形　　　　　　　　　　（b）光谱能量分布

图2-10　氘灯的外形及其紫外光谱分布图

2.3.2　原子光谱灯

原子光谱灯又称空心阴极灯，其结构原理如图 2-11 所示。阳极和圆筒形阴极封在玻壳内，玻壳上部有一透明石英窗。工作时窗口透射出放电辉光，其中主要是阴极金属的原子光谱。空心阴极放电的电流密度可比正常辉光高出 100 倍以上，电流虽大但温度不高，因此发光的谱线不仅强度大，而且波长宽度很小。如金属钙的原子光谱波长为 42 267 nm 时，光谱带宽为 33 nm 左右，同时它输出的光稳定。原子光谱灯可制成单元素型或多元素型。加之填充气体的不同，这种灯的品种很多。

原子光谱灯的主要作用是引出标准谱线的光束，确定标准谱线的分光位置，以及确定吸收光谱中的特征波长等。它主要用于元素，特别是微量元素光谱分析的装置中。

图 2-11　原子光谱灯结构原理图

2.3.3　汞灯

常见的气体放电光源还有汞灯。

汞灯分低压汞灯、高压汞灯和超高压汞灯三类，其光谱能量分布如图 2-12 所示。

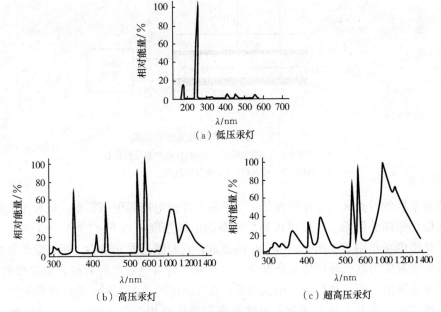

（a）低压汞灯

（b）高压汞灯　　　　　（c）超高压汞灯

图 2-12　汞灯光谱能量分布图

低压汞灯主要发射 253.7 nm 的紫外线，高压汞灯的发光效率约 64 lm/W，其中可见光成分较多。高压汞灯内的气压有 1～5 Pa，超高压汞灯内的气压有 10～200 Pa。

2.4　固体发光光源

固体发光光源又称平板发光器件，也称平板显示器。平板显示器的厚度较薄，看上去就像一块平板。平板显示（FPD）的种类较多，按发光类型分，分主动发光型和被动发光型两种。前者媒质自己发光，后者则靠媒质调制外部光源实现信息显示。按媒质和工作原理分，有液晶显示（LCD）、等离子体显示（PDP）、电致发光显示（ECD）和电泳发光显示（EPD）等。

2.4.1　场致发光光源

场致发光是固体在电场的作用下将电能直接转换为光能的发光现象，也称电致发光。实现这种发光的材料很多，下面介绍几种固体场致发光器件。

1. 交流粉末场致发光屏

该发光屏的结构如图 2-13 所示。其中铝箔和透明导电膜作为两个电极，透明导电膜通常用氧化锡制成，高介电常数的反射层常用陶瓷或钛酸钡等制成，用以反射光束，将光集中到上方输出。荧光粉层由荧光粉（ZnS）、树脂和陶瓷等混合而成，厚度很薄。玻璃板起支撑、保护和透光作用。为使发光屏发光均匀，每层的厚度都应十分均匀。

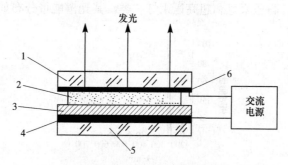

图 2-13　交流粉末场致发光屏结构
1—玻璃板；2—荧光粉层；3—高介电常数反射层；
4—铝箔；5—玻璃板；6—透明导电膜

交流粉末场致发光屏的工作原理是：由于发光屏两电极间距离很小，只有几十微米，所以即使在微小电压的作用下，就可得到足够高的电场强度，如 $E=10^4$ V/cm 以上。粉层中自由电子在强电场作用下加速而获得很高的能量，它们撞击发光中心，使其受激而处于激发态。当激发态复原为基态时产生复合发光。由于荧光粉与电极之间有高介电常数的绝缘层，自由电子并不导走，而是被束缚在阳极附近，在交流电的负半周时，电极极性变换，自由电子在高电场作用下向新阳极的方向，也就是向正半周时相反的方向加速，这样重复上述过程，使之不断发光。

交流发光屏的发光亮度与电压 U 和频率 f 有关，如图 2-14 所示。当 f 一定时，发光亮度的经验公式为

$$L = L_0 \cdot \exp\left[\left(\frac{U_0}{U}\right)^{1/2}\right] \tag{2-3}$$

式中，L_0 和 U_0 是发光屏最初的发光亮度与所加电压。

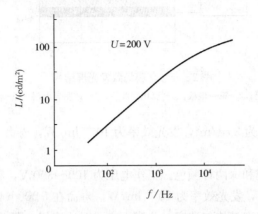

图 2-14　发光亮度与电压和频率的关系曲线

发光屏随工作时间 t 增加而老化，使光亮度下降，老化过程可表示为

$$L = \frac{L_0}{1 + t/t_0} \tag{2-4}$$

式中，t_0 是与工作频率有关的时间常数。

目前交流粉末发光屏材料主要是硫化锌（ZnS），发光为绿色，峰值波长在 $0.48 \sim 0.52\ \mu m$ 之间，发光亮度下降到初始值的 1/3 至初始值的 1/4 所对应的寿命约为 3 000 h。

交流粉末场致发光屏的优点是光发射角大，光线柔和，寿命长，功耗小，发光响应速度快，不发热；其缺点是发光亮度低，驱动电压高和老化快。

2. 直流粉末场致发光屏

这种发光屏结构与交流发光屏相似，它依靠传导电流产生激发发光。常用的发光材料是 ZnS：Mn、Cu，发橙黄色的光。

直流发光屏亮度较高，而且亮度随传导电流的增大而迅速上升。其优点是驱动电路简单、制造工艺简单和成本低。

直流发光屏在 100 V 的直流电压的激发下，光亮度约为 30 cd/m²，光亮度下降到初始值一半所对应的寿命约上千小时，发光效率 $0.2 \sim 0.5$ lm/W。它适宜于脉冲激发下工作，主要用于数码、字符和矩阵的显示。

3. 薄膜场致发光屏

薄膜场致发光屏与粉末场致发光屏在形式上很相似，但是很薄（1 μm 左右），其结构如图 2-15 所示，在薄膜的两电极间施加适当的电压就可发光。一般有交流和直流薄膜场致发光屏两种形式。

直流薄膜发光屏主要有橙黄和绿两种颜色。工作电压为 $10 \sim 30$ V，电流密度为

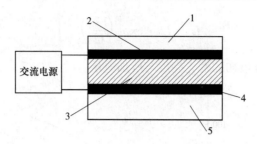

图 2-15　薄膜场致发光屏结构

1—防潮层；2—第一电极；3—硫化锌薄膜；4—透明导电层；5—玻璃基板

$0.1~\mathrm{mA/mm^2}$，发光亮度为 $3~\mathrm{cd/m^2}$，发光效率为 $10^{-4}~\mathrm{lm/W}$，寿命大于 $1~000~\mathrm{h}$，可直接用集成电路驱动。

交流薄膜发光屏有橙和绿两种颜色。工作电压为 $100\sim300~\mathrm{V}$，频率由几十到几千赫兹，发光亮度可达几百 $\mathrm{cd/m^2}$，发光效率为 $10^{-3}~\mathrm{lm/W}$，寿命在 $5~000~\mathrm{h}$ 以上。

薄膜发光屏的主要特点是均匀致密，分辨力高，对比度好，驱动电压低。可用于隐蔽照明，固体雷达屏幕显示和数码显示等。

与其他光源相比，场致发光光源（发光屏）有以下优点：

① 固体化、平板化，因而可靠、安全、占地小，易于安装；

② 面积、形状几乎不受限制，因此可以通过光刻、透明导电膜和金属电极掩蔽镀膜的方法，制成任意发光图形；

③ 属于无红外辐射的冷光源，因而隐蔽性好，对周围环境没有影响；

④ 视角大，光线柔和，易于观察；

⑤ 寿命长，可连续使用几千小时，而发光不会突然全部熄灭；

⑥ 功耗低，约几毫瓦每平方厘米；

⑦ 发光易于通过电压控制。

场致发光光源也存在一些缺点，主要是亮度较低（一般使用亮度为 $50~\mathrm{cd/m^2}$ 左右），驱动电压高（通常需上百伏），老化快等。

场致发光光源在近几年得到多方面的应用和发展，它主要应用于下述几个方面。

① 特殊照明。如仪表表盘、飞机座舱、坑道等照明。

② 数字、符号显示。如可以做成大型的数字钟、电子秤等显示。

③ 模拟显示。如显示生产工艺流程和大型设备的工作状态，各种应急系统标志显示等。

④ 矩阵显示，又叫交叉电极场致发光显示。主要用于雷达、航迹显示及电视等。

⑤ 图像转换及图像增强。把场致发光屏与光导材料联合使用，可以做成显像器件，例如 X 光像增强与像转换器件。

2.4.2　其他平板显示器件

1. 液晶的电光效应和液晶显示

液晶分子棒状结构的特性使得沿分子长轴方向光的折射率和沿长轴垂直方向的折射率并

不相等。折射率的各向异性产生入射光的双折射，导致入射偏振光的偏振状态和偏振方向发生变化。从电的角度讲，液晶分子中含有的极性基团使分子具有极性，如果分子的偶极矩方向与分子长轴平行，这种液晶称为正性液晶；如果偶极矩方向与分子长轴垂直，称为负性液晶。在电场的作用下，偶极矩要按电场的方向取向，使分子原有的排列方式受到破坏，从而使液晶的光学性能变化，如原来是透光的变成不透光，或相反。把这种因外加电场的作用导致液晶光学性能发生变化的现象称为液晶的电光效应。迄今已发现液晶的多种电光效应，如负性液晶的动态散射效应(DS)、电控双折射效应(ECB)，正性液晶的扭曲效应(TN)、超扭曲效应(STN)等。在显示上应用得最广泛的是正性液晶的扭曲效应和超扭曲效应，如图 2-16(a)所示。当入射线偏振光通过液晶层时，由于液晶分子的光学各向异性，使偏振方向向液晶分子长轴方向扭转，通过整个液晶层时，偏振方向也随着液晶分子长轴旋转了90°，这就是 TN 液晶的旋光特性。此时如果检偏片的方向与起偏片平行粘贴，旋转过 90°的偏振光被阻挡，因此无光输出而呈暗态，如图 2-16(b)所示。在有电场作用时，如果电场大于阈值场强，除了与内表面接触的液晶分子仍沿基板表面平行排列外，液晶盒内各层的液晶分子都沿与电场取向成垂直排列的状态，此时通过液晶层的偏振光偏振方向不变，因而可以通过检偏片而呈亮态，如图 2-16(c)所示。这样就实现了黑底上的白字显示，称为负显示。同样，如果将起偏片和检偏片的偏振轴相互正交粘贴，则可实现白底上黑字，称为正显示。TN 液晶分子从原来平行于基板扭曲 90°的排列方式，在电场的作用下转变成垂直于基板的排列方式，从而对线偏振光调制而实现显示的现象，称为 TN 液晶的扭曲效应。

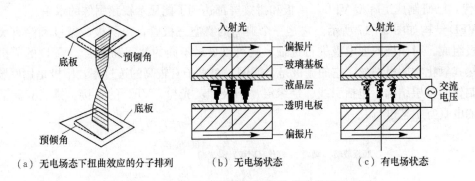

（a）无电场态下扭曲效应的分子排列　　　（b）无电场状态　　　（c）有电场状态

图 2-16　TN-LCD 的结构和扭曲效应的分子排列图

2. 等离子体显示(PDP)

等离子体显示板(plasma display panel，PDP)是利用惰性气体在一定电压作用下产生气体放电，形成等离子体，而直接发射可见光，或者发射紫外线(VUV)进而激发荧光粉发光的一种主动发光型平板显示器件。1966 年美国伊利诺斯大学的 D. L. Bitzer 教授发明了交流等离子体显示板以后，到 20 世纪 70 年代初期，单色产品就开始批量生产并首先在武器装备上获得应用，最早实现批量生产的平板显示器件。进入 20 世纪 90 年代，在 HDTV 的强烈刺激和 LCD 较难实现大面积显示的推动下，彩色 PDP 技术迅速突破，于 1993 年首先实现了彩色 PDP 的批量生产，1996 年多家公司推出了 53 cm 彩色 PDP 产品，其主要性能指标达到了 CRT 的水平。一个崭新的大屏幕壁挂电视的时代开始展现在人们面前。

PDP 按驱动电压分，有交流等离子体显示板(AC-PDP)和直流等离子体显示板

(DC-PDP)两种。AC-PDP 因其光电和环境性能优异，是 PDP 技术的主流。

PDP 具有以下特点：

① 主动发光，彩色 PDP 可实现全色显示；

② 伏安特性非线性强，单色 PDP 产品已实现选址 2 048 行，彩色 PDP 已实现选址 1 024 行；

③ 具有固有的存储特性，显示占空比为 1，可实现高亮度显示；

④ 视角大，可达 160°，与 CRT（阴极射线管）相当；

⑤ 响应快，单色 PDP 达微秒量级，彩色 PDP 的响应决定于荧光粉余晖，显示视频图像不成问题；

⑥ 寿命长，单色 PDP 达数十万小时，彩色 PDP 也达 3 万小时；

⑦ 环境性能优异，可通过美国军用标准。

此外，由于以上②、③优点，加上在工艺上许多工序可以用印刷法制作，因此 PDP 特别适用于大屏幕显示，且其成本模型与价廉的 CRT 相似。

3. 真空荧光显示(VFD)

真空荧光显示是利用氧化锌系列荧光粉在数十伏低能电子轰击下发光而制成的显示器件。20 世纪 60 年代用作荧光数码管，70 年代制成了平板型 VFD，用来显示数字和特定的符号、标记和图形等，在录像机、汽车电子仪表等电子产品上有广泛的应用。到了 20 世纪 90 年代，已研制成矩阵型 VFD，单板和拼接屏都达到了能显示视频图像的水平。

VFD 结构如图 2-17 所示。它是一个典型的真空三极管，由阴极、栅极和涂有荧光粉的阳极组成。对阳极图形电极进行选址，就可以显示不同的数字和图形。VFD 的阴极通常是直热式氧化物阴极细丝，它的栅极是金属网，对电子有较高的透过率，阳极是用厚膜技术印刷制作的多层结构，包括引线、绝缘层、阳极和荧光粉。VFD 的封接、排气和激活都用传统的电真空工艺进行。

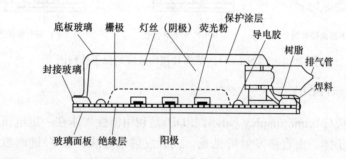

图 2-17　VFD 结构示意图

VFD 主动发光，有较高的发光亮度，它的工作温度范围宽，在 $-40 \sim 80 \ ℃$ 范围内能正常工作；VFD 寿命也较长，可达 10 000～50 000 h，这些就决定了 VFD 在汽车仪表和家用电子产品中有广泛的应用。

4. 电致变色显示(ECD)

自然界中的一些物质在热、光、电的刺激下其颜色会发生变化。所谓电致变色是指在电的作用下，物质发生氧化还原反应，使物质的颜色发生可逆性变化的现象。利用这一现象制作的显示器件就叫作电致变色显示。

不少液态或固态的无机物都有电致变色功能，研究较多的是三氧化钨 WO_3。WO_3 电解液是透明的液体，在电子注入时与溶液中的阳离子 M 反应，生成蓝色的不定比化合物 MWO_3。这种反应和化学电池中的反应类似，开路时能保持其结构(即颜色)，因此电致变色有良好的存储特性。ECD 的结构和 LCD 类似，把 WO_3 电解液密封在电极相互正交的二块玻璃基板中就成。ECD 也可制成固体化器件，但目前还处于实验阶段。

ECD 和 LCD 一样本身不发光，靠调制反射环境光工作。它对比度高，无视角问题，工作电压低，具有极好的存储性能，电路断开后显示内容可保持几天以上。ECD 的最大缺点是响应速度慢，达秒的量级，而且重复寿命不高，只有 $10^6 \sim 10^7$ 次，影响了 ECD 在显示领域的实际应用。

5. 电泳显示(EPD)

电泳是指悬浮在液体中的带电粒子在外电场作用下定向移动并附着在电极上的现象。如果带电粒子有一定颜色，就可利用电泳实现信息显示，这就是电泳显示。

在制作有电极的两块玻璃基板间密封一层厚约 $50~\mu m$ 的胶质悬浮体，胶质悬浮体由悬浮液、色素微粒和稳定剂等组成，色素微粒由于吸附了液体中的杂质离子而带上了同号电荷，加上电场时微粒向一个电极移动，该电极就呈色素粒子的颜色。一旦电场反向，粒子就向相反方向移动，电极就变成悬浮液的颜色，也就是悬浮液颜色是背景色，微粒颜色就是字符颜色。

电泳显示是一种被动型显示，功耗小，寿命较长。它的响应速度和所加电压有关，一般在几十至几百毫秒范围。它制作工艺简单，价格低廉。但电泳显示没有明显的阈值特性，必须和有开关特性的器件连用方能用于矩阵显示，而且它的微观工作过程比较复杂，需要进一步深入研究才能达到实用阶段。

2.4.3　结型发光光源——发光二极管和激光二极管

发光二极管是少数载流子在 PN 结区的注入与复合而产生发光的一种结型发光器件，也称为注入式场致发光光源。

1. 发光二极管的工作原理

实际上，发光二极管就是一个由 P 型和 N 型半导体组合成的二极管，如图 2 - 18 所示。以砷化镓(GaAs)发光二极管为例，说明它的工作原理。

如果把一种受主材料掺杂到 GaAs 中，就可形成一个 P 型半导体区域；把一种施主材料掺杂到 GaAs 中，就可形成一个 N 型半导体区域；当把它们结合时，P 型和 N 型区域间就形成 PN 结。我们知道，如果在 P 区加正电压，在 N 区加负电压，电子就被迫进入 N 型区域，并在 P 型区域里形成空穴。当它们的能级超过势垒能量时，电子就能够横越结区进入 P 区域。在 P 型和 N 型区域间的耗尽层里，电子能够自发地与空穴复合而放出能量——产生光子，光子朝各个方向运动，这就形成了结型发光，这就是 LED。在 LED 中，向各个方向发出的光是自发发射的。

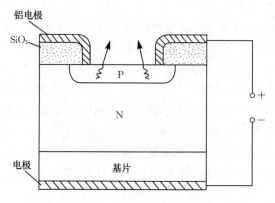

图 2-18 发光二极管原理结构

为了使发光二极管能产生激光，必须限制和引导复合层里的光子，使光强增加到产生受激发射的程度。如在耗尽层里加入一些铝，可使光子的波长得到调节，复合层（耗尽层）的折射率增高。在复合层里所形成的光子倾向于来回多次反射，于是光强得到加强。光强足够高时，就开始受激发射，当能量增益和能量损耗相匹配时，在复合层内逸出的每个光子都形成一个或更多的光子。因此导致复合率不断增加和不断产生光子，最终在复合层里形成比自发发射高几个数量级的光强，这就是构成激光二极管的简单原理。在激光二极管中，发出的光是受激发射。

LED 在室温下的典型光谱宽度为 30~40 nm，比激光二极管发射的光谱宽度大一个数量级。因而增大了色散，与低数值孔径光纤耦合效率也低。但 LED 具有结构简单和温度对发射功率影响小的优点。目前，常用的二极管大部分是 GaAs 和 AlGaAs 器件。

2. 发光二极管的特性参数

1) 量子效率

发光二极管的量子效率有内量子效率和外量子效率之分。复合发出的光子究竟在整个复合过程中占多大的比例，描述这一物理过程中的数量关系就是内量子效率，用符号 η_{qi} 表示。

$$\eta_{qi} = \frac{N_r}{G} \tag{2-5}$$

式中：N_r——产生的光子数；
    G——注入的电子-空穴对数。
这里，产生的光子数并不能全部射出器件之外。作为一种发光器件，有意义的是它能射出多少光子，表征器件这一性能的参数就是外量子效率，用 η_{qe} 表示。

$$\eta_{qe} = \frac{N_T}{G} \tag{2-6}$$

式中，N_T 为器件射出的光子数。

虽然某些发光二极管材料的内量子效率很高，接近 100%，但外量子效率却很低。主要原因是由于所用半导体材料的折射率较高，如 GaAs 的折射率 n 为 3.6，其临界角很小，大部分辐射光都以大于临界角的角度照射到材料与空气的界面上，它们几乎全部被反射回去，故光能损失很大。

2）发光与电流的关系

图 2-19 表示几种发光二极管的光出射度与电流密度的关系。从图 2-19 中可见 $GaAs_{1-x}P_x$、$Ga_{1-x}Al_xAs$ 和 GaP（绿色）的发光二极管，其光出射度与电流密度近似地成正比增加，不易饱和；而 GaP：(Zn,O) 的红色发光二极管则极易达到饱和。

发光二极管的光出射度还与工作温度有关。当环境温度较高或工作电流过大时，容易出现热饱和现象，使用时必须加以考虑。

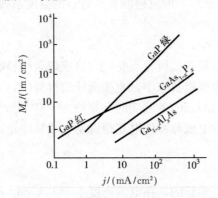

图 2-19　光出射度与电流密度的关系曲线

3）光谱特性

发光二极管的发光光谱直接决定着它的发光颜色。目前能制造出红、绿、黄、橙、蓝、红外等各种颜色的发光二极管，如表 2-2 所示。

表 2-2　几种发光二极管的特性

材　料	禁带宽度/eV	峰值波长/nm	颜　色	外量子效率
GaP	2.24	565	绿	10^{-3}
GaP	2.24	700	红	3×10^{-2}
GaP	2.24	585	黄	10^{-3}
$GaAs_{1-x}P_x$	$1.84 \sim 1.94$	$620 \sim 680$	红	3×10^{-3}
GaN	3.5	440	蓝	$10^4 \sim 10^{-3}$
$Ga_{1-x}Al_xAs$	$1.8 \sim 1.92$	$640 \sim 700$	红	4×10^{-3}
GaAs：Si	1.44	$910 \sim 1\,020$	红外	0.1

图 2-20 表示 $GaAs_{0.6}P_{0.4}$ 和 GaP 红色发光的光谱能量分布。$GaAs_{1-x}P_x$ 由于 x 值的不同，发光的峰值波长在 620 nm 到 680 nm 之间变化，其光谱半宽度为 $20 \sim 30$ nm。

GaP 红色发光管的峰值波长在 700 nm 附近，半宽度约为 100 nm，而 GaP 绿色发光管的

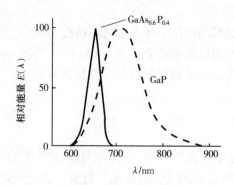

图 2-20　发光二极管的光谱能量分布

峰值波长在 565 nm 附近，半宽度约 25 nm。另外，随着结温的上升，峰值波长将以 0.2～0.3 nm/℃ 的比例向长波方向漂移，即发射波长具有正的温度系数。

4）响应时间

响应时间是指注入电流后发光二极管点亮（上升）或熄灭（衰减）的时间。发光二极管的上升时间随着电流的增大近似地成指数减小。直接跃迁的材料（如 $GaAs_{1-x}P_x$）的响应时间仅为几个纳秒，而间接跃迁材料（如 GaP）的响应时间则约为 100 ns。

发光二极管可利用交流供电或脉冲供电获得调制光或脉冲光，调制频率可达几十兆赫。

5）寿命

发光二极管的寿命一般是很长的，在电流密度小于 1 A/cm² 的情况下，寿命可达 10^6 h，即可连续工作一百余年。这是任何光源均无法与之竞争的。

发光二极管的亮度随着工作时间的增加而衰减，这就是老化。老化的快慢与电流密度 j 和老化时间常数 τ 有关，其关系式为

$$L(t) = L_0 e^{-(j/\tau)t} \tag{2-7}$$

式中：$L(t)$——点燃 t 时间后的亮度；

　　　L_0——起始亮度；

　　　τ——老化时间常数，约为 10^6 h·A/cm²。

发光二极管因为具有如下优点而得到广泛的重视和应用：

① 属于低电压、小电流器件，在室温下即可得到足够的亮度（一般为 3 000 cd/m² 以上）；

② 发光响应速度快（10^{-9}～10^{-7} s）；

③ 性能稳定，寿命长（一般 10^5 h 以上）；

④ 驱动简单，易于和集成电路匹配；

⑤ 与普通光源相比，单色性好，其发光脉冲的半宽度一般为几十纳米；

⑥ 重量轻，体积小，耐冲击。

2.5　激光器

2.5.1　激光原理

在 20 世纪 50 年代，美国科学家 Townes 和苏联科学家 Prokhorov 等人独立发明了一种极低噪声微波放大器。这是一种受激发射微波放大器(microwave amplification by stimulated emission of radiation)，以其英文的每个词的第一个字母缩写词 MASER 命名。接着，1958 年美国汤斯(Townes)和肖洛(Schawlow)提出，在一定的条件下，可将上述微波激射器的原理推广至光波段，即有可能制成受激发射光波放大器(light amplification by stimulated e-mission of radiation)，其英文首字母缩写词为 LASER，译作"激光"或音译"雷射"。在 1960 年 7 月，梅曼(Maiman)宣布了第一台红宝石激光器(ruby laser)的诞生。这无疑是光学史上的重大里程碑，也是科学史上的重要事件。上述科学家因此而获得了 1964 年诺贝尔奖。继第一台激光器诞生至今，产生了各种各样的激光器，不仅有固体、液体、气体的激光器，还研制了原子激光器；波段已从 X 射线扩展到微波范围。

1. 自发辐射、受激吸收和受激辐射

如图 2-21 所示，光与原子二能级系统(two lever system)相互作用，可能有 3 种跃迁过程：自发辐射(spontaneous emission)，受激吸收(stimulate absorption)和受激辐射(stimulate emission)。这是爱因斯坦提出的。

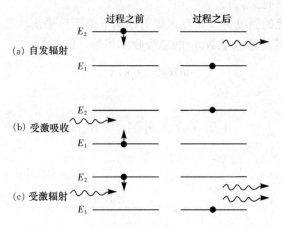

图 2-21　光与原子二能级系统相互作用图

自发辐射过程中，原子开始处于高能态(或称激发态)E_2，它自发地从高能态跃迁至低能态且 E_1，并发射频率为 $\nu=(E_2-E_1)/h$ 的光子。普通光源的发光为自发辐射，每次辐射之间相互独立，没有一定的相位关系，所以是不相干的。原子在大多数激发态能级的平均寿命约为 10^{-8} s，但有的激发态的寿命较长，约为 10^{-3} s。这种寿命较长的激发态被称为亚稳态。

在受激吸收过程中，原子开始处于低能态，在 1 个频率为 $\nu=(E_2-E_1)/h$ 的入射光子激

发下，原子吸收了这个光子，跃迁至高能态。

在受激辐射过程中，原子开始处于高能态，在 1 个频率为 $\nu=(E_2-E_1)/h$ 的入射光子激发下，原子从高能态跃迁至低能态，并发射 2 个完全相同的光子，它们的频率、相位、偏振方向、传播方向皆相同，所以是相干的。1 个入射光子被放大为 2 个光子，若此过程继续，2 个光子将被放大为 4 个光子，4 个光子又被放大为 8 个光子……于是，入射光子的强度将成等比级数地被放大。

2. 爱因斯坦 A 系数和 B 系数

爱因斯坦于 1917 年定量地描述了上述可能的 3 种跃迁过程的概率。假设原子二能级系统中，处在高能态 E_2 的原子数为 n_2，处在低能态 E_1 的原子数为 n_1，作用于此原子系统的光谱能量密度为 $\rho(\nu)$。

单位时间里处于低能态 E_1 的每一个原子，跃迁至高能态 E_2 的受激吸收概率，记作 $R_{1\rightarrow2}$，它正比于频率为 $\nu=(E_2-E_1)/h$ 的光谱能量密度 $\rho(\nu)$。

$$R_{1\rightarrow2} = B_{12}\rho(\nu) \tag{2-8}$$

处于高能态 E_2 原子跃迁至低能态 E_1 的受激辐射的概率，也正比于光谱能量密度 $\rho(\nu)$，为 $B_{21}\rho(\nu)$。自发辐射的概率却与入射之光谱能量密度 $\rho(\nu)$ 无关，为 A_{21}。于是总的辐射概率为

$$R_{2\rightarrow1} = A_{21} + B_{21}\rho(\nu) \tag{2-9}$$

在式(2-8)和式(2-9)中，B_{12} 和 B_{21} 称为爱因斯坦 B 系数，A_{21} 称为爱因斯坦 A 系数，它们与原子的能级性质有关。

设原子二能级系统的温度为 T，在光辐射作用下处于热平衡状态，则处于高能态原子数 n_2 的总辐射率与处于低能态原子数 n_1 的总吸收率相等，即

$$n_1 R_{1\rightarrow2} = n_2 R_{2\rightarrow1}$$

或

$$n_1 B_{12}\rho(\nu) = n_2 [A_{21} + B_{21}\rho(\nu)]$$

由上述方程解得

$$\rho(\nu) = \frac{\dfrac{A_{21}}{B_{21}}}{\dfrac{n_1 B_{12}}{n_2 B_{21}} - 1} \tag{2-10}$$

由玻耳兹曼理论，原子二能级系统在温度 T 时的热平衡状态下，处于低能态的原子数 n_1 与处在高能态的原子数 n_2 之比为

$$\frac{n_1}{n_2} = \exp\left(\frac{E_2-E_1}{kT}\right) = e^{h\nu/kT} \tag{2-11}$$

式(2-11)说明，热平衡条件下原子主要处于低能态，即 $n_1 \gg n_2$。将式(2-11)代入式(2-10)，得

$$\rho(\nu) = \frac{\dfrac{A_{21}}{B_{21}}}{\dfrac{B_{12}}{B_{21}} e^{h\nu/kT} - 1} \tag{2-12}$$

式(2-12)给出了能量为 E_2 和 E_1 的原子二能级系统，在温度为 T，处于热平衡状态时，辐射频率 $\nu = (E_2 - E_1)/h$ 的光谱能量密度，它必定与普朗克黑体辐射谱密度一致。

$$\rho(\nu) = \frac{8\pi h\nu^3}{c^3} \times \frac{1}{e^{h\nu/kT} - 1} \tag{2-13}$$

对比式(2-13)和式(2-12)，得

$$\frac{B_{12}}{B_{21}} = 1 \tag{2-14}$$

$$\frac{A_{21}}{B_{21}} = \frac{8\pi h\nu^3}{c^3} \tag{2-15}$$

上述结果，首先由爱因斯坦于 1917 年得到。此结果给出了 3 种可能的跃迁系数之比。式(2-14)说明，受激吸收系数与受激辐射系数相等；式(2-15)说明，自发辐射系数与受激辐射系数之比，正比于 ν^3。这就是说，若原子二能级系统的能级差越大，则自发辐射的概率就越大于受激辐射的概率。

另外，还有如下所描述的关系

$$\frac{A_{21}}{B_{21}\rho(\nu)} = e^{h\nu/kT} - 1 \tag{2-16}$$

式(2-16)说明，若 $h\nu \gg kT$，则原子系统在热平衡条件下自发辐射的概率，远大于受激辐射的概率，即受激辐射的概率可以忽略不计；但当 $h\nu \approx kT$ 时，受激辐射概率显著增加。

当 $h\nu \ll kT$ 时，原子系统在热平衡条件下，其受激辐射将占据统治地位。微波频率较小，在室温下，可满足条件 $h\nu \ll kT$。因此，在室温下可实现微波受激辐射放大。

爱因斯坦的跃迁概率公式，是激光工作原理的核心。

3. 激光产生的必要条件——粒子数反转、光泵、谐振腔

1) 粒子数反转

通常，辐射率相对吸收率之比为

$$\frac{n_2}{n_1} \cdot \frac{R_{2\to1}}{R_{1\to2}} = \frac{n_2 A_{21} + n_2 B_{21}\rho(\nu)}{n_1 B_{12}\rho(\nu)} = \frac{n_2}{n_1} \cdot \left[1 + \frac{A_{21}}{B_{21}\rho(\nu)} \right] \tag{2-17}$$

若有二原子能级满足条件 $h\nu \ll kT$，则式(2-16)趋于零，式(2-17)中括号中的第二项可忽略不计，于是有

$$\frac{n_2}{n_1} \cdot \frac{R_{2\to1}}{R_{1\to2}} \approx \frac{n_2}{n_1} \tag{2-18}$$

由式(2-11)可知，在热平衡条件下，原子按能级服从玻耳兹曼分布，有 $n_1 \gg n_2$。但在

非平衡态，就有可能使原子数按能级分布反转为 $n_1 \ll n_2$，称这种分布为粒子数反转。这时，根据式(2-18)可知，辐射将超过吸收。频率为 $\nu = (E_2 - E_1)/h$ 的入射光波，通过与原子系统相互作用，原子从高能态跃迁至低能态，受激辐射同频率的光，出射光强远大于入射光强，光强被放大了。

2）光泵

上述受激辐射放大过程，显然将减少处于高能态的原子数，直至新的平衡态又重新建立，从而破坏了粒子数反转状态。为了保持原子系统的粒子数反转状态，需不断地将原子从低能态抽运至高能态，并将能量注入原子系统，以维持激光运转所必需的能量。这种将原子从低能态抽运至高能态的过程，称为光泵(optical pumping)。光泵可以是电学的、化学的、热学的或光学的方法。

3）谐振腔

谐振腔的两端面如同 F-P 干涉仪的两端面；所不同的是，谐振腔两个端面之一是全反射的，而另一面是部分透射的。在两端面之间为激光物质，光在两端面之间来回反射。那些离轴传播的光子，很快就从腔体的侧面逃逸出去；只有那些沿着轴向来回反射的光子，才可能在腔内来回反射多次，从而不断地产生受激辐射，使光子成等比级数地被放大，从部分反射镜端出射一束极强的、指向性和单色性极好的激光束。

2.5.2　激光器的结构和工作过程

从 1960 年发现激光器以来，激光器件、激光技术和它们的应用均以很快的速度发展，目前已渗透到所有的学科和应用领域。下面简单介绍激光器，其目的在于提醒读者重视这一类性能十分优越的辐射源。历史已告诉我们，合理地使用激光器往往形成新的光电技术和测量方法，有时还会提高测量的精度。

为满足产生激光的必要条件，激光器一般由工作物质、谐振腔和泵浦源 3 部分组成，其工作原理如图 2-22 所示。组成原子具有亚稳态能级结构且能产生粒子数反转的物质称为工作物质，常用工作物质有固体、液体、气体和半导体。泵浦源是激光器的能量源泉，常用的泵浦源是辐射源或电源，利用泵浦源能量将工作物质中的粒子从低能态激发到高能态，使处于高能态的粒子数大于处于低能态的粒子数，构成粒子数的反转分布，处于这一状态的原子

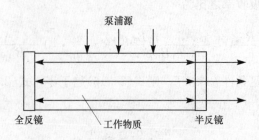

图 2-22　激光器工作原理图

或分子称为受激原子或分子。当高能态粒子从高能态跃迁到低能态而产生辐射并通过受激原子时，会感应出同相位同频率的辐射，这些辐射在谐振腔的两平面之间来回传播形成振荡时，沿轴线来回反射的次数最多，它会激发出更多的辐射，从而使辐射能量放大。这样，受激和经过放大的辐射通过部分透射的平面镜输出到腔外，产生激光。

要产生激光，激光器的谐振腔要精心设计，反射镜的镀层对所激发波长的光要有很高的反射率、很小的吸收系数、很高的波长稳定性和机械强度，因此实用的激光器要比图 2-22 所示的复杂得多。

2.5.3　激光器的类型

目前成功使用的激光器达数百种，输出波长范围从近紫外直到远红外，辐射功率从几毫瓦至上万瓦。如按工作物质分类，激光器可分为气体激光器、固体激光器、染料激光器和半导体激光器等。

1. 气体激光器

气体激光器采用的工作物质很多，激励方式多样，发射波长范围也最宽。这里主要介绍氦氖激光器、氩离子激光器和二氧化碳激光器。

1）氦氖激光器

氦氖激光器的工作物质由氦气和氖气组成，是一种原子气体激光器。在激光器电极上施加几千伏电压使气体放电，在适当的条件下两种气体成为激活的介质。如果在激光器的轴线上安装高反射比的多层介质膜反射镜作为谐振腔，则可获得激光输出。输出的主要波长有 632.8 nm、1.15 μm、3.39 μm。若反射镜的反射峰值设计在 632.8 nm，其输出功率最大。氦氖激光器可输出一毫瓦至数十毫瓦的连续光，波长的稳定度为 10^{-6} 左右，主要用于精密计量、全息术、准直测量等场合。激光器的结构有内腔式、半内腔式和外腔式 3 种，如图2-23所示。外腔式输出的激光偏振特性稳定，内腔式激光器使用方便。

2）氩离子激光器

氩离子激光器的工作物质是氩气，它在低气压大电流下工作，因此激光管的结构及其材料都与氦氖激光器不同。连续的氩离子激光器在大电流的条件下运转，放电管需承受高温和离子的轰击，因此小功率放电管常用耐高温的熔石英做成，大功率放电管用高导热系数的石墨或 BeO 陶瓷做成。在放电管的轴向上加一均匀的磁场，使放电离子约束在放电管轴心附近。放电管外部通常用水冷却，降低工作温度。氩离子激光器输出的谱线属于离子光谱线，主要输出波长有 452.9,476.5,496.5,488.0,514.5 nm，其中 488.0 nm 和 514.5 nm 两条谱线为最强，约占总输出功率的 80%。

3）二氧化碳激光器

二氧化碳激光器的工作物质主要是 CO_2，掺入少量 N_2 和 He 等气体，是典型的分子气体激光器。输出波长分布在 9～11 μm 的红外区域，典型的波长为 10.6 μm。

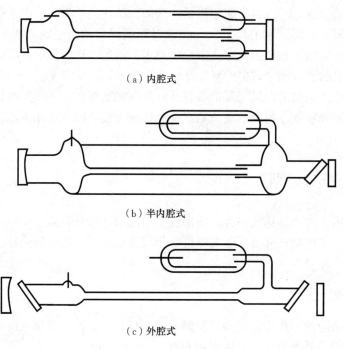

（a）内腔式

（b）半内腔式

（c）外腔式

图 2-23　氦氖激光器示意图

二氧化碳激光器的激励方式通常有低气压纵向连续激励和横向激励两种。低气压纵向激励的激光器的结构与氦氖激光器类似，但要求放电管外侧通水冷却。它是气体激光器中连续输出功率最大和转换效率最高的一种器件，输出功率从数十瓦至数千瓦。横向激励的激光器可分为大气压横向激励和横流横向连续激励两种。大气压横向激励激光器是以脉冲放电方式工作的，输出能量大，峰值功率可达千兆瓦的数量级，脉冲宽度为 $2\sim3\ \mu s$。横流横向激励激光器可以获得几万瓦的输出功率。二氧化碳激光器广泛应用于金属材料的切割、热处理、宝石加工和手术治疗等方面。

2. 固体激光器

固体激光器所使用的工作物质是具有特殊能力的高质量的光学玻璃或光学晶体，其里面掺入具有发射激光能力的金属离子。

固体激光器有红宝石、钕玻璃和钇铝石榴石等激光器，其中红宝石激光器是发现最早、用途最广的晶体激光器。粉红色的红宝石是掺有 0.05% 铬离子（Cr^{3+}）的氧化铝（Al_2O_3）单晶体。红宝石被磨成圆柱形的棒，棒的外表面经粗磨后，可吸收激励光。棒的两个端面研磨后再抛光，两个端面相互平行并垂直于棒的轴线，再镀以多层介质膜，构成两面反射镜。其中激光输出窗口为部分反射镜（反射比约为 0.9），另一个为高反射比镜面。如图 2-24 所示，与红宝石棒平行的是作为激励源的脉冲氙灯。它们分别位于内表面镀铝的椭圆柱体聚光腔的两个焦点上。脉冲氙灯的瞬时强烈闪光，借助于聚光镜腔体会聚到红宝石棒上，这样红宝石激光器就输出波长为 694.3 nm 的脉冲红光。激光器的工作是单次脉冲式，脉冲宽度为几毫秒量级，输出能量可达 1~100 J。

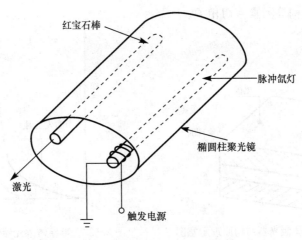

图 2-24　红宝石激光器原理图

3. 染料激光器

染料激光器(见图 2-25)以染料为工作物质。染料溶解于某种有机溶液中，在特定波长光的激发下，能发射一定带宽的荧光。某些染料，当在脉冲氙灯或其他激光的强光照射下，可成为具有放大特性的激活介质，用染料激活介质做成的激光器，在其谐振腔内放入色散元件，通过调谐色散元件的色散范围，可获得不同的输出波长，这种激光器称为可调谐染料激光器。

若采用不同染料溶液和激励光，染料激光器的输出波长范围可达 320～1 000 nm。染料激光器有连续和脉冲两种工作方式。其中连续方式输出稳定，线宽小，功率大于 1 W；脉冲方式的输出功率高，脉冲峰值能量可达 120 mJ。

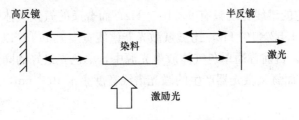

图 2-25　染料激光器原理图

4. 半导体激光器

半导体激光器的工作物质是半导体材料。它的原理与发光二极管没有太大差异，PN 结就是激活介质，如图 2-26 为 GaAs 半导体激光器的结构原理示意图，两个与结平面垂直的晶体解理面构成了谐振腔。PN 结通常用扩散法或液相外延法制成，当 PN 结正向注入电流时，则可激发激光。

半导体激光器输出光强-电流特性如图 2-27 所示，其中受激发射曲线与电流轴的交点就是该激光器的阈值电流，它表示半导体激光器产生激光输出所需的最小注入电流。阈值电流还会随温度的升高而增大。阈值电流密度是衡量半导体激光器性能的重要参数之一，其数值与材料、工艺、结构等因素密切相关。

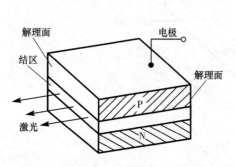

图 2-26　GaAs 半导体激光器结构原理示意图

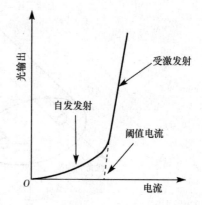

图 2-27　半导体激光器输出光强-电流特性

根据材料及结构的不同，目前半导体激光器的波长范围为 $0.33\sim44\ \mu m$。

半导体激光器体积小、重量轻、效率高，寿命超过 $1.0\times10^4\ h$，因此广泛应用于光通信、光学测量、自动控制等方面，是最有前途的辐射源之一。

2.5.4　激光的特性

1. 单色性

普通光源发射的光，即使是单色光也有一定的波长范围。这个波长范围即谱线宽度，谱线宽度越窄，单色性越好。例如，氦氖激光器发出的波长为 632.8 nm 的红光，对应的频率为 $4.74\times10^{14}\ Hz$，它的谱线宽度只有 $9\times10^{-2}\ Hz$；而普通的氦氖气体放电管发出同样频率的光，其谱线宽度达 $1.52\times10^9\ Hz$，比氦氖激光器谱线宽度大 10^{10} 倍以上，因此激光的单色性比普通光高 10^{10} 倍。目前普通单色气体放电光源中，单色光最好的同位素氪灯，它的谱线宽度约 $5\times10^{-4}\ nm$，而氦氖激光器产生的激光谱线宽度小于 $10^{-8}\ nm$，可见它的单色性要比氪灯高几万倍。

2. 方向性

普通光源的光是均匀射向四面八方的，因此照射的距离和效果都很有限，即使是定向性比较好的探照灯，它的照射距离也只有几千米。直径 1 m 左右的光束，不出 10 km 就扩大为直径几十米的光斑了。而一根氦氖激光器发射的光，可以得到一条细而亮的笔直光束。激光器的方向性一般用光束的发散角来表示。氦氖激光器的发散角可达到 $3\times10^{-4}\ rad$，十分接近衍射极限（$2\times10^{-4}\ rad$）；固体激光器的方向性较差，一般为 $10^{-2}\ rad$ 量级；而半导体激光器一般为 $0.087\ 2\sim0.174\ 2\ rad$。

3. 亮度

激光器由于发光面小，发散角小，因此可获得高的光谱辐亮度。与太阳光相比，可高出几个乃至十几个数量级。太阳的亮度值约为 2×10^3 W/(cm^2 · sr)，而常用的气体激光器的亮度为 $10^4 \sim 10^8$ W/(cm^2 · sr)，固体激光器可达 $10^7 \sim 10^{11}$ W/(cm^2 · sr)。用这样的激光器代替其他光源可解决由于弱光照明带来的低信噪比问题，也为非线性光学创造了前提。

4. 相干性

由于激光器的发光过程是受激辐射，单色性好，发射角小，因此有很好的空间相干性和时间相干性。如果采用稳频技术，氦氖稳频激光的线宽可压缩到 10 kHz，相干长度达 30 km。因此激光的出现就使相干计量和全息术获得了革命性变化。

这个特性在通信中也发挥愈来愈大的作用。对具有高相干性的激光，可以进行调制、变频和放大等，由于激光的频率一般都很高，因此可以提高通信频带，能够同时传送大量信息。用一束激光进行通信，原则上可以同时传递几亿路电话信息，并且通信距离远、保密性和抗干扰性强。

各种类型激光器的性能差异比较大，在选用时需根据实际的要求作出相应的选择。

练 习 题

2-1　光源的基本特性参数有哪些？

2-2　叙述自发辐射、受激吸收、受激发射过程。

2-3　场致发光有哪几种形式？各有什么特点？

2-4　简述发光二极管的发光原理，发光二极管的外量子效率与哪些因素有关？

2-5　简述半导体激光器的工作原理，它有哪些特点？对工作电源有什么要求？

2-6　叙述激光器的结构和激光的特点。

第 3 章　结型光电器件

半导体结型光电器件是利用光生伏特效应来工作的光电探测器件。

结型光电器件的种类很多，包括光电池、光电二极管、光电晶体管、PIN 管、雪崩光电二极管、光可控硅、象限式光电器件、位置敏感探测器(PSD)、光电耦合器件等。按结的种类不同，可分为 PN 结型、PIN 结型和肖特基结型等。

使用结型光电器件时要注意以下几点。

① 结型器件都有确定的极性，使用时器件必须加反向电压，即 P 端与外电源的低电位相接。

② 因为一般器件都有这样的性质：光照弱些，负载电阻小些，加反偏压使用时，光电转换线性好；反之则差。所以结型光电器件用于模拟量测量时，光照不宜过强；用于开关电路或逻辑电路时光照可以强些。

③ 灵敏度主要决定于器件，但也与使用条件和方法有关。例如光源和接收器在光谱特性上是否匹配，入射光的方向与器件光敏面法线是否一致等。

④ 结型器件的响应速度都很快。它主要决定于负载电阻和结电容所构成的时间常数($\tau = RC$)。负载电阻大，输出电压可以大，但 τ 会变大，响应变慢；相反，负载电阻小，输出电压要减小，但 τ 会变小，响应速度变快。

⑤ 灵敏度与频带宽度之积为一常数的结论，对结型光电器件也适用。

⑥ 结型器件的各种参量差不多都与温度有关，但其中受温度影响最大的是暗电流。暗电流大的器件，容易受温度变化的影响，而使电路工作不稳定，同时噪声也大。

⑦ 除了温度变化、电磁场干扰可引起电路发生误动作外，背景光或光反馈也是引起电路误动作的重要因素，应设法消除。

本章介绍一些典型 PN 结光电器件的结构、工作原理及特性参数，并在此基础上介绍一些特殊用途的结型光电器件的相关知识。

3.1　结型光电器件工作原理

3.1.1　热平衡状态下的 PN 结

P 型材料和 N 型材料紧密接触，在交界处就形成 PN 结。

在热平衡条件下，PN 结中净电流为零。如果有外加电压时结内平衡被破坏，这时流过 PN 结的电流方程为

$$I_D = I_0 e^{qU/kT} - I_0 \tag{3-1}$$

式中，第一项 $I_0 e^{qU/kT}$ 代表正向电流，方向从 P 端经过 PN 结指向 N 端，它与外加电压 U 有

关，$U>0$ 时它将迅速增大；$U=0$ 时 I_D 等于零，即平衡状态；$U<0$ 时它趋向于零。第二项 I_0 代表反向饱和电流，方向与正向电流方向相反，当反向电压不超过反向击穿电压时，它随反向偏压的增大逐渐趋向饱和值 I_0，故称反向饱和电流。

3.1.2　光照下的 PN 结

1. PN 结光伏效应

PN 结受光照射时，就会在结区产生电子-空穴对。受内建电场的作用，空穴顺着电场运动，电子逆电场运动，最后在结区两边产生一个与内建电场方向相反的光生电动势，这就是光生伏特效应。

如果工作在零偏置的开路状态，PN 结型光电器件产生光生伏特效应，这种工作原理称光伏工作模式。如果工作在反偏置状态，无光照时结电阻很大，电流很小；有光照时，结电阻变小，电流变大，而且流过它的光电流随照度变化而变化。这种状态称为光电导工作模式。

2. 光照下 PN 结的电流方程

有光照时，如图 3-1(a)所示。若 PN 结外电路接上负载电阻 R_L，此时在 PN 结内出现两种方向相反的电流：一种是光激发产生的电子-空穴对在内建电场作用下形成的光生电流 I_p，其方向与 PN 结反向饱和电流 I_0 相同；另一种是光生电流 I_p 流过负载电阻 R_L 产生电压降，相当于在 PN 结施加正向偏置电压，从而产生正向电流 I_D，总电流是两者之差。图 3-1(b)示出了 PN 结在光伏工作模式下的等效电路，图 3-1(b)中，I_p 为光电流，I_D 为流过 PN 结的正向电流，C_j 为结电容，R_s 表示串联电阻，R_{sh} 为 PN 结的漏电阻，又称动态电阻或结电阻，它的大小比 R_L 和 PN 结的正向电阻大得多，故流过电流很小，往往可略去。这样，流过负载 R_L 的总电流 $I_L=I_D-I_p$。因为 I_D 与施加在 PN 结的电压 $U=I_L(R_L+R_s)$ 有关，从前面可知 $I_D=I_0(e^{qU/kT}-1)$，I_0 为反向饱和电流，因此

$$I_L = I_p - I_D = I_p - I_0(e^{qU/kT} - 1) \tag{3-2}$$

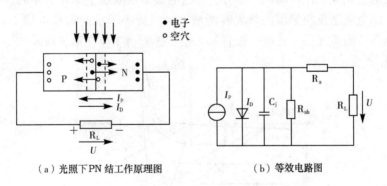

（a）光照下 PN 结工作原理图　　　　　（b）等效电路图

图 3-1　光照下 PN 结工作原理及等效电路图

式(3-2)以光电流 I_p 的方向为正向。由于 I_p 与光照有关，并随光照的增大而增大，因此 I_p 可表示为

$$I_p = S_E E \tag{3-3}$$

式中，S_E 为光电灵敏度(也称光照灵敏度)。所以，式(3-2)可改写为

$$I_L = S_E E - I_0 (e^{qU/kT} - 1) \tag{3-4}$$

下面分析两种情况，其中一种是当负载电阻 R_L 断开($I_L = 0$)时，P 端对 N 端的电压称为开路电压，用 U_{oc} 表示，由式(3-2)得

$$U_{oc} = \frac{kT}{q} \ln\left(1 + \frac{I_p}{I_0}\right) \tag{3-5}$$

一般情况下，$I_p \gg I_0$，所以

$$U_{oc} \approx \frac{kT}{q} \ln\left(\frac{I_p}{I_0}\right) \approx \frac{kT}{q} \ln\left(\frac{S_E E}{I_0}\right) \tag{3-6}$$

U_{oc} 表示在一定温度下，开路电压与光电流的对数成正比。也可以说，与照度或光通量的对数成正比，但最大值不会超过接触电位差。

另一种情况是当负载电阻短路(即 $R_L = 0$)时，光生电压接近于零，流过器件的电流叫短路电流，用 I_{sc} 表示。这时短路电流为

$$I_{sc} = I_p = S_E E \tag{3-7}$$

这表明 PN 结光电器件的短路光电流 I_{sc} 与照度或光通量成正比，从而得到最大线性区。

如果给 PN 结加上一个反向偏置电压 U_b，电压方向与 PN 结内建电场方向相同，PN 结的势垒高度由 qU_D 增加到 $q(U_D + U_b)$，使光照产生的电子-空穴对在强电场作用下更容易产生漂移运动，提高了器件的频率特性。

根据以上分析，按式(3-2)可画出 PN 结光电器件在不同照度下的伏安特性曲线，如图 3-2 所示。无光照时，伏安特性曲线与一般二极管的伏安特性曲线相同，二极管就工作在这个状态，伏安特性曲线处于第一象限。受光照后，光生电子-空穴对在电场作用下形成大于 I_0 的光电流，并且方向与 I_0 相同，因此曲线将沿电流轴向下平移到第四象限，平移的幅度与光照度的变化成正比，即 $I_p = S_E E$。光电池就是依据这个原理工作的。当 PN 结上加有反偏压时，暗电流随反向偏压的增大有所增大，最后等于反向饱和电流 I_0，而光电流 I_p 几乎与反向电压的高低无关。光电二极管和光电三极管就工作在第三象限。

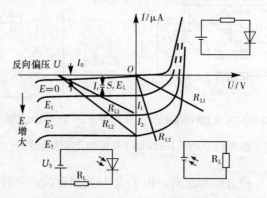

图 3-2　光照下 PN 结接上负载后的伏安特性曲线

3.2　硅光电池

光电池的主要功能是在不加偏置的情况下能将光信号转换成电信号。按用途光电池可分为太阳能光电池和测量光电池两大类。太阳能光电池主要用作电源，由于它结构简单、体积小、重量轻、可靠性高、寿命长、能直接将太阳能转换成电能，因而不仅成为航天工业上的重要电源，还被广泛地应用于人们的日常生活中。测量光电池的主要功能是作为光电探测用，对它的要求是线性范围宽、灵敏度高、光谱响应合适、稳定性好、寿命长，它被广泛地应用在光度、色度、光学精密计量和测试中。

光电池是一个 PN 结，根据制作 PN 结材料的不同，光电池有硒光电池、硅光电池、砷化镓光电池和锗光电池 4 种，本节主要介绍硅光电池的基本结构和工作原理、特性参数。

3.2.1　硅光电池的基本结构和工作原理

硅光电池按基底材料不同，分为 2DR 型和 2CR 型。2DR 型硅光电池是以 P 型硅作基底，2CR 型光电池则是以 N 型硅作基底，然后在基底上扩散磷（或硼）作为受光面。构成 PN 结后，分别在基底和光敏面上制作输出电极，在光敏面上涂上二氧化硅作保护膜，即成硅光电池。如图 3-3 所示。

　　（a）结构示意图　　　　（b）光电池符号　　　　（c）电极结构

图 3-3　硅光电池结构、符号及电极结构示意图

为便于透光和减小串联电阻，一般硅光电池的输出电极多做成如图 3-3(c) 的形式。

硅光电池的工作原理如图 3-4(a) 所示，由此可写出硅光电池的电流方程，即

$$I_L = I_p - I_D = I_p - I_0(e^{qU/kT} - 1)$$

硅光电池的等效电路见图 3-4(b)，图中 I_p 为恒流源流出与入射光照成正比的电流，D 为等效二极管，R_{sh} 为动态结电阻，R_s 是串联电阻。C_j 是结电容，R_L 为负载电阻，I_L 为流过负载电阻 R_L 的电流。进一步简化，可画成如图 3-4(c) 所示的等效电路。在线性测量中，$R_{sh} = dU/dI$，R_{sh} 越大越好，目前可达 $10^8 \sim 10^{10}$ Ω/cm，计算时可看作开路。

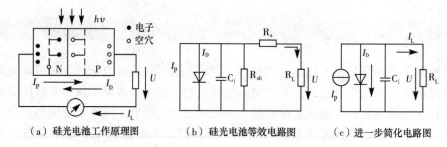

（a）硅光电池工作原理图　　　（b）硅光电池等效电路图　　　（c）进一步简化电路图

图 3-4　光电池的工作原理图和等效电路

3.2.2　硅光电池的特性参数

1. 光照特性

光电池的光照特性主要有伏安特性、照度-电流电压特性和照度-负载特性。

硅光电池的伏安特性，表示输出电流和电压随负载电阻变化的曲线。

图 3-5 为不同照度时的伏安特性曲线，一般硅光电池工作在第四象限。若硅光电池工作在反偏置状态，则伏安特性将延伸到第三象限（与图 3-2 类似）。

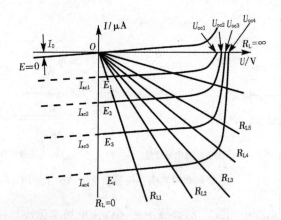

图 3-5　硅光电池不同照度时的伏安特性曲线

硅光电池的电流方程式同式（3-4），即

$$I_L = S_E E - I_0 (e^{qU/kT} - 1)$$

当 $E=0$ 时，有

$$I_L = -I_0 (e^{qU/kT} - 1) = -I_D$$

式中，I_D 为结电流；I_0 是反向饱和电流，是光电池加反向偏压后出现的暗电流。

当 $I_L=0$，$R_L=\infty$（开路），光电池的开路电压以 U_{oc} 表示，由式（3-4）解得

$$U_{oc} = \frac{kT}{q} \ln\left(\frac{I_p}{I_0} + 1\right) \tag{3-8}$$

同样，当 $I_\mathrm{p} \gg I_0$ 时，$U_\mathrm{oc} \approx (kT/q)\ln(I_\mathrm{p}/I_0)$。

当 $R_\mathrm{L} = 0$ 时所得的电流称为光电池短路电流，以 I_sc 表示，所以

$$I_\mathrm{sc} = I_\mathrm{p} = S_E E \tag{3-9}$$

式中，S_E 为光电池的光电灵敏度；E 为入射光照度。

从式(3-8)和式(3-9)可知，光电池的短路光电流 I_sc 与入射光照度成正比，而开路电压 U_oc 与光照度的对数成正比，如图 3-6 所示。

实际使用时都接有负载电阻 R_L，输出电流 I_L 随照度（光通量）的增加而非线性地缓慢增加，并且随负载 R_L 的大小的增大线性范围也越来越小。因此，在要求输出电流与光照度成线性关系时，负载电阻在条件许可的情况下越小越好，并限制在强光照范围内使用。图 3-7 为硅光电池光照与负载的特性曲线。

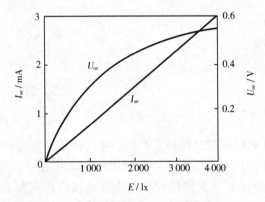 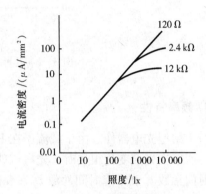

图 3-6　硅光电池的 U_oc、I_sc 与光照度的关系　　图 3-7　硅光电池光照与负载的特性曲线

2. 光谱特性

硅光电池的光谱响应特性表示在入射光能量保持一定的条件下，光电池所产生的短路电流与入射光波长之间的关系，一般用相对响应度表示。在线性测量中，不仅要求光电池有高的灵敏度和稳定性，同时还要求与人眼视见函数有相似的光谱响应特性。如图 3-8 所示为硅光电池与硅兰光电池的光谱响应曲线。其中，2CR 型硅光电池的光谱曲线，其响应范围为 $0.4 \sim 1.1~\mu\mathrm{m}$，峰值波长为 $0.8 \sim 0.9~\mu\mathrm{m}$。2CR1133-01 型和 2CR1133 型光电池是一种硅光电池，后者为适合人眼的光电池。

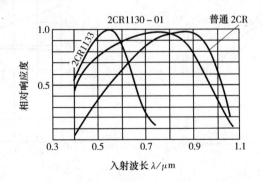

图 3-8　硅光电池与硅兰光电池的光谱响应曲线

图 3-9 为几种光电池的相对光谱响应曲线。其中，硒光（Si）电池的光谱响应曲线与视见函数 $V(\lambda)$ 很相似，很适合作光度测量的探测器。砷化镓（CaAs）光电池具有量子效率高、噪声小、光谱响应在紫外区和可见光区等优点，适用于光度仪器。锗光电池由于长波响应宽，适合作近红外探测器。

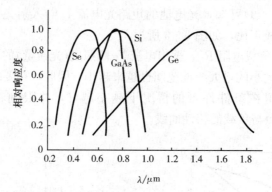

图 3-9　几种光电池的相对光谱响应曲线

3. 频率特性

对于结型光电器件，由于载流子在 PN 结区内的扩散、漂移，产生与复合都要有一定的时间，所以当光照变化很快时，光电流就滞后于光照变化。对于矩形脉冲光照，可用光电流上升时间常数 t_r 和下降时间常数 t_f 来表征光电流滞后于光照的程度；光电池接收正弦型光照时常用频率特性曲线表示，如图 3-10 所示的硅光电池的频率特性曲线。由图可见，负载大时频率特性变差，减小负载可减小时间常数 τ，提高频响。但是负载电阻 R_L 的减小会使输出电压降低，实际使用时视具体要求而定。

4. 温度特性

光电池的温度特性曲线主要指光照射光电池时开路电压 U_{oc} 与短路电流 I_{sc} 随温度变化的情况，光电池的温度特性曲线如图 3-11 所示。由图 3-11 可以看出，开路电压 U_{oc} 具有负温度系数，即随着温度的升高 U_{oc} 值反而减小，其值为 $2\sim3\ \mathrm{mV/℃}$；短路电流 I_{sc} 具有正温度系数，即随着温度的升高，I_{sc} 值增大，但增大比例很小，为 $10^{-5}\sim10^{-3}\ \mathrm{mA/℃}$ 数量级。

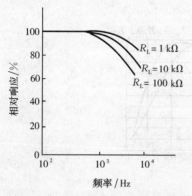

图 3-10　硅光电池的频率特性曲线

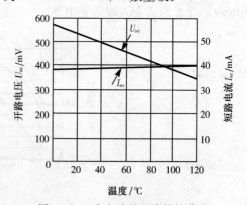

图 3-11　光电池的温度特性曲线

3.3　硅光电二极管和硅光电三极管

硅光电二极管和光电池一样，都是基于 PN 结的光伏效应而工作的，它主要用于可见光及红外光谱区。硅光电二极管通常在反偏置条件下工作，也可用在零偏置状态。

制作硅光电二极管的材料很多，有硅、锗、砷化镓、碲化铅等，目前在可见光区应用最多的是硅光电二极管。本节以硅光电二极管为例，介绍其结构、工作原理和特性等。

3.3.1　硅光电二极管

硅光电二极管的结构和工作原理与硅光电池相似。不同的是：

① 就制作衬底材料的掺杂浓度而言，光电池较高，为 $10^{16} \sim 10^{19}$ 原子数/cm^3，而硅光电二极管掺杂浓度为 $10^{12} \sim 10^{13}$ 原子数/cm^3；

② 光电池的电阻率低，为 $0.1 \sim 0.01\ \Omega/\text{cm}$，而硅光电二极管为 $1\,000\ \Omega/\text{cm}$；

③ 光电池在零偏置下工作，而硅光电二极管通常在反向偏置下工作；

④ 一般来说，光电池的光敏面面积都比硅光电二极管的光敏面大得多，因此硅光电二极管的光电流小得多，通常在微安级。

硅光电二极管通常是用在反偏的光电导工作模式，它在无光照条件下，若给 PN 结加一个适当的反向电压，则反向电压加强了内建电场，使 PN 结空间电荷区拉宽，势垒增大。

当硅光电二极管被光照时，在结区产生的光生载流子将被加强了的内建电场拉开，光生电子被拉向 N 区，光生空穴被拉向 P 区，于是形成以少数载流子漂移运动为主的光电流。显然，光电流比无光照时的反向饱和电流大得多；如果光照越强，表示在同样条件下产生的光生载流子越多，光电流就越大。

当硅光电二极管与负载电阻 R_L 串联时，则在 R_L 的两端便可得到随光照度变化的电压信号，从而完成了将光信号转变成电信号的转换，如图 3-12 所示。

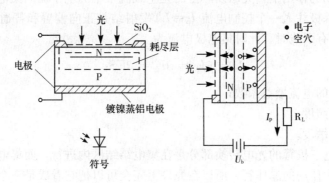

图 3-12　硅光电二极管原理图及符号

根据其衬底材料的不同，硅光电二极管可分为 2DU 型和 2CU 型两种系列。2CU 型以 N-Si 为衬底，2DU 型以 P-Si 为衬底。2CU 系列光电二极管只有两个引出线，2DU 系列光电二极管有三个引出线，除了前极、后极外，还有一个环极。加环极的目的是减少暗电流和噪声，使用时应使环极电位高于前极。

3.3.2　硅光电三极管

硅光电三极管和普通晶体三极管相似——也具有电流放大作用，只是它的集电极电流不只是受基极电路的电流控制，还受光的控制。所以硅光电三极管的外形有光窗，管脚有三根引线的也有二根引线的，管型分为 PNP 型和 NPN 型两种：NPN 型称为 3DU 型硅光电三极管，PNP 型称为 3CU 型硅光电三极管。

下面以 NPN(3DU)型为例，说明硅光电三极管的结构和工作原理（见图 3-13）。如图 3-13(a)中以 N 型硅片作衬底，扩散硼而形成 P 型，再扩散磷而形成重掺杂 N$^+$ 层。在 N$^+$ 侧开窗，引出一个电极并称作“集电极 c”；由中间的 P 型层引出一个基极 b，也可以不引出来；在 N 型硅片的衬底上引出一个发射极 e，这就构成一个光电三极管。

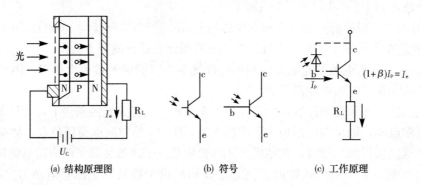

(a) 结构原理图　　　　　(b) 符号　　　　　(c) 工作原理

图 3-13　3DU 型硅光电三极管结构原理图及符号

工作时需要保证集电结反偏置，发射结正偏置。由于集电结是反偏置，在结区内有很强的内建电场。对 3DU 型硅光电三极管来说，内建电场的方向是由 c 到 b，如果有光照到集电结上，在内建电场的作用下，光激发产生的光生载流子中的电子流向集电极，空穴流向基极，相当于外界向基极注入一个控制电流 $I_b = I_p$（发射结是正向偏置和普通晶体管一样有放大作用）。当基极没有引线时，此时集电极电流为

$$I_c = \beta I_b = \beta I_p = \beta E S_E \qquad (3-10)$$

式中：β——晶体管的电流增益系数；

　　　E——入射光照度；

　　　S_E——光电灵敏度。

由此可见，光电三极管的光电转换部分是在集电结结区内进行，而集电极、基极和发射极又构成一个有放大作用的晶体管，所以在原理上完全可以把它看成是一个由硅光电二极管与普通晶体管结合而成的组合件，如图 3-13(c)所示。

3CU 型硅光电三极管在原理上和 3DU 型相同，只是它的基底材料是 P 型硅，工作时集电极加负电压，发射极加正电压。

为了改善频率响应，减小体积，提高增益，已研制出集成光电晶体管。它是在一块硅片上制作一个硅光电二极管和三极管，如图 3-14 所示。图 3-14(a)表示硅光电二极管-晶

体管和达林顿光电三极管集成电路示意图。按达林顿接法接成的复合管装于一个壳体内，这种管子的电流增益可达到几百，如图 3-14(b) 所示。

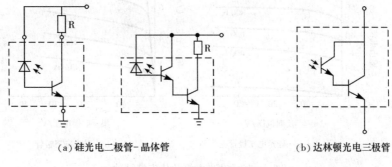

（a）硅光电二极管-晶体管　　　　　　　（b）达林顿光电三极管

图 3-14　集成光电晶体管

3.3.3　硅光电三极管与硅光电二极管特性比较

1. 光照特性

光照特性是指硅光电二极管和硅光电三极管的光电流与照度之间的关系曲线，图 3-15 分别是硅光电二极管和硅光电三极管的光照特性曲线。由此可以看出硅光电二极管的光照特性的线性较好，而硅光电三极管的光电流在弱光照时有弯曲，强光照时又趋向于饱和，只有在某一段光照范围内线性较好，这是由于硅光电三极管的电流放大倍数在小电流或大电流时都要下降而造成的。

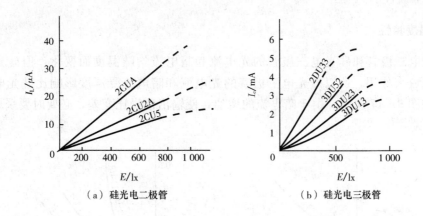

（a）硅光电二极管　　　　　　　　　（b）硅光电三极管

图 3-15　硅光电管光照特性曲线

2. 伏安特性

伏安特性表示为当入射光的照度（或光通量）一定时，硅光电二极管和硅光电三极管输出的光电流与偏压的关系。图 3-16(a) 和图 3-16(b) 表示它们的伏安特性曲线。

由图 3-16 可见，两条特性曲线稍有不同，主要表现为以下 4 个方面。

① 在相同照度下，一般硅光电三极管的光电流在毫安量级，硅光电二极管的光电流在

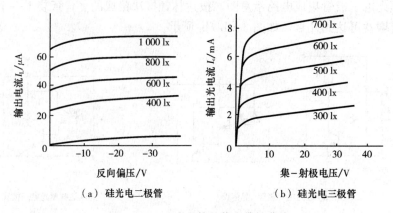

图 3-16　硅光电管的伏安特性曲线

微安量级。

② 在零偏压时硅光电三极管没有光电流输出，而硅光电二极管仍然有光电流输出。这是因为硅光电二极管具有光生伏特效应，而硅光电三极管集电极虽然也能产生光生伏特效应，但因集电极无偏置电压，没有电流放大作用，这微小的电流在毫安级的坐标中表示不出来。

③ 当工作电压较低时输出的光电流有非线性，但硅光电三极管的非线性较严重。这是因为硅光电三极管的 β 与工作电压有关。为了得到较好线性，要求工作电压尽可能高些。

④ 在一定的偏压下，硅光电三极管的伏安特性曲线在低照度时间隔较均匀，在高照度时曲线越来越密，虽然硅光电二极管也有，但硅光电三极管严重得多。这是因为硅光电三极管的 β 是非线性的。

3. 温度特性

硅光电二极管和硅光电三极管的光电流和暗电流均随温度而变化，但硅光电三极管因有电流放大作用，所以硅光电三极管的光电流和暗电流受温度影响比硅光电二极管大得多，如图 3-17 所示。由于暗电流的增加，使输出信噪比变差，必要时要采取恒温或补偿措施。

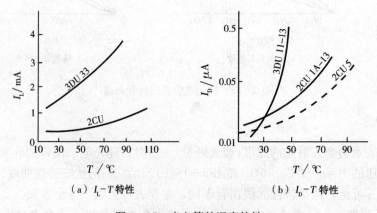

图 3-17　光电管的温度特性

4. 频率响应特性

硅光电二极管的频率特性主要决定于光生载流子的渡越时间。光生载流子的渡越时间包括光生载流子向结区扩散和在结（耗尽层或阻挡层）电场中的漂移。这时，决定硅光电二极管的频率响应上限的因素是结电容 C_j 和负载电阻 R_L。要改善硅光电二极管的频率响应，就应减小时间常数 $R_L C_j$，也就是分别减小 R_L 和 C_j 的数值。在实际使用时，应根据频率响应要求选择最佳的负载电阻。

图 3-18 为用脉冲光源测出的 2CU 型硅光电二极管的响应时间与负载 R_L 大小的关系曲线，从图中可以看出当负载超过 $10^4\ \Omega$ 以后，响应时间增加得更快。

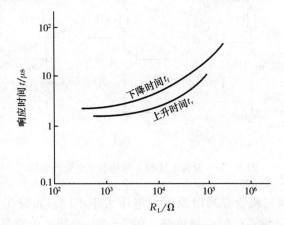

图 3-18 2CU 型硅光电二极管的响应时间-负载曲线

硅光电三极管的频率响应也可用上升时间 t_r 和下降时间 t_f 来表示，图 3-19 示出了上升时间 t_r 和下降时间 t_f 与放大后电流 I_c 的关系曲线（即频率响应特性）。硅光电三极管的频率响应，还受基区渡越时间和发射结电容的限制。使用时也要根据响应速度和输出幅值来选择负载电阻 R_L。

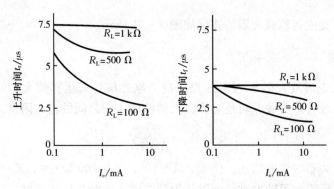

图 3-19 硅光电三极管的频率响应特性（$U_{ce}=5V$，$T=25\ ℃$）

硅光电二极管的时间常数一般在 $0.1\ \mu s$ 以内，PIN 管和雪崩光电二极管的时间常数在纳秒数量级，而硅光电三极管的时间常数却长达 $5\sim10\ \mu s$。

3.4　结型光电器件的放大电路

结型光电器件一般用三极管或集成运算放大器对输出信号进行放大和转换。

3.4.1　结型光电器件与放大三极管的连接

图3-20列出了硅光电池的3种基本光电变换电路。

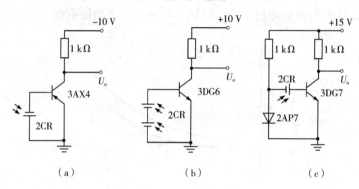

图3-20　硅光电池的3种基本光电变换电路

由于硅三极管和锗三极管导通时发射结电压大小不同，而硅光电池最大开路电压为0.6 V，所以才有以上3种不同的变换电路。图3-20(a)所示电路是用锗三极管放大光电流；图3-20(b)和图3-20(c)所示电路是用硅三极管放大光电流。

值得注意的是，上面所示的3种电路都是以晶体三极管发射结的正向电阻作为硅光电池的负载，因此硅光电池几乎工作在短路状态，从而获得线性工作特性。

3.4.2　光电二极管与集成运算放大器的连接

光电二极管与集成运算放大器的连接如图3-21所示。

1. 电流放大型

图3-21(a)是电流放大型IC变换电路。硅光电二极管和运算放大器的两个输入端同极性相连，硅光电二极管的负载电阻是运算放大器两输入端之间的输入阻抗Z_{in}

$$Z_{in} = \frac{R_f}{A+1} \tag{3-11}$$

式中，A为运算放大器的放大倍数。例如，$A=10^4$，$R_f=100$ kΩ 时，$Z_{in}=10$ Ω。可见，当运放的放大倍数和反馈电阻较大时，可以认为硅光电二极管是处于短路工作状态，能输出理想的短路电流(I_{sc})。此时，运算放大器输出为

$$U_0 = I_{sc}R_f = S_E E R_f \tag{3-12}$$

式中，S_E是光电器件的光电灵敏度，E为照度。式(3-12)说明，输出电压与照度成正比。

此电路的特点是响应速度快，噪声低，信噪比高，广泛用于弱光信号的变换中。

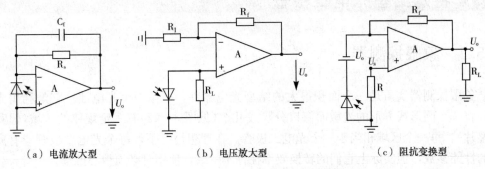

（a）电流放大型　　　　　　　　（b）电压放大型　　　　　　　　（c）阻抗变换型

图 3 - 21　光电二极管和 IC 放大器的连接

2. 电压放大型

图 3 - 21(b)是电压放大型 IC 变换电路。硅光电二极管与负载电阻 R_L 并联后，其正端接在运算放大器的同相端。由于放大器的漏电流比光电流小得多，具有很高的输入阻抗。当负载电阻大于 1MΩ 时，光电二极管处于开路状态，可以得到与开路电压成正比的输出信号，即

$$U_0 = \frac{R_1 + R_f}{R_1} \frac{kT}{q} \ln(S_E E / I_0) \tag{3-13}$$

式中，S_E 和 E 同式(3 - 12)，k 为玻耳兹曼常量(1.38×10^{-23} J/K)，q 为电子的电荷(1.60×10^{-19} C)。

3. 阻抗变换型

图 3 - 21(c)是阻抗变换型 IC 变换电路。反向偏置的硅光电二极管具有恒流源(内阻很大)性质，由于饱和光电流与输入光照度成正比，在高负载电阻时可得到较高的输出信号。但是，如果把这种反偏的二极管直接接到负载上，负载上的功率为

$$P_0 = I_p^2 R_L \tag{3-14}$$

这时，由于负载失配会削弱输出信号的幅度。如果利用阻抗变换器将高阻抗的电流源变换为低阻抗的电压源，然后再与负载连接，此时的输出信号为

$$U_0 = -I R_f \approx -R_f S_E E \tag{3-15}$$

式中，S_E 和 E 同式(3 - 12)。式(3 - 15)说明，输出电压与照度成正比。由于放大器的输出阻抗 R_0 较小，负载功率为

$$P_0 = \frac{U_0^2 R_L}{(R_0 + R_L)^2} \approx \frac{U_0^2}{R_L} = \frac{I_p^2 R_f^2}{R_L} \tag{3-16}$$

例如，当 $R_L = 1$ MΩ，$R_f = 10$ MΩ 时，通过比较式(3 - 14)和式(3 - 15)可知功率提高了 100 倍。该电路的缺点是时间特性较差，但若用于缓变光信号的检测，可得到很高的功率放大倍数。

3.5 特殊结型光电二极管

3.5.1 象限探测器

象限探测器实质是一个面积很大的结型光电器件，很像一个光电池。它是利用光刻技术，将一个圆形或方形的光敏面窗口分隔成几个（见图 3-22）有一定规律的区域（但背面仍为整片），每一个区域相当于一个光电二极管。在理想情况下，每个光电二极管应有完全相同的性能参数，但实际上它们的转换效率往往不一致，使用时必须精心挑选。

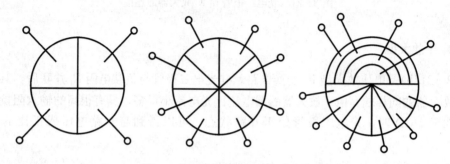

图 3-22　各种象限探测器示意图

典型的象限探测器有四象限光电二极管和四象限硅光电池等，也有二象限的硅光电池和光电二极管等。它们可以用来确定光点在二维平面上的位置坐标，一般用于准直、定位、跟踪等方面。

象限探测器有以下 3 个缺点：

① 由于表面分割，从而产生死区，光斑越小死区的影响越明显；

② 若光斑全部落入一个象限时，输出的电信号将无法表示光斑的准确位置；

③ 测量精度易受光强变化的影响，分辨率不高。

3.5.2 PIN 型光电二极管

1. 普通 PIN 型光电二极管

一般 PIN 型光电二极管又称快速光电二极管。它的结构分 3 层，即在 P 型半导体和 N 型半导体之间夹着较厚的本征半导体 I 层，如图 3-23 所示。它是用高阻 N 型硅片做 I 层，然后把它的二面抛光，再在两面分别作 N^+ 和 P^+ 杂质扩散，在两面制成欧姆接触而得到 PIN 光电二极管。

PIN 型光电二极管因有较厚的 I 层，因此具有以下 4 个方面的优点。

① 使 PN 结的结间距离拉大，结电容变小。随着反偏电压的增大，结电容变得更小，从而提高了 PIN 光电二极管的频率响应。目前 PIN 型光电二极管的结电容一般为零点几到几个皮法，响应时间 $t_r = 1 \sim 3$ ns，最高达 0.1 ns。

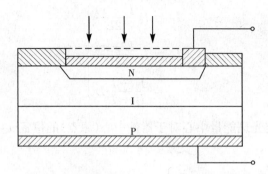

图 3-23　PIN 型光电二极管的结构示意图

② 由于内建电场基本上全集中于 I 层中，使耗尽层厚度增加，增大了对光的吸收和光电变换区域，提高了量子效率。

③ 增加了对长波的吸收，提高了长波灵敏度，其响应波长范围可以为 $0.4\sim1.1\ \mu\mathrm{m}$。

④ 可承受较高的反向偏压，使线性输出范围变宽。

2. 特殊结构的 PIN 型光电二极管——光电位置传感器(PSD)

光电位置传感器是一种对入射到光敏面上的光点位置敏感的 PIN 型光电二极管，面积较大，其输出信号与光点在光敏面上的位置有关。一般称为 PSD。

1) PSD 的工作原理和位置表达式

如图 3-24 所示，PSD 包含有 3 层，上面为 P 层，下面为 N 层，中间为 I 层，它们全被制作在同一硅片上，P 层既是光敏层，还是一个均匀的电阻层。

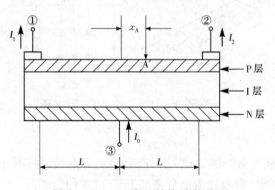

图 3-24　PSD 断面结构示意图

当光照射到 PSD 的光敏面上时，在入射位置表面下就产生与光强成比例的电荷，此电荷通过 P 层向电极流动形成光电流。由于 P 层的电阻是均匀的，所以由两极输出的电流分别与光点到两电极的距离成反比。设两电极间的距离为 $2L$，经电极①和电极②输出的光电流分别为 I_1 和 I_2，则电极③上输出的总电流为 $I_0=I_1+I_2$。

若以 PSD 的中心点为原点建立坐标系或坐标轴，设光点离中心点的距离为 x_A，如图 3-24 所示，于是

$$I_1 = I_0 \frac{L - x_A}{2L}$$

$$I_2 = I_0 \frac{L + x_A}{2L}$$

$$x_A = \frac{I_2 - I_1}{I_2 + I_1} L$$

(3 - 17)

利用式(3 - 17)即可确定光斑能量中心对于器件中心(原点)的位置 x_A。

2) PSD 的分类

一般 PSD 分为两类：一维 PSD 和二维 PSD。一维 PSD 主要用来测量光点在一维方向的位置，二维 PSD 用来测定光点在平面上的坐标 (x, y)。

一维 PSD 感光面大多做成细长矩形。图 3 - 25(a)是它的结构示意图，其中①和②为信号电极，③为公共电极。图 3 - 25(b)为其等效电路，其中 R_{sh} 为结电阻；I_p 为电流源；D 为理想二极管；R_D 为定位电阻；C_j 是结电容，是决定器件响应速度的主要因素。

根据式(3 - 17)可写出入射光点位于 A 点的坐标位置，即

$$x_A = \frac{I_2 - I_1}{I_2 + I_1} L$$

(3 - 18)

而总电流为

$$I_0 = I_2 + I_1$$

(3 - 19)

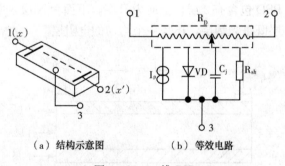

（a）结构示意图　　　（b）等效电路

图 3 - 25　一维 PSD

二维 PSD 的感光面是方形的，比一维 PSD 多一对电极，按其电极位置可分为两面分离型 PSD、表面分离型 PSD 和改进表面分离型 PSD 这 3 种形式。

（1）两面分离型 PSD。如图 3 - 26 所示，两面分离型 PSD 的两个面都是均匀电阻层，两对互相垂直的电极分别位于上下两个表面上，信号电流先在上表面的两个电极 $(3x, 4x')$ 上形成电流 I_x、$I_{x'}$，汇总后又在下表面的两个电极 $(1y, 2y')$ 上形成电流 I_y、$I_{y'}$。这种形式的 PSD 电流分路少，灵敏度较高，有较高的位置线性度和空间分辨率。

（2）表面分离型 PSD。如图 3 - 27 所示，表面分离型 PSD 的相互垂直的两对电极在同一个表面上，光电流在同一电阻层内分成 4 部分，即 I_x、$I_{x'}$、I_y、$I_{y'}$，并作为位移信号输出。它具有施加偏压容易、暗电流小和响应速度快等优点。

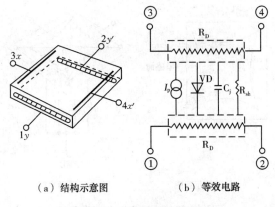

（a）结构示意图　　　　　（b）等效电路

图 3 - 26　两面分离型 PSD

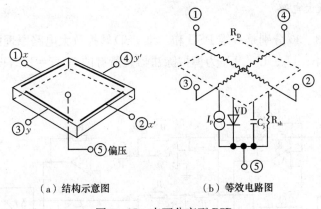

（a）结构示意图　　　　　（b）等效电路图

图 3 - 27　表面分离型 PSD

二维 PSD 的光点能量中心位置坐标(x, y)表达式为

$$\left.\begin{array}{l} x = \dfrac{I_{x'} - I_x}{I_x + I_{x'}}L \\[3mm] y = \dfrac{I_{y'} - I_y}{I_y + I_{y'}}L \end{array}\right\} \qquad (3-20)$$

（3）改进表面分离型 PSD。改进后的表面分离型被称为改进表面分离型 PSD。

如图 3 - 28 所示，改进表面分离型 PSD 是对表面分离型的光敏面和电极进行了改进而做出的。这种结构所具有的优点是：暗电流小，响应时间快，易于加反偏压，位置检测误差小。

改进表面分离型 PSD 比表面分离型多了 4 个电阻，因此入射光点 A 的位置(x, y)表达式是

$$\left.\begin{array}{l} x = \dfrac{(I_{x'} + I_y) - (I_x + I_{y'})}{I_x + I_{x'} + I_y + I_{y'}}L \\[3mm] y = \dfrac{(I_{x'} + I_{y'}) - (I_x - I_y)}{I_x + I_{x'} + I_y - I_{y'}}L \end{array}\right\} \qquad (3-21)$$

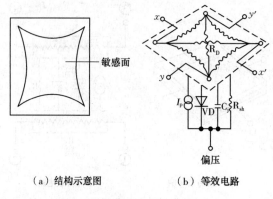

（a）结构示意图　　　　（b）等效电路

图 3-28　改进表面分离型 PSD

3）PSD 转换放大电路

图 3-29 和图 3-30 分别是一维 PSD 和二维 PSD 转换放大电路原理图。其中，R_f 值取决于输入电平的大小；U_1、U_2、U_3 为模拟除法器；所有的 $A_i (i=1,2,\cdots,12)$ 均为低漂移运算放大器。

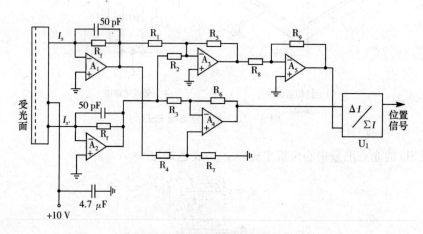

图 3-29　一维 PSD 转换电路原理图

4）光电位置传感器的特征和用途

光电位置传感器有以下特点：

① 对光斑的形状无严格要求，只与光的能量重心有关；

② 光敏面无死区，可连续测量光斑位置，分辨率高，一维 PSD 可达 $0.2\ \mu m$；

③ 可同时检测位置和光强，PSD 器件输出总电流与入射光强有关，所以从总光电流可求得相应的入射光强。

光电位置传感器被广泛地应用于激光束的监控（对准、位移和振动）、平面度检测、一维长度检测、二维位置检测系统等。

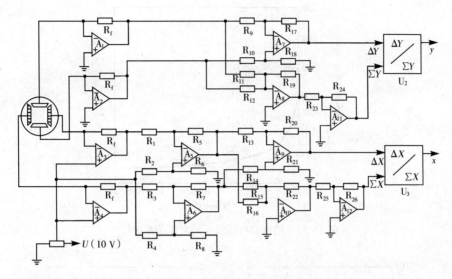

图 3-30　二维 PSD 转换电路原理图

5）使用 PSD 时的注意事项

（1）注意与光源的光谱匹配。

PSD 波长响应范围较宽，一般在 300～1 100 nm 范围内，峰值波长在 900 nm 左右。其光谱响应的温度特性如图 3-31 所示。选择光源时应注意它们的匹配关系。

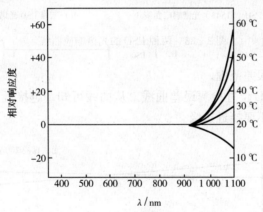

图 3-31　光谱响应的温度特性

（2）注意所加电压不宜太大也不能太小，以免影响 PSD 的响应频率。

结电容 C_j 是决定响应速度的一个主要因素。图 3-32 是结电容与所加反偏压间的关系曲线，当反偏压超过一定值时，结电容基本上为一常数。

（3）注意使用 PSD 时的环境温度。

图 3-33 是两种 PSD 的光谱响应曲线。从图中看出，当入射光波长约小于 950 nm 时，温度变化对其灵敏度基本上无影响；但光波长大于 950 nm 时，其灵敏度随着温度的变化较大。

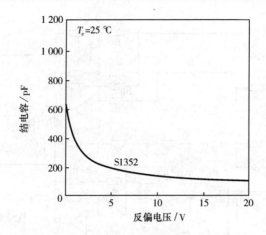

图 3 - 32　结电容与所加反偏电压关系曲线

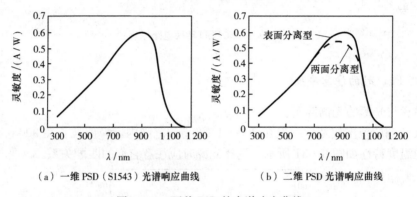

（a）一维 PSD（S1543）光谱响应曲线　　　（b）二维 PSD 光谱响应曲线

图 3 - 33　两种 PSD 的光谱响应曲线

（4）注意位置测量误差范围。

图 3 - 34 是一维 PSD 位置检测误差曲线。从曲线可知，越接近边缘，其位置检测误差越大，所以使用时尽量不要接近边缘。

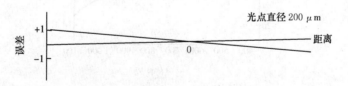

图 3 - 34　一维 PSD 位置检测误差曲线

3.5.3　雪崩光电二极管

雪崩光电二极管（APD）是借助强电场产生载流子倍增效应（即雪崩倍增效应）的一种高速光电二极管，其工作原理示意图如图 3 - 35 所示。下面简述它的工作原理和特性。

雪崩倍增效应是指，当在光电二极管上加一相当高的反向偏压（100～200 V）时，在结区产生一个很强的电场。结区产生的光生载流子受强电场的加速将获得很大的能量，

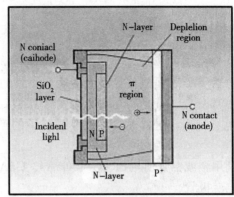

图 3-35　雪崩光电二极管工作原理示意图

在与原子碰撞时可使原子电离，新产生的电子-空穴对在向电极运动过程中又获得足够大的能量，再次与原子碰撞，又产生新的电子-空穴对。这一过程不断重复，使 PN 结内电流急剧增加，这种现象称为雪崩倍增效应。雪崩光电二极管就是利用这种效应而具有光电流的放大作用的。

为了实现均匀倍增，衬底材料的掺杂浓度要均匀，缺陷要少；同时在结构上采用保护环。保护环的作用是增加高阻区宽度，减小表面漏电流，避免边缘过早击穿。这种 APD 有时也称为保护环雪崩光电二极管，记作 GAPD。

一般雪崩光电二极管有以下特征：

① 灵敏度很高，电流增益可达 $10^2 \sim 10^3$；

② 响应速度快，响应时间只有 0.5 ns，响应频率可达 100 GHz；

③ 噪声等效功率很小，约为 10^{-15} W；

④ 反偏压高，可达 200 V，接近于反向击穿电压。

雪崩光电二极管广泛应用于光纤通信、弱信号检测、激光测距等领域。

3.5.4　紫外光电二极管

紫外光是频率很高的电磁波，由于半导体材料对电磁波的吸收与波的频率有关，频率越高吸收越大，所以大多数紫外光生载流子将产生在材料的表面附近，还没有到达结区就因密度太大而被复合掉，响应率很低。因此，在设计紫外光电二极管时必须考虑以上因素。

研究和分析认为，制造时采用浅 PN 结和肖特基结的结构，可以增强对蓝、紫波长光的吸收和响应率。

1. 蓝、紫增强型硅光电二极管

已经研制的蓝、紫增强型硅光电二极管，具有 PN 结浅、电子扩散长度大和表面复合速率小三方面的优点，从而使激发的电子-空穴对在没有复合以前就在结电场作用下分离到两边，提高了对紫外辐射的响应率。目前生产的系列紫外光电二极管的光谱范围为 190～

1 100 nm。

2. 肖特基结光电二极管

肖特基势垒是由金属与半导体接触形成的，所以可以把肖特基势垒光电二极管看作是一个结深为零、表面覆盖着薄而透明金属膜的 PN 结。既然结深为零，因此能吸收入射光中相当一部分蓝、紫光和几乎所有的紫外线，吸收后所激发的光生载流子在复合之前就会被强电场扫出，这就提高了光生载流子的产生效率和收集效率，改善了器件的短波响应率。

一般利用金或铝分别与 Si、Ge、GaAs、GaAsP、GaP 等半导体材料接触，制成各种肖特基结光电二极管。

在激光辐射探测、天文物理研究、光谱学、医学生物等的研究中均采用暗电流小、响应时间短和稳定性好的紫外光电二极管。

3.5.5 半导体色敏器件

半导体色敏器件是根据人眼视觉的三色原理，利用不同结深的光电二极管对各种波长的光谱响应率不同的现象制成的。

1. 半导体色敏器件的工作原理

图 3-36 所示为双结半导体色敏器件的结构示意图和等效电路。从图可见，它由在同一块硅片上制造两个深浅不同的 PN 结构成，其中 PD_2 为深结，它对波长长的光响应率高；PD_1 为浅结，它对波长短的光响应率高。这种结构相当于两个光电二极管反向串联，所以又称为双结光电二极管。图 3-37 所示为双结光电二极管的光谱响应特性。

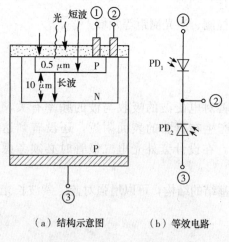

（a）结构示意图　　（b）等效电路

图 3-36　双结半导体色敏器件

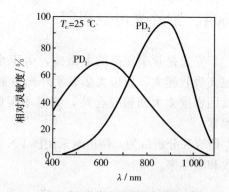

图 3-37　双结光电二极管的光谱响应特性

2. 双结硅色敏器件的检测电路

根据图 3-36(b) 所示双结半导体色敏器件的等效电路，可以设计如图 3-38 所示的信号处理电路，图中 PD$_1$、PD$_2$ 为两个深浅不同的硅 PN 结，它们的输出分别连接到运算放大器 A$_1$ 和 A$_2$ 输入端，D$_1$、D$_2$ 作为对数变换元件，A$_3$（差动放大器）对 A$_1$ 和 A$_2$ 的输出电压作减法运算，最后得到对应于不同颜色波长的输出电压值，即

$$U_0 = U_a(\lg I_{sc2} - \lg I_{sc1})\frac{R_2}{R_1} = U_a \lg\left(\frac{I_{sc2}}{I_{sc1}}\right)\frac{R_2}{R_1} \qquad (3-22)$$

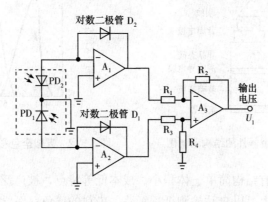

图 3-38　双色硅色敏器件信号处理电路

　　当用双结光电二极管作颜色测量时，可以测出其中两个硅光电二极管的短路电流比的对数值（$\lg(I_{sc2}/I_{sc1})$）与入射光波长的关系，如图 3-39 所示。由图可知，每一种波长的光都对应于一短路电流比值，再根据短路电流比值的不同来判别入射光的波长。

　　由于入射光波与（I_{sc2}/I_{sc1}）之间有一一对应关系，所以根据式（3-22）就可以得到输出电压 U_0 与入射光波长之间的关系，如图 3-40 所示。因此，只要测出上面信号处理电路（图3-38）的输出电压，就可利用这条曲线，方便、快速地确定出被测光的波长以达到识别颜色的目的。

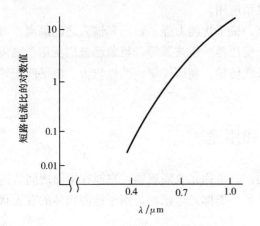

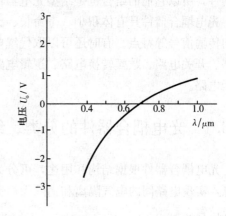

图 3-39　短路电流比与入射光波长的关系曲线　　　　图 3-40　输出电压 U_0 与入射光波长的关系

　　上述双结光电二极管只能用于确定单色光的波长，对于多种波长组成的混合色光，它是无能为力的。

根据色度学理论，已经研制出可以识别混合色光的三色色敏器件。图 3-41 为集成全色色敏器件的结构示意图，它是在同一块非晶体硅基片上制作 3 个深浅不同的 PN 结，并分别配上红、绿、蓝 3 块滤色片而构成一个整体，得到如图 3-42 所示的近似全色彩色色敏器件的光谱响应特性曲线，通过 R、G、B 这 3 个不同结输出电流的大小比较识别各种物体颜色。

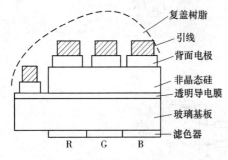

图 3-41　集成全色色敏器件的结构示意图

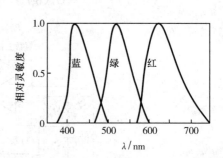

图 3-42　近似全色彩色色敏器件的光谱特性

半导体色敏器件具有结构简单、体积小、成本低等特点，被广泛应用于与颜色鉴别有关的各个领域中。在工业上可以自动检测纸、纸浆、染料的颜色；医学上可以测定皮肤、牙齿等的颜色；用于家电中电视机的彩色调整、商品颜色及代码的读取等，它是非常有发展前途的一种新型半导体光电器件。

3.6　结型光电器件的应用实例——光电耦合器件

光电耦合器件是发光器件与接收器件组合的一种元件。发光器件常采用发光二极管，接收器件常用光电二极管、光电三极管及光集成电路等。它以光作为媒介把输入端的电信号耦合到输出端，因此也称为光电耦合器。发光二极管、光电二极管、光电三极管等都是结型光电器件，所以它们的组合也是结型光电器件的典型应用。

光电耦合器件具有体积小、寿命长、无触点、抗干扰能力强、输出和输入之间隔离、可单向传输信号等特点。有时还可以取代继电器、变压器、斩波器等，目前已被广泛用于隔离电路、开关电路、数模转换电路、逻辑电路及长线传输、高压控制、线性放大、电平匹配等单元电路。

3.6.1　光电耦合器件的分类、结构和用途

光电耦合器件根据结构和用途，可分为两类：一类称光电隔离器，它能在电路之间传送信息，实现电路间的电气隔离和消除噪声影响；另一类称光传感器，用于检测物体的有无状态或位置。

1. 光电隔离器

把发光器件和光电接收器件组装在同一管壳中，且两者的管心相对、互相靠近，除光路部分外，其他部分完全遮光就构成光电隔离器。如图 3-43 所示为光电隔离器的 3 种常见结

构形式。

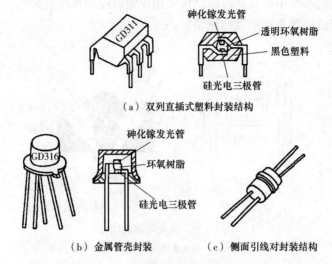

（a）双列直插式塑料封装结构

（b）金属管壳封装　　　　（c）侧面引线对封装结构

图 3-43　光电隔离器的常见结构形式

　　光电隔离器的结构原理图如图 3-44 所示，发光器件常采用发光二极管。接收器中采用光电二极管时，被命名为 GD-210 系列光电耦合器；接收器中采用光电三极管时，则命名为 GD-310 系列光电耦合器，如图 3-44(a) 和图 3-44(b) 所示；还有以光集成组件为接收器件的，如图 3-44(c) 中接收器为光电二极管-高速开关三极管组件；图 3-44(d) 中接收器为光电三极管-达林顿晶体管组件；图 3-44(e) 中接收器为光集成电路。这种结构可以提高器件的频率响应和电流传输比。

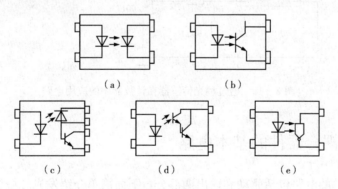

（a）　　　　　　　　　　　　（b）

（c）　　　　　（d）　　　　　（e）

图 3-44　几种光电隔离器的结构原理图

2. 光传感器

　　按结构不同，光传感器又可分为透过型和反射型两种，如图 3-45 所示。透过型光传感器又称光断续器，是将保持一定距离的发光器件和光电器件相对组装而成，如图 3-45(a) 所示，当物体从两器件之间通过时将引起透射光的通和断，从而判断物体的数量和有无；如图 3-45(b) 所示，把发光器件和光电器件以某一交叉角度安放在同一方向则组成反射型光传感器。通过测量物体经过时反射光量的变化，可检测物体的数目、长度；也可组成光编码器，应用于数字控制系统中；在高速印刷机中用作定时控制和位置控制；在传真机、复印机中用于对纸的检测或图像色彩浓度的调整。

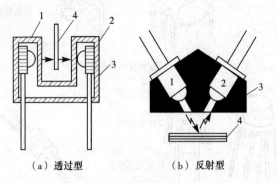

（a）透过型　　　　　　（b）反射型

图 3-45　光传感器的结构

1—发光器件；2—光电器件；3—基座；4—被测物体

图 3-46 所示，是透过型光传感器在计数器中的应用电路，图中 INT0 是 MCS-51 系列单片机外部中断 0 的输入端。如把两个光传感器前后串联后置于蜂箱蜜蜂的进出通道上，可用来判断蜜蜂的进出数量。

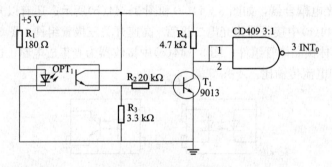

图 3-46　透过型光传感器在计数器中的应用电路

3.6.2　光电耦合器件的基本电路

光电耦合器件的电路包括驱动和输出两部分，下面简单介绍发光二极管的驱动电路和输出电路。

1. 发光二极管的驱动电路

发光二极管的驱动电路通常有简单驱动、晶体管驱动和场效应管驱动等几种，如图 3-47 所示。

2. 输出电路

图 3-48 是光电耦合器件的几种输出电路，图 3-48(a)和图 3-48(b)是光电三极管输

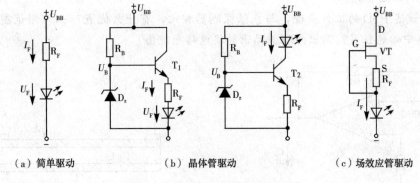

（a）简单驱动　　　　　　（b）晶体管驱动　　　　　（c）场效应管驱动

图 3-47　发光二极管的驱动电路

出电路，图 3-48(c)是光电二极管-晶体管输出电路，图 3-48(d)是光电二极管-达林顿晶体管输出电路。

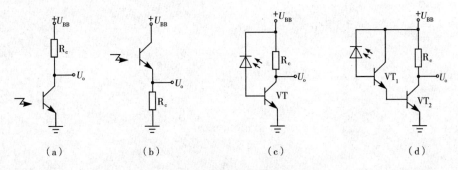

（a）　　　　　　（b）　　　　　　（c）　　　　　　（d）

图 3-48　光电耦合器件的输出电路

3-1　为什么结型光电器件在正向偏置时没有明显的光电效应？必须工作在哪种偏置状态？

3-2　如果硅光电池的负载为 R_L，画出它的等效电路图，写出流过负载 R_L 的电流方程及 U_{oc}、I_{sc} 的表达式，说明其含义。（要求图中标出电流方向）

3-3　硅光电池的开路电压为 U_{oc}，当照度增大到一定时，为什么不再随入射照度的增加而增加，只是接近 0.6 V？在同一照度下，为什么加负载后输出电压总是小于开路电压？

3-4　硅光电池的开路电压 U_{oc}，为什么随温度上升而下降？

3-5　图 3-49 为一理想运算放大器，对光电二极管 2CU2 的光电流进行线性放大，若光电二极管未受光照时，运放输出电压 U_o＝0.6 V。在 E＝100 lx 的光照下，输出电压 U_1＝2.4 V。求：(1)2CU2 的暗电流；(2)2CU2 的电流灵敏度。

3-6　试比较光电二极管和光电三极管的光电转换过程及特性参数。

3-7　说出 PIN 管、雪崩光电二极管的工作原理和各自特点，为什么 PIN 管的频率特性比普通光电二极管好?

3-8 试述 PSD 的工作原理，与象限探测器相比，有什么优点? 如何测试图 3-50 中光点 A 偏离中心的位置? 写出方程并画出转换电路原理图。

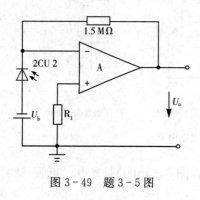

图 3-49 题 3-5 图

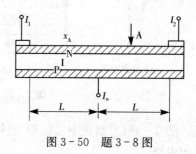

图 3-50 题 3-8 图

第4章 光电导器件

光电导器件是利用半导体材料的光电导效应制成的一种光电探测器件。所谓光电导效应，是指当材料受到光辐射后，材料的电导率发生变化的现象。对于每一种半导体或绝缘体来说，它们都有一定的光电导效应，但只有其中一部分材料经过特殊处理，掺进适当杂质，才有明显的光电导效应。现在使用的光电导材料有Ⅱ－Ⅵ族、Ⅲ－Ⅴ族化合物，硅、锗及一些有机物等。最典型也是最常用的光电导器件是光敏电阻。

光敏电阻有以下特点：

① 光谱响应范围宽，尤其是对红光和红外辐射有较高的响应度；

② 偏置电压低，工作电流大；

③ 动态范围宽，既可测强光，也可测弱光；

④ 光电导增益大，灵敏度高；

⑤ 光敏电阻无极性，使用方便。

本章主要介绍光敏电阻的工作原理、基本特性和基本偏置电路。

4.1 光敏电阻的工作原理

4.1.1 光敏电阻的结构和分类

光敏电阻是用光电导体制成的光电器件，又称光导管，其工作原理及符号如图4-1所示。

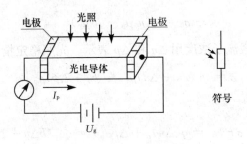

图 4-1 光敏电阻的工作原理图及符号

光敏电阻是在一块均质光电导体两端加上电极，贴在硬质玻璃、云母、高频瓷或其他绝缘材料基板上，两端接有电极引线，封装在带有窗口的金属或塑料外壳内而成的。其结构原理如图4-2所示。

光敏电阻分为两类——本征型光敏电阻和掺杂型光敏电阻，前者只有当入射光子能量

$h\nu$ 等于或大于半导体材料的禁带宽度 E_g 时才能激发一个电子-空穴对，在外加电场作用下形成光电流，能带结构如图 4-3(a)所示；后者如图 4-3(b)所示的 N 型半导体，光子的能量 $h\nu$ 只要等于或大于 ΔE(杂质电离能)时，就能把施主能级上的电子激发到导带而成为导电电子，在外加电场作用下形成电流。从原理上说，P 型、N 型半导体均可制成光敏电阻，但由于电子的迁移率比空穴大，而且用 N 型半导体材料制成的光敏电阻性能较稳定，特性较好，故目前大都使用 N 型半导体光敏电阻。为了减少杂质能级上电子的热激发，常需要在低温下工作。

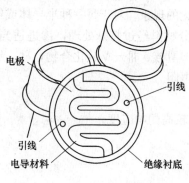

图 4-2　光敏电阻结构原理图

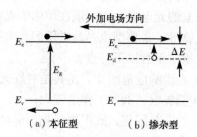

图 4-3　光敏电阻能带结构图

4.1.2　光敏电阻的工作原理

光敏电阻没有极性，纯粹是一个电阻器件，使用时两电极可加直流电压，也可加交流电压。无光照时，光敏电阻的阻值很大，电路中电流很小。接受光照时，由光照产生的光生载流子迅速增加，它的阻值急剧减少。在外电场作用下光生载流子沿一定方向运动，在电路中形成电流，光生载流子越多，电流越大。

如图 4-1 所示，当光电导体上加上电压，无光照时光电导体具有一定的热激发载流子浓度，其相应的暗电导率为

$$\sigma_0 = q(n_0\mu_n + p_0\mu_p) \tag{4-1}$$

有光照时产生的光生载流子浓度用 Δn 和 Δp 表示。光照稳定情况下的电导率为

$$\sigma = q[(n_0 + \Delta n)\mu_n + (p_0 + \Delta p)\mu_p] \tag{4-2}$$

得到光电导率为

$$\Delta\sigma = \sigma - \sigma_0 = q(\Delta n\mu_n + \Delta p\mu_p) = q\mu_p(b\Delta n + \Delta p) \tag{4-3}$$

式中，$b = \mu_n/\mu_p$ 为迁移比。

在恒定的光照下，光生载流子不断产生，也不断复合。当光照稳定时，光生载流子的浓度为

$$\Delta n_0 = \Delta p_0 = g\tau$$

其中，g 为载流子产生率，τ 为载流子寿命。若入射的光功率为 Φ_s，两者的关系为

$$g = \frac{\Phi_s \eta}{h\nu V} \tag{4-4}$$

式中，η 为量子效率，V 为材料体积。

在电场下，短路光电流密度为

$$\Delta J_0 = E_x \cdot \Delta\sigma = q\mu_p(b+1)E_x \frac{\Phi_s \eta \tau}{h\nu V} \tag{4-5}$$

由于光照的增加，电导率增加了，光电流也增加了。

也可以推导出光电流随半导体电导率变化的公式。若无光照时，图 4-1 中光敏电阻的暗电流为

$$I_d = \frac{U\sigma_0 A}{L} = \frac{qAU(n_0\mu_n + p_0\mu_p)}{L}$$

式中：L——光电导体长度；

A——光电导体横截面面积。

在光辐射作用下，假定每单位时间产生 N 个电子-空穴对，电子和空穴的寿命分别为 τ_n 和 τ_p，那么，由于光辐射激发增加的电子和空穴浓度分别为

$$\Delta n = \frac{N\tau_n}{AL}$$

$$\Delta p = \frac{N\tau_p}{AL}$$

于是，材料的电导率增加了 $\Delta\sigma$，$\Delta\sigma = q(\Delta n\mu_n + \Delta p\mu_p)$，称为光电导率 $\Delta\sigma$。由光电导率 $\Delta\sigma$ 引起的光电流为

$$I_p = \frac{U\Delta\sigma A}{L} = \frac{qAU(\Delta n\mu_n + \Delta p\mu_p)}{L} = \frac{qNU}{L^2}(\mu_n\tau_n + \mu_p\tau_p) \tag{4-6}$$

由式(4-6)知道，光敏电阻的光电流 I_p 与 L^2 成反比。因此在设计光敏电阻时为了既减小电极间的距离 L，又保证光敏电阻有足够的受光面积，一般采用如图 4-4 所示的 3 种电极结构。

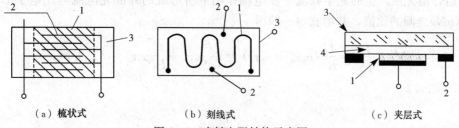

（a）梳状式　　　　　（b）刻线式　　　　　（c）夹层式

图 4-4　光敏电阻结构示意图

1—光电导体；2—电极；3—绝缘基底；4—导电层

4.2　光敏电阻的主要特性参数

光敏电阻在室温条件下，在全暗后经过一定时间测量的电阻值，称为暗电阻，此时流过

电阻的电流称为暗电流。光敏电阻在一定照度下的阻值,称为该光照下的亮电阻,此时流过电阻的电流称为亮电流。

光敏电阻有以下几个特性参数。

4.2.1　光电导灵敏度

按灵敏度定义(响应量与输入量之比),可得光电导灵敏度 S_g 为

$$S_g = g_p/E \qquad\qquad (4-7)$$

式中,g_p 为光敏电阻的光电导,单位为西门子(S,Ω^{-1});E 为照度,单位为勒克斯(lx)。所以,S_g 单位为西门子每勒克斯(S/lx)或 Sm^2/W。

g_p 可表示为

$$g_p = \frac{I_p}{U} = S_g E$$

或

$$g_p = S_g \Phi$$

注意以上两式中 S_g 单位不同。若考虑暗电导产生的电流时,则流过光敏电阻的电流为

$$I = I_p + I_D = g_p U + g_d U = S_g EU + g_d U = (S_g E + g_d)U = gU \qquad (4-8)$$

式中,I 为亮电流;I_D 为暗电流;g_d 为暗电导;g 为亮电导。所以,若考虑暗电流时光敏电阻的光电导为

$$g_p = g - g_d$$

4.2.2　光电导增益

光电导增益 M 是光敏电阻的一个重要特性参数,它表示长度为 L 的光电导体两端加上电压 U 后,由光照产生的光生载流子在电场作用下所形成的外部光电流与光电子形成的内部电流(qN)之间的比值,并由式(4-6)得

$$M = \frac{I_p}{qN} = \frac{U}{L^2}(\mu_n \tau_n + \mu_p \tau_p) = \frac{U}{L^2}\mu_n \tau_n + \frac{U}{L^2}\mu_p \tau_p = M_n + M_p \qquad (4-9)$$

式中

$$M_n = \frac{U}{L^2}\mu_n \tau_n$$

$$M_p = \frac{U}{L^2}\mu_p \tau_p$$

M_n 和 M_p 分别为光敏电阻中电子和空穴的增益系数。

在半导体中,电子和空穴的寿命是相同的,都可用载流子的平均寿命 τ 来表示,即 $\tau = \tau_n = \tau_p$,则本征型光敏电阻的增益可写成

$$M = M_{\mathrm{n}} + M_{\mathrm{p}} = \frac{\tau}{t_{\mathrm{n}}} + \frac{\tau}{t_{\mathrm{p}}} = \tau\left(\frac{1}{t_{\mathrm{n}}} + \frac{1}{t_{\mathrm{p}}}\right)$$

如果把 $1/t_{\mathrm{n}}$ 和 $1/t_{\mathrm{p}}$ 之和定义为 $1/t_{\mathrm{dr}}$，即

$$\frac{1}{t_{\mathrm{dr}}} = \frac{1}{t_{\mathrm{n}}} + \frac{1}{t_{\mathrm{p}}}$$

式中，t_{dr} 称为载流子通过极间距离 L 所需要的有效渡越时间，于是

$$M = \frac{\tau}{t_{\mathrm{dr}}}$$

4.2.3　量子效率

光电导器件的量子效率 η，表示输出的光电流与入射光子流之比。

假设入射的单色辐射功率 $\Phi(\lambda)$ 能产生 N 个光电子，则量子效率

$$\eta(\lambda) = \frac{N}{\Phi(\lambda)/h\nu} = \frac{Nh\nu}{\Phi(\lambda)} \tag{4-10}$$

这是个无量纲的量，它表示单位时间内每入射一个光子所能引起的载流子数。图 4-5 分别为硅和锗的量子效率 η 与波长 λ 的关系曲线。

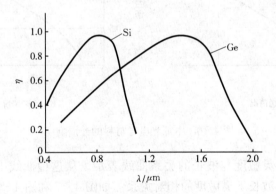

图 4-5　硅和锗的 η 与 λ 的关系

4.2.4　光谱响应率与光谱响应曲线

因为通常入射光的单位以瓦或流明数表示，量子效率在实际应用上很不方便。一般用 A/W 为单位的光谱响应率来表征光敏电阻的特性。光谱响应率表示在某一特定波长下，输出光电流（或电压）与入射辐射能量之比。输出光电流为

$$I_{\mathrm{p}}(\lambda) = qNM = q\frac{\eta\,\Phi(\lambda)}{h\nu}M = q\frac{\eta\,\Phi(\lambda)}{h\nu}\cdot\frac{\tau}{t_{\mathrm{dr}}} \tag{4-11}$$

则光谱响应率为

$$S(\lambda) = \frac{I_{\mathrm{p}}(\lambda)}{\Phi(\lambda)} = \frac{q\eta\Phi(\lambda)}{h\nu} \cdot \frac{\tau}{t_{\mathrm{dr}}} \cdot \frac{1}{\Phi(\lambda)} = \frac{q\eta\tau}{h\nu t_{\mathrm{dr}}} = \frac{q\eta\lambda}{hc} \cdot \frac{\tau}{t_{\mathrm{dr}}} = \frac{q\eta\lambda}{hc} \cdot M \quad (4-12)$$

从式(4-12)看出，增大增益系数可得到很高的光谱响应率，实际上常用的光敏电阻的光谱响应率小于 1 A/W，原因是高增益系数的光敏电阻的电极间距很小，使得光敏电阻集光面积太小而不实用。若延长载流子寿命虽然也可提高增益因数，但这样会降低响应速度，因此在光敏电阻中，增益与响应速度是相互矛盾的两个量。

不同频率时的光谱响应率连接起来就成为光谱响应曲线。

图 4-6(a)为本征光电导材料的理想光谱响应曲线。但是实际光电导材料对各种波长辐射的吸收系数不同，在材料不同深度上获得的光功率也不同。在较长波长上，吸收系数很小，一部分辐射会穿过材料，量子效率较低。随着波长减小，吸收系数增大，入射光功率几乎全被材料吸收，光电导率将达到峰值。当波长再减小时，吸收系数进一步增加，靠近材料表面附近光生载流子比较密集，致使复合增加，光生载流子寿命减低，量子效率也随之下降，向短波长方向的光谱响应显著下降。一般情况下峰值靠近长波限，实际定义长波限为峰值一半处所对应的波长。光电导材料的光谱响应的一般规律（即实际情况）如图 4-6(b)所示。

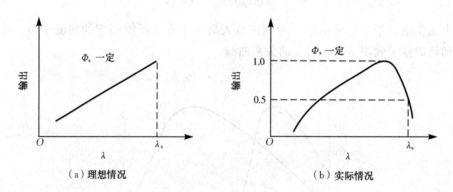

图 4-6　本征光电导材料的光谱响应

光谱特性多用相对灵敏度与波长的关系曲线表示。从这种曲线中可以直接看出灵敏范围、峰值波长位置和各波长下灵敏度的相对关系。如图 4-7 和图 4-8 所示。

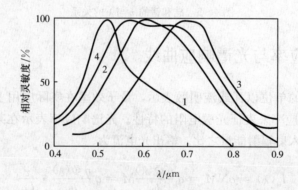

图 4-7　在可见光区灵敏的几种光敏电阻的光谱特性曲线

1—硫化镉单晶；2—硫化镉多晶；3—硒化镉多晶；4—硫化镉与硒化镉混合多晶

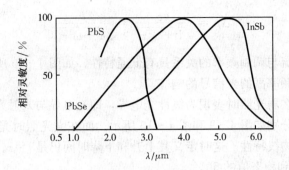

图 4 - 8　在红外区灵敏的几种光敏电阻的光谱特性曲线

4.2.5　响应时间和频率特性

　　光电导材料从光照开始到获得稳定的光电流是需要一定时间的，这个时间叫响应时间；同样，当光照停止后光电流也是逐渐消失的。整个过程称为光电导弛豫过程。它反映了光敏电阻的惰性，响应时间长说明光敏电阻对光的变化反应慢或惰性大。图 4 - 9 为光电导响应特性。

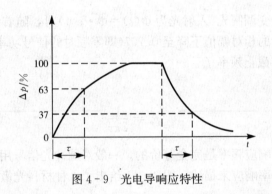

图 4 - 9　光电导响应特性

　　通常，材料突然受光照到稳定状态时，光生载流子浓度的变化规律为

$$\Delta p = \Delta p_0 \left(1 - \exp\left(-\frac{t}{\tau}\right)\right) \qquad (4-13)$$

　　其中，Δp_0 为稳态光生载流子浓度。

　　定义光生载流子浓度上升到稳态值的 63% 所需的时间为光敏电阻的上升响应时间。

　　同样，在停止光照后光生载流子浓度的变化为

$$\Delta p = \Delta p_0 \exp\left(\frac{t}{\tau}\right) \qquad (4-14)$$

　　光照停止后，定义光生载流子下降到稳态值的 37% 时所需的时间为下降时间。上升时间和下降时间相等，都等于载流子寿命，$t = \tau$。

　　当输入光功率按正弦规律变化时，光生载流子浓度随光调制频率变化的关系为

$$\Delta p = \frac{g\tau}{\sqrt{1+\omega^2\tau^2}} = \frac{\Delta p_0}{\sqrt{1+\omega^2\tau^2}} \tag{4-15}$$

可见，输出光电流与调制频率的关系具有低通特性，如图 4-10 所示。光电导的弛豫特性限制了器件对调制频率高的光信号的响应。

许多光电导材料在弱光照时表现为线性光电导，即光电导与入射光功率成正比，其时间响应和频率响应规律分别如图 4-9 和图 4-10 所示。而在强光照时光电导与入射光功率的平方根成正比，呈抛物线特性。这时定义其上升和下降时间仍是 $t=\tau$。但它们相当于上升到稳态值的 76%，下降到稳态值的 50%。

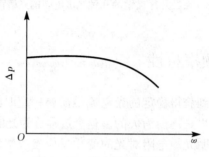

图 4-10　光电导频率特性

当光敏电阻接收交变调制光（入射光为 $\Phi(t)=\Phi\cdot e^{j\omega t}$）时，随着调制光频率的增加，输出电压会减小。当输出的相对幅值下降至 0.707（即零频时的信号功率的一半）时，入射光的频率就是该光敏电阻的截止频率 f_c。

截止频率表示为

$$f_c = \frac{1}{2\pi\tau} \tag{4-16}$$

可见，响应时间与响应频率是完全等价的。一般对脉冲光信号用响应时间 τ 来描述，而对正弦调制光信号用频率响应来描述，图 4-11 给出了 4 种材料光敏电阻的频率特性曲线。

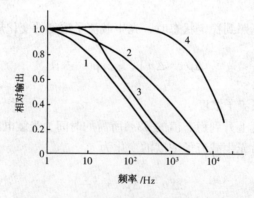

图 4-11　4 种材料光敏电阻的频率特性曲线

1—硒；2—硫化镉；3—硫化砣；4—硫化铅

4.2.6　光电特性和 γ 值

光敏电阻的光电流与入射光通量之间的关系称光电特性，式(4-11)给出了光电流与入射单色辐射通量之间的关系，即

$$I_{\mathrm{p}}(\lambda) = q\,\frac{\eta\,\varPhi(\lambda)}{h\nu}\cdot\frac{\tau}{t_{\mathrm{dr}}}$$

由前面分析可知，当弱光照时 τ、t_{dr} 不变，$I_{\mathrm{p}}(\lambda)$ 与 $\varPhi(\lambda)$ 成正比，即保持线性关系。但当强光照时，τ 与光电子浓度有关，t_{dr} 也会随电子浓度变大或出现温升而产生变化，故 $I_{\mathrm{p}}(\lambda)$ 与 $\varPhi(\lambda)$ 偏离线性而成非线性。一般表示光敏电阻的光电特性的公式为

$$I_{\mathrm{p}}(\lambda) = S_{\mathrm{g}}U\varPhi^{\gamma}$$

或

$$I_{\mathrm{p}}(\lambda) = S_{\mathrm{g}}UE^{\gamma} \tag{4-17}$$

式中：S_{g}——光电导灵敏度，与光敏电阻材料有关；

　　　U——外加电源电压；

　　　$\varPhi$——入射光通量；

　　　E——入射光照度；

　　　γ——照度指数。

在弱光照时，γ 值为 1，称直线性光电导；在强光照时，γ 值为 0.5，则为非线性光电导；一般情况下，γ 值为 0.5～1。

实验证明，当所加电压一定时，光电流-照度特性曲线如图 4-12 所示。

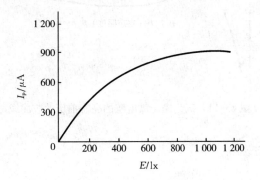

图 4-12　光电流-照度特性曲线

4.2.7　前历效应

前历效应是指光敏电阻的响应特性与工作前的"历史"有关的一种现象。前历效应有暗态前历效应与亮态前历效应之分。

暗态前历效应是指光敏电阻测试或工作前处于暗态，当它突然受到光照后表现为暗态前

历越长，光电流上升越慢，其效应曲线如图 4-13 所示。一般情况下，工作电压越低，光照度越低，则暗态前历效应就越严重。

亮态前历效应是指光敏电阻测试或工作前已处于亮态，当照度与工作时所要达到的照度不同时所出现的一种滞后现象，其效应曲线如图 4-14 所示。一般情况下，亮电阻由高照度状态变为低照度状态达到稳定值时所需的时间，要比由低照度状态变为高照度状态时短。

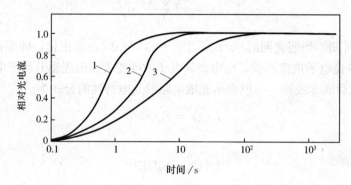

图 4-13　硫化镉光敏电阻的暗态前历效应曲线
1—黑暗放置 3 分钟后；2—黑暗放置 60 分钟后；3—黑暗放置 24 小时后

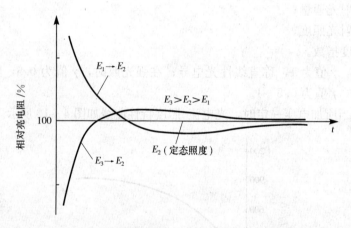

图 4-14　硫化镉光敏电阻的亮态前历效应曲线

4.2.8　温度特性

光敏电阻的温度特性很复杂，在一定的照度下，亮电阻的温度系数 α 有正有负，其计算式为

$$\alpha = \frac{R_2 - R_1}{R_1 (T_2 - T_1)}$$

R_1、R_2 分别为与温度 T_1、T_2 相对应的亮电阻。

温度对光谱响应也有影响。举例而言，硫化镉光敏电阻的温度特性曲线如图 4-15 所示。一般来说，光谱特性主要决定于材料，材料的禁带宽度越窄则对长波越敏感。但禁带很窄时，半导体中热激发也会使自由载流子浓度增加，使复合运动加快，灵敏度降低。因此，采取冷却灵敏面的办法来提高灵敏度往往是很有效的，如图 4-16 所示。

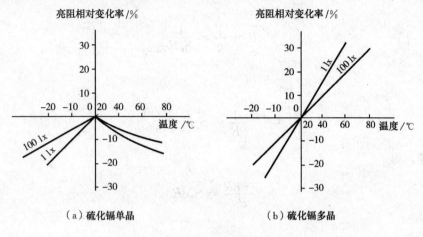

图 4-15 硫化镉光敏电阻的温度特性曲线

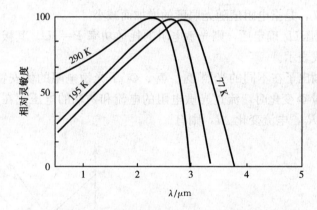

图 4-16 硫化铅光敏电阻在冷却情况
下相对光谱灵敏度的变化

4.3 光敏电阻的偏置电路和噪声

4.3.1 偏置电路

图 4-17 是光敏电阻的电路原理图，其中 R_P 为光敏电阻，R_L 为负载电阻，U_b 为偏置电压。

在一定光照范围内光敏电阻阻值不随外电压改变，仅取决于输入光通量 Φ 或光照度 E，当忽略暗电导，则

或

$$g = g_p = S_g E$$

$$g = S_g \Phi$$

因为

$$R = \frac{1}{g} = \frac{1}{S_g E}$$

即

$$\frac{1}{R} = S_g E$$

对上式求导，得

$$\frac{-\mathrm{d}R}{R^2} = S_g \mathrm{d}E$$

所以

$$\Delta R = -R^2 S_g \Delta E \qquad (4-18)$$

式中负号的物理意义，是指电阻值随光照度的增加而减小。

当负载 R_L 与电压 U_b 确定后，则光敏电阻的耗散功率 $P = IU$。其极限（最大）功耗曲线如图 4-18 中虚线表示。

图 4-18 中也画出了在不同的光照 Φ_1、Φ_2、Φ_3 下光敏电阻的伏安特性曲线和负载线。由图可见，当光通量 Φ 变化时，流过光敏电阻的电流和两端的电压都在变。设光通量变化 $\Delta\Phi$ 时，电阻变化 ΔR_p，电流变化 ΔI，则有

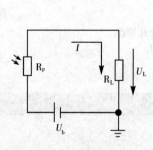

图 4-17 光敏电阻的电路原理

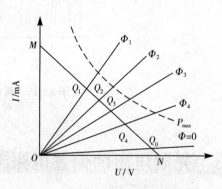

图 4-18 伏安特性曲线

$$I + \Delta I = \frac{U_b}{R_L + R_p + \Delta R_p} \qquad (4-19)$$

由此式得

$$\Delta I = (I + \Delta I) - I = \frac{U_b}{R_L + R_p + \Delta R_p} - \frac{U_b}{R_L + R_p} \approx \frac{-\Delta R_p \cdot U_b}{(R_L + R_p)^2} \qquad (4-20)$$

所以输出电流的变化为

$$\Delta I = \frac{R_p^2 S_g U_b}{(R_p + R_L)^2} \cdot \Delta \Phi \qquad (4-21)$$

输出电压的变化为

$$\Delta U_L = \Delta I \cdot R_L = \frac{-\Delta R_p \cdot U_b}{(R_L + R_p)^2} \cdot R_L = \frac{R_p^2 S_g U_b}{(R_L + R_p)^2} \cdot R_L \Delta \Phi \qquad (4-22)$$

式(4-21)和式(4-22)给出了输入光通量的变化 $\Delta \Phi$ 引起负载电流和电压的变化规律。负载电流和电压的变化近似地与光通量的变化 $\Delta \Phi$ 成正比。

在设计光敏电阻应用的电路中，有两个比较重要的参数即负载电阻和外加电压值，需要认真考虑，以保证设计的电路能正常工作。

1. 负载电阻

根据负载电阻 R_L 和光敏电阻 R_p 的大小关系，光敏电阻应用的电路有三种偏置状态：恒流偏置、恒压偏置和恒功率偏置。

(1) 恒流偏置

在图 4-17 所示的电路中，如果满足 $R_L \gg R_p$，可知回路中的电流为

$$I = \frac{U_b}{R_L} \qquad (4-23)$$

式(4-23)表明，负载电流与光敏电阻值的大小无关，而且为一常数。这种电路称作恒流偏置电路。此时，式(4-21)变为

$$\Delta I = S_g U_b \left(\frac{R_p}{R_L} \right)^2 \Delta \Phi \qquad (4-24)$$

式(4-24)表明，输出电流的大小取决于光敏电阻和负载电阻的比值，与光通量成正比。恒流偏置电路的优点是信噪比较高，适用于高灵敏度的测量。但是由于 R_L 很大，为使光敏电阻正常工作所需的偏置电压很高(有时达 100 V 以上)，这给使用带来不便。为了降低外加电压，通常采用晶体管作恒流器件来代替负载电阻。

(2) 恒压偏置

对于频率较高的应用场合，除选用频响较好的光敏电阻外，负载电阻值也应较小；否则电路的时间常数较大，不利于高频响应。在图 4-17 所示的电路中，如果满足 $R_L \ll R_p$，可知负载两端的电压为

$$U_L = \frac{U_b}{R_L + R_p} R_L \approx 0 \qquad (4-25)$$

此时，光敏电阻两端电压近似为电源电压。这种电路(光敏电阻上的电压保持不变)称为恒压偏置电路。此时，式(4-22)变为

$$\Delta U_L = S_g U_b R_L \Delta \Phi \qquad (4-26)$$

式(4-26)表明，恒压偏置电路的输出电压与光敏电阻的阻值的大小无关，只取决于电导($\Delta g = S_g \Delta \Phi$)的相对变化。这种电路的优点是更换光敏电阻对电路初始状态影响不大。

（3）恒功率偏置

在图 4-17 所示的电路中，如果满足 $R_L = R_p$，说明该电路的负载匹配，此时，负载电阻的功率最大

$$P = I U_L = \frac{U_b^2}{4 R_L} \qquad (4-27)$$

对于光敏电阻而言，当光通量相差较大时，相应的阻值相差也较大，在这种情况下，保持阻抗匹配是比较困难的。比如光通量 Φ_1 和 Φ_2 相差几个数量级时，它们对应的光敏电阻值 R_{p1} 和 R_{p2} 相差较大，但是只要满足

$$R_L = \sqrt{R_{p1} R_{p2}} \qquad (4-28)$$

那么在负载电阻上仍可以得到最大值。

2. 外加电压

图 4-18 中，虚线为光敏电阻的最大功耗曲线 P_{max}，即在实际应用中，光敏电阻的使用功耗不能逾越它的限制；否则，光敏电阻将损坏或性能下降。因此，为确保光敏电阻正常工作，电路中外加电压应满足

$$U_b \leqslant \sqrt{\frac{(R_L + R_p)^2 P_{max}}{R_p}} \qquad (4-29)$$

当回路电流最大时，$R_L = 0$，此时，式(4-29)变为

$$U_b \leqslant \sqrt{R_p P_{max}} \qquad (4-30)$$

式中，R_p 应取光通量最大时的光敏电阻值。式(4-30)表明，为保障光敏电阻正常工作，电路中的外加电压有一个最大限制值。

4.3.2　噪声等效电路

光敏电阻接入电路中时也会产生噪声和相应的噪声电流，它的噪声主要有 3 种：产生-复合噪声、热噪声和 $1/f$ 噪声。相应的噪声电流也有 3 种：产生-复合噪声电流 i_{ngr}、热噪声电流 i_{nt}、$1/f$ 噪声电流 i_{nf}。由于 3 种噪声互相独立，所以光敏电阻总的噪声电流的均方值为

$$\overline{i_n^2} = \overline{i_{ngr}^2} + \overline{i_{nf}^2} + \overline{i_{nt}^2}$$

光敏电阻若接收调制辐射，其噪声的等效电路如图 4-19 所示，其中 i_p 为光电流。

光敏电阻噪声合成频谱见图 4-20，频率低于100 Hz时以 $1/f$ 噪声为主，频率在100 Hz和接近1 000 Hz之间以产生-复合噪声为主，频率在1 000 Hz以上以热噪声为主。

可见，将调制频率取得高一些就可以减小噪声，频率在 800～1 000 Hz 时可以消除 $1/f$ 噪声和产生-复合噪声。还可以采用制冷装置降低器件的温度。

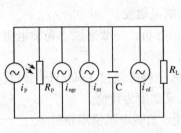

图 4-19　噪声的等效电路

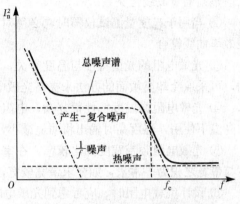

图 4-20　光敏电阻噪声合成频谱图

4.4　光敏电阻的特点和应用

4.4.1　光敏电阻的特点

从前面特性参数的分析可知，光敏电阻与结型光电器件相比，主要有以下几个方面的区别。

(1) 产生光电变换的部位不同。光敏电阻不管哪一部分受光，受光部分的电导率就增大；而结型器件，只有照射到 PN 结区或结区附近的光才能产生光电效应，光在其他部位产生的非平衡载流子，大部分在扩散中被复合掉，只有少部分通过结区，但又被结场所分离，因此对光电流基本上没有贡献。

(2) 光敏电阻没有极性，工作时可任意外加电压，而结型光电器件有确定的正负极性，但在没有外加电压下也可以把光信号转换成电信号。

(3) 光敏电阻的光电导效应主要依赖于非平衡载流子的产生与复合运动，时间常数较大，频率响应较差；结型器件的光电效应主要依赖于结区非平衡载流子中部分载流子的漂移运动，电场主要加在结区，弛豫过程的时间常数(可用结电容和电阻之积表示)相应较小，因此响应速度较快。

(4) 有些结型光电器件，如光电三极管、雪崩光电二极管等有较大的内增益作用，因此灵敏度较高，也可以通过较大的电流。

光电导器件(光敏电阻)和结型器件相比各有优缺点，因此应用于不同场合。

4.4.2　光敏电阻使用时的注意事项

光敏电阻优点较多，但由于不同光敏电阻材料不同，在性能上差别较大，使用中应予注意以下几个方面。

① 当用于模拟量测量时，因光照指数 γ 与光照强弱有关，只有在弱光照射下光电流与

入射辐射通量成线性关系。

②　当用于光度量测试仪器时，必须对光谱特性曲线进行修正，保证其与人眼的光谱光视效率曲线符合。

③　光敏电阻的光谱特性与温度有关，温度低时，灵敏范围和峰值波长都向长波方向移动，可采取冷却灵敏面的办法来提高光敏电阻在长波区的灵敏度。

④　光敏电阻的温度特性很复杂，电阻温度系数有正有负。一般来说，光敏电阻不适于在高温下使用，温度高时输出将明显减小，甚至无输出。

⑤　光敏电阻频带宽度都比较窄，在室温下只有少数品种能超过 1 000 Hz，而且光电增益与带宽之积为一常量，如要求带宽较宽，必须以牺牲灵敏度为代价。

⑥　设计负载电阻时，应考虑到光敏电阻的额定功耗，负载电阻值不能很小。

⑦　进行动态设计时，应意识到光敏电阻的前历效应。

4.4.3　常见光敏电阻

下面介绍常用的几种光敏电阻。

1. 硫化镉(CdS)光敏电阻

CdS 光敏电阻的峰值波长为 $0.52\ \mu m$。若在 CdS 中掺入微量杂质铜和氯，峰值波长变长，光谱响应将向远红外区域延伸。CdS 光敏电阻的亮暗电导比在 10 lx 照度上可达 10^{11}（一般约为 10^6），它的时间常数与入射照度有关，在 100 lx 下约为几十毫秒。

CdS 光敏电阻是可见波段内最灵敏的光电导器件，被广泛地用于灯光自动控制、自动调光调焦和自动照相机中。

2. 硫化铅(PbS)光敏电阻

PbS 光敏电阻是近红外波段最灵敏的光电导探测器件，它在室温下工作时响应波长可达 $3\ \mu m$，峰值探测率 $D_\lambda^* = 1.5 \times 10^{11}\ cm \cdot Hz^{1/2} \cdot W^{-1}$。它的主要缺点是响应时间太长，室温条件下为 $100 \sim 300\ \mu s$。

3. 锑化铟(InSb)光敏电阻

室温下长波限可达 $7.5\ \mu m$，峰值探测率 $D_\lambda^* = 1.2 \times 10^9\ cm \cdot Hz^{1/2} \cdot W^{-1}$，时间常数为 $2 \times 10^{-2}\ \mu s$，冷却至 0 ℃时 D^* 可提高 $2 \sim 3$ 倍。

4. 碲镉汞($Hg_{1-x}Cd_xTe$)系列光敏电阻

$Hg_{1-x}Cd_xTe$ 系列光敏电阻是目前所有探测器中性能最优良、最有前途的一种，它由化合物 CdTe 和 HgTe 两种材料混合而成，其中 x 是 Cd 含量的组分比例，其数值不同敏感范围不同。常用的有 $1 \sim 3\ \mu m$、$3 \sim 5\ \mu m$、$8 \sim 14\ \mu m$ 这 3 种波长范围的探测器，例如 $Hg_{0.8}Cd_{0.2}Te$ 探测器，光谱响应在大气窗口 $8 \sim 14\ \mu m$ 之间，峰值波长为 $10.6\ \mu m$，可与 CO_2 激光器的激光波长相匹配。$Hg_{0.72}Cd_{0.28}Te$ 探测器的光谱响应范围为 $3 \sim 5\ \mu m$。

5. 碲锡铅(Pb$_{1-x}$Sn$_x$Te) 系列光敏电阻

Pb$_{1-x}$Sn$_x$Te 系列光敏电阻由 PbTe 和 SnTe 两种材料混合而成，其中 x 是 Sn 的组分含量。组分比例不同，峰值波长及长波限也随之改变。碲锡铅(Pb$_{1-x}$Sn$_x$Te) 系列光敏电阻目前能在 8~10 μm 波段工作，由于探测率较低，应用不广泛。

4.4.4　光敏电阻的应用

光敏电阻常用来制作光控开关，如用于照相机自动曝光电路和公共场所如厕所、公路两旁路灯自动控制电路中。

图 4-21 所示为公共场所路灯自动控制电路的一种，有时也和声控电路结合起来共同控制。电路一般由两部分组成：电阻 R、电容 C 和二极管 VD 组成半波整流滤波电路；CdS 光敏电阻和继电器 J 组成控制电路。路灯接在继电器 J 的常闭触点上。这里使用的是电流继电器，通过的电流必须达到一定值时继电器才能动作。

当光线很弱时，光敏电阻阻值很大，与光敏电阻并联的路灯电阻相对较小，因而流过继电器线圈的电流很小，达不到启动要求，继电器不能工作；电路中的电流几乎全部通过路灯，于是路灯点亮。当环境照度逐渐变大时，光敏电阻阻值逐渐变小，流过继电器线圈的电流逐渐增大，增大到一定值时，流过继电器的电流足以使继电器 J 动作，动触点由常闭位置跳到常开位置，路灯与电源断开，自动熄灭。

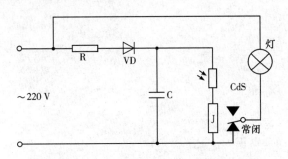

图 4-21　公共场所路灯自动控制电路

4-1　设计光敏电阻应用电路时，应考虑哪些因素？

4-2　光敏电阻有哪些优点？

4-3　光敏电阻易受哪几种噪声的影响？

4-4　已知 CdS 光敏电阻的最大功耗为 40 mW，光电导灵敏度 $S_g = 0.5 \times 10^{-6}$ S/lx，暗电导 $g_0 = 0$，若给 CdS 光敏电阻加偏置电压 20 V，此时入射到 CdS 光敏电阻上的极限照度为多少？

　　4-5　光敏电阻 R 与 R_L=2 kΩ 的负载电阻串联后接于 U_b=12 V 的直流电源上，无光照时负载上的输出电压为 U_1=20 mV，有光照时负载上的输出电压 U_2=2 V。

　　求：①光敏电阻的暗电阻和亮电阻；②若光敏电阻的光电导灵敏度 S_g=6×10⁻⁶ S/lx，求光敏电阻所受的照度。

　　4-6　已知 CdS 光敏电阻的暗电阻 R_D=10 MΩ，在照度为 100 lx 时亮电阻 R=5 kΩ，用此光敏电阻控制继电器，如图 4-22 所示，如果继电器的线圈电阻为 4 kΩ，继电器的吸合电流为 2 mA，问需要多少照度时才能使继电器吸合？如果需要在 400 lx 时继电器才能吸合，则此电路需作如何改进？

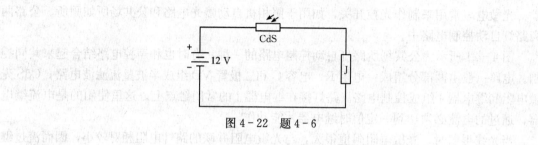

图 4-22　题 4-6

第5章 真空光电器件

真空光电器件是基于外光电效应的光电探测器，它的结构特点是有一个真空管，其他元件都放在真空管中。真空光电器件包括光电管和光电倍增管两类。由于光电倍增管具有灵敏度高、响应迅速等特点，在探测微弱光信号及快速脉冲弱光信号方面是一个重要的探测器件，因此广泛应用于航天、材料、生物、医学、地质等领域。

5.1 光电阴极

能够产生光电发射效应的物体称为光电发射体，光电发射体在光电器件中常作为阴极，故又称为光电阴极。

在光电管、光电倍增管、变像管、像增强器和一些摄像管等光电器件中，使不同波长的辐射信号转换为电信号，均依靠光电阴极，因此光电阴极关系到光电器件的各项光电性能，是一个相当重要的光电器件。

5.1.1 光电阴极的主要参数

1. 灵敏度

光电阴极的灵敏度包括光照灵敏度、色光灵敏度和光谱灵敏度。

(1) 光照灵敏度。在一定的白光(色温 2 856 K 的钨丝灯)照射下，光电阴极光电流与入射的白光光通量之比，也称白光灵敏度或积分灵敏度。

(2) 色光灵敏度。即局部波长范围的积分灵敏度。它表示在某些特定的波长区域，阴极光电流与入射光的白光光通量之比。一般用插入不同的滤光片来获得不同的光谱范围，因滤光片的光谱透射比不同(见图 5-1)，它又可分为蓝光灵敏度、红光灵敏度及红外灵敏度。

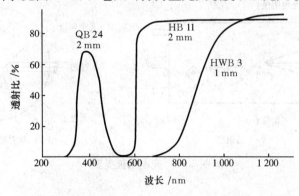

图 5-1　滤光片的光谱透射比

（3）光谱灵敏度。确定波长的单色辐射照射时，阴极光电流与入射的单色辐射通量之比。

2. 量子效率

光电阴极受特定波长的光照射时，该阴极所发射的光电子数 $N_e(\lambda)$ 与入射的光子数 $N_p(\lambda)$ 之比值，称为量子效率，用符号 $\eta(\lambda)$ 表示。

$$\eta(\lambda) = \frac{N_e(\lambda)}{N_p(\lambda)} \tag{5-1}$$

量子效率和光谱灵敏度之间的关系为

$$\eta(\lambda) = \frac{I_e(\lambda)/e}{\Phi_e(\lambda)/h\nu} = \frac{S(\lambda)hc}{\lambda e} = \frac{S(\lambda) \times 1\,240}{\lambda} \tag{5-2}$$

式中，λ 单位为 nm；$S(\lambda)$ 为光谱灵敏度，单位为 A/W；c 为光在真空中的速度。

3. 光谱响应曲线

光电阴极的光谱灵敏度或量子效率与入射光波长的关系曲线，称为光谱响应曲线。

4. 热电子发射

光电阴极中有一些电子的热能有可能大于光电阴极逸出功，因而产生热电子发射。室温下，典型阴极每秒每平方厘米发射两个数量级的电子，相当于 $10^{-17} \sim 10^{-16}$ A/cm^2 的电流密度。这些热发射电子会引起噪声。

5.1.2　光电阴极的分类

光电阴极一般分为透射型与反射型两种，如图 5-2 所示。透射型阴极通常制作在透明介质上，光通过透明介质后入射到光电阴极上，光电子则从光电阴极的另一边发射出来，所以透射型阴极又称为半透明光电阴极。由于光电子的逸出深度是有限的，因此所有半透明光电阴极都有一个最佳的厚度。不透明阴极通常较厚，光照射到阴极上，光电子从同一面发射出来，所以不透明光电阴极又称为反射型阴极。

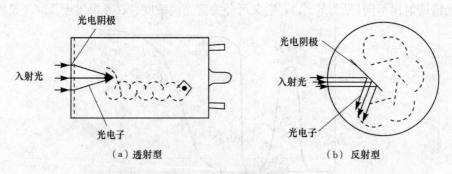

（a）透射型　　　　　　　（b）反射型

图 5-2　光电阴极类型

5.1.3　常用光电阴极材料

1. Ag－O－Cs 材料

Ag－O－Cs 材料具有良好的可见和近红外响应。使用 Ag－O－Cs 材料的透射型阴极的光谱响应可从 300 nm 到 1 200 nm；反射型阴极的光谱响应略窄一些，从 300 nm 到 1 100 nm。与其他材料的光电阴极相比，Ag－O－Cs 阴极在可见光区域的灵敏度较低，但在近红外区的长波端灵敏度较高，因而 Ag－O－Cs 光电阴极主要应用于近红外探测。

2. 单碱锑化物

金属锑与碱金属如锂、钠、钾、铷、铯中的一种化合，都能形成具有稳定光电发射的发射体。其中，以 CsSb 阴极最为常用，在紫外和可见光区的灵敏度最高。由于 CsSb 光电阴极的电阻相对于多碱锑化物光电阴极的电阻较低，适合于测量较强的入射光，这时阴极可以通过较大的电流。

3. 多碱锑化物

这是指锑 Sb 和几种碱金属形成的化合物，包括双碱锑材料 Sb－Na－K、Sb－K－Cs 和三碱锑材料 Sb－Na－K－Cs 等，其中 Sb－Na－K－Cs 是最实用的一种光电阴极材料，具有高灵敏度和宽光谱响应，其红外端可延伸到 930 nm，适用于宽带光谱测量仪。

4. 负电子亲和势光电阴极

前面讨论的常规光电阴极都属于正电子亲和势（PEA）类型，表面的真空能级位于导带之上。如果把半导体的表面作特殊处理，使表面区域能带弯曲，真空能级降到导带之下，从而使有效的电子亲和势变为负值，经过这种特殊处理的光电阴极称为负电子亲和势光电阴极（NEA）。

负电子亲和势材料主要是第Ⅲ—Ⅴ族元素化合物和第Ⅱ—Ⅵ族元素化合物。最常用的是 GaAs(Cs) 和 InGaAs(Cs)。其中 GaAs(Cs) 光电阴极的光谱响应覆盖了从紫外到 930 nm，光谱特性曲线的平坦区从 300 nm 延伸到 850 nm，900 nm 以后迅速截止。InGaAs(Cs) 光电阴极的光谱响应较 GaAs(Cs) 光电阴极向红外进一步扩展。此外，在 900～1 000 nm 区域 InGaAs(Cs) 光电阴极的信噪比要远高于 Ag－O－Cs 光电阴极。

负电子亲和势材料制作的光电阴极与前述的正电子亲和势光电阴极相比，具有以下 4 个方面的特点。

1）量子效率高

一般的正电子亲和势光电阴极中，激发到导带的电子必须克服表面势垒才能移出表面，只有高能电子才能发射出去。负电子亲和势阴极因其无表面势垒，所以受激电子跃迁到导带并迁移到表面后，可以较容易地逸出表面。受激电子在向表面迁移过程中，因与晶格碰撞，使其能量降到导带底而变成热化电子后，仍可继续向表面扩散并逸出表面。所以负电子亲和势光电阴极的有效逸出深度要比正电子亲和势阴极大得多。例如，普通多碱阴极只有几十纳米，而 GaAs 负电子亲和势光电阴极的逸出深度可达数微米，因此负电子亲和势光电阴极的量子效率较高。

实用的负电子亲和势光电阴极材料有 GaAs、InGaAs、GaAsP 等，其光谱响应曲线如图 5-3 所示。它们的量子效率比 Ag-O-Cs 材料要高 $10 \sim 10^2$ 倍，而且在很宽的光谱范围内光谱响应曲线较平坦。

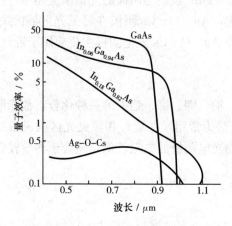

图5-3   负电子亲和势光电阴极材料的光谱响应曲线

2) 光谱响应率均匀且光谱响应延伸到红外

正电子亲和势光电阴极的阈值波长为

$$\lambda_0 = \frac{1\,240}{E_g + E_A} \quad (\text{nm}) \tag{5-3}$$

而负电子亲和势光电阴极的阈值波长为

$$\lambda_0 = \frac{1\,240}{E_g} \quad (\text{nm}) \tag{5-4}$$

对于禁带宽度比 GaAs 更小的多元Ⅲ—Ⅴ族化合物光电阴极来说，响应波长还可向更长的红外延伸。

3) 热电子发射小

与光谱响应范围相同的正电子亲和势的光电发射材料相比，负电子亲和势材料的禁带宽度一般比较宽，所以热电子不容易发射，一般只有 10^{-16} A/cm^2。

4) 光电子的能量集中

当负电子亲和势光电阴极受光照时，被激发的电子在导带内很快热化（约 10^{-12} s）并落入导带底（寿命达 10^{-9} s）。热化电子很容易扩散到达能带弯曲的表面，然后发射出去，所以其光电子能量基本上都等于导带底的能量。光电子能量集中，对提高光电成像器件的空间分辨力和时间分辨力都有很大意义。

5. 紫外光电阴极

在某些应用中，为了消除背景辐射的影响，要求光电阴极只对所探测的紫外辐射信号灵敏，而对可见光无响应，这种阴极通常称为"日盲"型光电阴极。

目前比较实用的紫外光电阴极材料有碲化铯（CsTe）和碘化铯（CsI）两种。CsTe 阴极的长波限为 $0.32~\mu m$，而 CsI 阴极的长波限为 $0.2~\mu m$。

5.2　光电管与光电倍增管

5.2.1　光电管

光电管（PT）主要由玻壳（光窗）、阳极和光电阴极三部分组成，如图 5-4 所示。其工作电路如图 5-5 所示。

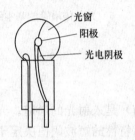

图 5-4　光电管构造示意图

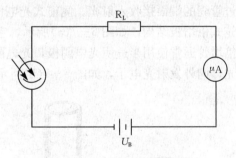

图 5-5　光电管工作电路

因光电管内有抽成真空或充入低压惰性气体，所以有真空光电管和充气光电管两种。

真空光电管的工作原理是：当入射的光线从光窗照射到光电阴极上时，后者就发射光电子，光电子在电场的作用下被加速，并被阳极收集，形成的光电流的大小主要由阴极灵敏度和光照强度等决定。

在充气光电管中，光电阴极产生的光电子在加速向阳极运动中与气体原子碰撞而使后者发生电离，电离产生的新电子数倍于原光电子，因此在电路内形成数倍于真空光电管的光电流。

5.2.2　光电倍增管

光电倍增管(PMT)是在光电管的基础上研制出来的一种真空光电器件，由于在结构上增加了电子光学系统和电子倍增极，因此极大地提高了检测灵敏度。

光电倍增管的基本结构如图 5-6 所示，主要由入射窗口、光电阴极、电子光学系统（聚集极）、电子倍增系统和阳极 5 个主要部分组成，下面介绍其中 4 个部分。

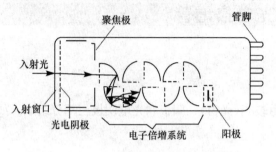

图 5-6　光电倍增管的基本结构

1. 入射窗口

1）窗口形式

光电倍增管的入射窗口（光窗）是入射光的通道。光窗材料对光的吸收与波长有关，波长越短吸收越多，所以倍增管光谱特性的短波阈值决定于光窗材料。光电倍增管通常有侧窗式和端窗式两种类型，如图 5-7 所示。侧窗式光电倍增管是通过管壳的侧面接收入射光，而端窗式光电倍增管是通过管壳的端面接收入射光。侧窗式光电倍增管一般使用反射式光电阴极，而且大多数采用鼠笼式倍增极结构，如图 5-7(a)所示，它一般应用在光谱仪和发光强度测量中。端窗式光电倍增管通常使用半透明光电阴极，光电阴极材料沉积在入射窗的内侧面。光电阴极接收入射光，向外发射光电子，如图 5-7(b)所示。

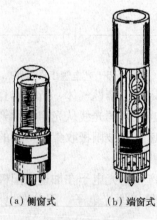

(a) 侧窗式　　　(b) 端窗式

图 5-7　光电倍增管类型

2) 光电倍增管常用的窗口材料

光电倍增管常用的窗口材料有硼硅玻璃、透紫外玻璃、熔融石英、蓝宝石和 MgF_2，它们的透过率如图 5-8 所示。下面简单讨论这些材料的特性。

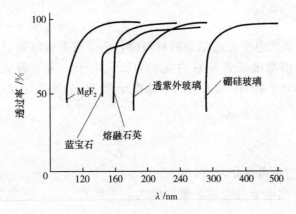

图 5-8　窗口材料的光谱透过率

(1) 硼硅玻璃。硼硅玻璃通常被称为科伐玻璃，这是因为硼硅玻璃的膨胀系数非常接近科伐(铁镍钴合金)。硼硅玻璃的透射范围从 300 nm 到红外。有一些使用双碱光阴极的端窗式光电倍增管采用特殊的无钾硼硅玻璃，这种玻璃仅含有极少量的放射性同位素钾(^{40}K)，因而可以大大降低由钾引起的背景噪声，所以能较好地应用于闪烁计数。

(2) 透紫外玻璃。透紫外玻璃的优点是紫外短波透射截止波长可延伸到 185 nm。但就热膨胀特性而言，这种玻璃属钼组玻璃，它可以和科伐合金直接封接。其缺点是化学稳定性较差，长期暴露在空气中易风化变质。透紫外玻璃和硼硅玻璃一样，应用得比较普遍。

(3) 熔融石英。熔融石英(熔融二氧化硅)的优点是在远紫外区有相当好的透过率，短波截止波长可达到 160 nm。它的缺点是热膨胀系数与用于管脚的科伐相差太大，不适合作芯柱材料，仅用于管子的头，需要通过过渡玻璃管壳才能封接到钼组玻璃上。

(4) 蓝宝石。蓝宝石是一种 Al_2O_3 晶体。它的特点是紫外透过率处于熔融石英和透紫外玻璃之间，但紫外截止波长比石英玻璃还要短，可以达到 150 nm。蓝宝石经金属化处理以后，不需要过渡材料可用铜焊封接到科伐上，因此整个管子的长度可以做得比较短。

(5) MgF_2。MgF_2 短波透射波长可到 115 nm。

2. 电子光学系统

电子光学系统是指阴极到倍增系统第一倍增极之间的电极空间。电子光学系统的主要作用有以下两点。

① 使光电阴极发射的光电子尽可能全部汇聚到第一倍增极上，而将其他部分的杂散热电子散射掉，提高信噪比。倍增极收集电子的能力通常用电子收集率 ε_0 表示。

② 使阴极面上各处发射的光电子在电子光学系统中渡越时间尽可能相等，这样可以保证光电倍增管的快速响应，这一参数通常用渡越时间离散性 Δt 表示。

3. 电子倍增系统

倍增系统是由许多倍增极组成的综合体，每个倍增极都是由二次电子倍增材料构成的，具有使一次电子倍增的能力。因此，电子倍增系统是决定整管灵敏度最关键的部分。

1) 二次电子发射原理

当具有足够动能的电子轰击倍增极材料时，倍增极表面将发射新的电子。称入射的电子为一次电子，从倍增极表面发射的电子为二次电子。为了表征材料发射电子的能力，一般把二次发射的电子数 N_2 与入射的一次电子数 N_1 的比值定义为该材料的二次发射系数 σ，即

$$\sigma = \frac{N_2}{N_1} \tag{5-5}$$

二次电子发射过程可以分为 3 个阶段：

① 材料吸收一次电子的能量，激发体内电子到高能态，这些受激电子称为内二次电子；

② 内二次电子中初速指向表面的那一部分向表面运动；

③ 到达界面的内二次电子中能量大于表面势垒的电子发射到真空中，成为二次电子。

2) 倍增极材料

倍增极材料大致可分以下 4 类。

① 主要是银氧铯和锑铯两种化合物，它们既是灵敏的光电发射体，也是良好的二次电子发射体。

② 氧化物型，主要是氧化镁、氧化钡等。

③ 合金型，主要是银镁、铝镁、铜镁、镍镁、铜铍等合金。

④ 负电子亲和势材料，如用铯激活的磷化镓等。

3) 倍增极结构

光电倍增管中的倍增极一般由几级至十五级组成。根据电子的轨迹又可分为聚焦型和非聚焦型两大类。光电倍增极的结构形式如图 5-9 所示，6 种不同的光电倍增极的特点如下所述。

(1) 鼠笼式。所有侧窗式光电倍增管及某些端窗式光电倍增管都采用鼠笼式结构倍增极。最大特点是结构紧凑，时间响应快。

(2) 盒栅式。广泛用于端窗式光电倍增管。其主要特点是光电子收集率高，均匀性和稳定性较好，但时间响应稍慢一些。

(3) 直线聚焦式。这种结构的倍增极多数用于端窗式光电倍增管。主要特点是时间响应很快，线性好。

(4) 百叶窗式。适用于端窗式光电倍增管，倍增级的有效工作面积可以做得很大，它与大面积的光电阴极相配合，可以做成探测微弱光辐射的大型光电倍增管。管子的均匀性好，输出电流大并且稳定；但响应时间较慢，最高响应频率仅为几十兆赫。

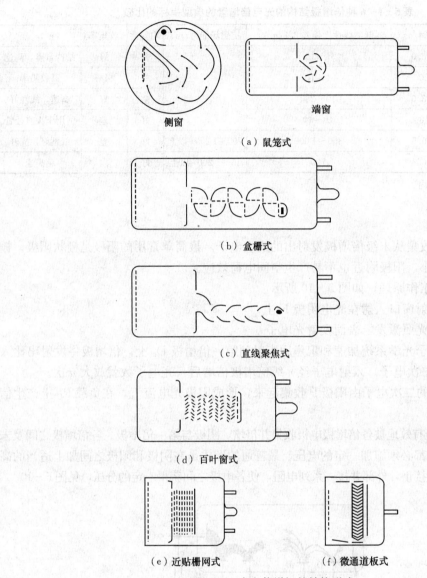

（a）鼠笼式

（b）盒栅式

（c）直线聚焦式

（d）百叶窗式

（e）近贴栅网式　　　　　　　（f）微通道板式

图 5-9　光电倍增极的结构形式

（5）近贴栅网式。用近贴的栅网代替普通的倍增极。这种结构的光电倍增管具有极好的均匀性和脉冲线性，抗磁场影响能力强。当阳极采用多电极结构时，可以做成位置敏感型器件。

（6）微通道板式。这种倍增极系统实际上是一块微通道板（MCP），微通道板是由许多直径为几十微米的玻璃管平行排列而成。微通道板式光电倍增管的响应速度极快，抗磁场干扰能力强，线性好。

光电倍增管的性能不仅取决于倍增极的结构类型，还取决于光电阴极的尺寸和聚焦系统。表 5-1 归纳出了上述 6 种倍增极结构的光电倍增管的典型指标的比较。

表 5-1　6 种倍增极结构的光电倍增管的典型指标的比较

类型＼特性	上升时间/ns	脉冲线性度偏差 2%/mA	抗磁场能力/mT	均匀性	收集率	特　　点
鼠笼式	0.9～3.0	1～10		差	好	结构紧凑，高速
盒栅式	6～20	1～10		好	极好	高收集率
直线聚焦式	0.7～3.0	10～250	0.1	差	好	高速，线性好
百叶窗式	6～18	10～40		好	差	适用于大直径管
近贴栅网式	1.5～5.5	300～1 000	700～1 200① 以上	好	差	线性好，抗磁
微通道板式	0.1～0.3	700	15～1 200① 以上	好	差	超高速

①　磁场平行于管轴方向。

4. 阳极

阳极的作用是收集从末级倍增极发射出的二次电子。最简单常用的阳极是栅状阳极。栅状阳极的输出电容小，阳极附近也不易产生空间电荷效应。

光电倍增管的工作原理，如图 5-10 所示。

① 光子透过入射窗口入射在光电阴极 K 上。

② 光电阴极受光照激发，表面发射光电子。

③ 光电子被电子光学系统加速和聚焦后入射到第一倍增极 D_1 上，倍增极将发射出比入射电子数目更多的二次电子。入射电子经 n 级倍增极倍增后，光电子数就放大 n 次。

④ 经过倍增后的二次电子由阳极 P 收集起来，形成阳极光电流 I_p，在负载 R_L 上产生信号电压 U_o。

为了使光电子能有效地被各倍增极电极收集并倍增，阴极与第一倍增极、各倍增极之间及末级倍增极与阳极之间都必须施加一定的电压。最普通的形式是在阴极和阳极之间加上适当的高压，阴极接负，阳极接正，外部并接一系列电阻，使各电极之间获得一定的分压，见图 5-10。

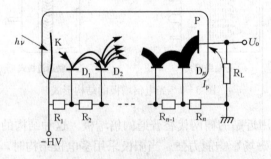

图 5-10　光电倍增管的工作原理图

5.3　光电倍增管的主要特性参数

1. 灵敏度

灵敏度是衡量光电倍增管探测光信号能力的一个重要参数。

1）光谱响应

阴极的光谱灵敏度取决于光电阴极和入射窗口的材料性质。阳极的光谱灵敏度等于阴极的光谱灵敏度与光电倍增管放大系数的乘积，而其光谱响应曲线基本上与阴极的相同。

2）阴极灵敏度

若入射到光电阴极面上的光通量为 Φ，阴极输出的光电流为 I_k，阴极的光照灵敏度定义为光阴极产生的光电流与入射到它上面的光通量之比，即

$$S_k = \frac{I_k}{\Phi} \tag{5-6}$$

阴极光照灵敏度测试所用的光源为色温 2 856 K 的钨丝白炽灯，因此阴极光照灵敏度又称为阴极白光灵敏度。

如果入射光是特定波长的单色光，则阴极的灵敏度又称为阴极单色灵敏度或光谱灵敏度。

3）阳极灵敏度

阳极灵敏度表示光电倍增管在接收分布温度为 2 856 K 的光辐射时，阳极输出电流与入射到阴极上的光通量之比，即

$$S_p = \frac{I_p}{\Phi} \tag{5-7}$$

式中：S_p——阳极光照灵敏度；

I_p——阳极输出电流，A/lm。

与阴极灵敏度相对应，阳极灵敏度也有蓝光灵敏度、红光灵敏度及单色灵敏度等。

2. 放大倍数（增益）

光电倍增管倍增极的二次电子发射系数 σ 是倍增极间电压的函数，即

$$\sigma = \alpha U_d^k \tag{5-8}$$

式中：α——常数；

U_d——倍增级间电压；

k——其值与倍增极的材料和结构有关，一般为 0.7～0.8。

假设电子光学系统的收集率为 ε，由光阴极发射的光电流 I_k 撞击第一倍增极后，产生二次电子发射电流 I_{d1}。其二次电子发射系数为

$$\sigma_1 = \frac{I_{d1}}{\varepsilon I_k} \tag{5-9}$$

这些电子从第一倍增极到第二倍增极，最后直到第 N 级倍增极被级联放大，第 N 极的二次电子发射系数为

$$\sigma_N = \frac{I_{dN}}{\varepsilon I_{d(N-1)}}$$

光电阴极发射的光电流经过各级倍增极倍增后，从阳极输出的电流为

$$I_p = I_k \cdot \varepsilon \cdot \sigma_1 \cdot \sigma_2 \cdot \cdots \cdot \sigma_N$$

式中 ε 为电子光学系统的收集率。假定各倍增极和阳极电子收集率为 1，并且 σ 均相等，那么光电倍增管的放大倍数为

$$M = \frac{I_p}{I_k} = \varepsilon \sigma^N \tag{5-10}$$

将式(5-8)代入式(5-10)中，再假定倍增管均匀分压，级间电压 U_d 相等，那么放大倍数与光电倍增管所加电压 U 的关系为

$$M = \varepsilon (\alpha U_d^k)^N = \varepsilon \alpha^N \left(\frac{U}{N+1} \right)^{kN} = AU^{kN} \tag{5-11}$$

其中 $A = \varepsilon \alpha^N / (N+1)^{kN}$，从式(5-11)可知，光电倍增管的放大倍数随所加电压的 kN 次方指数变化。图5-11给出了典型的电流放大倍数与电源电压的关系。由图可见，光电倍增管的阳极电流和放大倍数对高压电源的电压变化非常敏感，如漂移、纹波、温度及输入和负载变化。一般情况下，倍增级数 $N=9\sim12$，因此电压的稳定度应比测量精度高一个数量级。

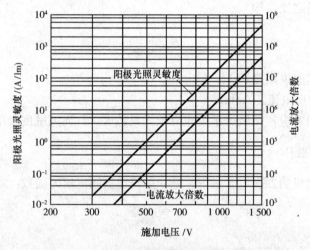

图5-11　电流放大倍数与电源电压的关系

3. 暗电流

光电倍增管的暗电流是指在施加规定的电压后，在无光照情况下测定的阳极电流。暗电流决定了光电倍增管的极限灵敏度。暗电流来源可归纳为 3 类：热电子发射、欧姆漏电、再生效应。

（1）热电子发射。是光电倍增管暗电流的主要部分。热电子发射主要来自阴极。如同光电发射一样，热发射电子和光电子都同样经过倍增系统倍增。热电子发射在时间上是随机的，所以暗电流包含随机起伏的脉冲。这些脉冲的时间平均值称为暗电流的直流分量，通常可以采用补偿办法来消除它。但是暗电流的起伏是无法补偿的，只能通过降低光电倍增管的

工作温度来减小。

（2）欧姆漏电。是指光电倍增管内支撑电极的绝缘体（如玻璃芯柱、陶瓷片、塑料管基等）在高电压下的漏电流。光电倍增管常用的绝缘材料的电阻率都很高（$>10^{14}\Omega\cdot cm$），但当管内有多余的碱金属吸附，管外有水蒸气凝结、有油渍或其他脏物污染时，表面电阻大大降低，欧姆漏电增加。所以在使用光电倍增管时，保证管壳、所有连接件的清洁和干燥是十分必要的。

（3）再生效应。当光电倍增管的工作电压很高时，电极尖端的场致发射和残余气体离子发射可能在高电压下产生。热发射电子或光电子与管内残余气体分子碰撞，会产生带正电的离子。这些正离子与电子的运动方向相反，在电场的作用下，返回到光阴极或前面的倍增极。在正离子轰击下，光阴极或倍增极发射电子，这一过程称为离子反馈。场致发射往往伴随着气体电离发光，或者激发玻璃发光。这些光照射到光阴极上，产生电子发射，形成所谓的光反馈。在倍增系统末两级，电流密度大，电子束与残余气体分子碰撞也会产生很强的光。这些光也有可能形成光反馈。

从上述暗电流产生的原因可见，它与电源电压有密切关系，如图 5-12 所示。在低电压时，暗电流由漏电流决定；电压较高时，主要是热电子发射；电压再大，则导致场致发射和残余气体离子发射，使暗电流急剧增加，甚至可能发生自持放电。实际使用中，为了得到比较高的信噪比 S/N，所加的电源电压必须适当，一般工作在如图 5-12 中的 b 段。

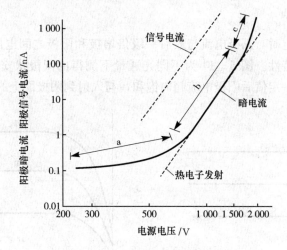

图 5-12　暗电流与电源电压关系

4. 噪声

光电倍增管的噪声主要有光电器件本身的散粒噪声和热噪声、负载电阻的热噪声、光电阴极和倍增极发射时的闪烁噪声等。散粒噪声中一大部分是暗电流被倍增引起的。

减小噪声和暗电流的常用有效方法是制冷。

由图 5-12 可知，热电子发射是暗电流的主要成分。冷却光电倍增管可降低从光电阴极和倍增极来的热发射电子，这对于弱信号探测或光子计数是十分重要的。目前常用的半导体制冷器可致冷到 $-20\sim-30\,^{\circ}\mathrm{C}$，可使光电倍增管的信噪比提高一个数量级以上。

制冷对降低其他光电器件的噪声也很有效。

使用制冷方法时必须注意以下几个问题：

① 光电阴极的光谱响应曲线会随温度而变化，因此在光电仪器定标时光电倍增管的工作温度必须和测量温度相同；

② 光电阴极（如 CsSb）的电阻会随着温度的下降而很快增加，结果光电流改变了阴极的电位分布，从而影响第一倍增极的光电子收集效率；

③ 冷却时要防止入射窗上凝结水汽，引起入射光线散射，同样在管座上也易引起高压电击穿和漏电流；

④ 制冷温度不能过低，否则可能会引起阴极和倍增极材料的损坏，或者是玻壳封结处裂开。

5. 伏安特性

1）阴极伏安特性

当入射光通量一定时，阴极光电流与阴极和第一倍增极之间电压（简称为阴极电压 U_k）的关系称为阴极伏安特性。图 5 - 13 为不同光通量下测得的阴极伏安特性。从图 5 - 13 中可见，当阴极电压大于一定值后，阴极电流开始趋向饱和，与入射光通量成线性关系。

2）阳极伏安特性

当入射光通量一定时，阳极电流与最后一级倍增极和阳极之间电压（简称阳极电压 U_p）的关系称为阳极伏安特性。图 5 - 14 为不同光通量下测得的阳极伏安特性。由图 5 - 14 可知，当阳极电压大于一定值后阳极电流趋向饱和，与入射到阴极面上的光通量成线性关系。

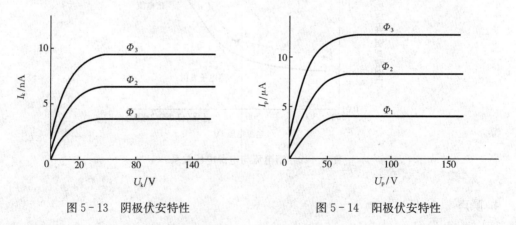

图 5 - 13　阴极伏安特性　　　　　图 5 - 14　阳极伏安特性

6. 线性

光电倍增管具有很宽的动态范围，能够在很大光强变化范围内保持线性。但如果入射光强过大，输出信号电流就会偏离理想的线性。这主要是由光电倍增管的阳极线性特性引起的；透射式光阴极倍增管在低电压、大电流下工作，其线性也受阴极线性特性影响。如果工作电压是恒定的，阴极和阳极的线性就仅仅取决于电流值，与入射光的波长无关。

7. 稳定性

光电倍增管的稳定性是指在恒定光照情况下，阳极电流随时间的变化。光电倍增管的稳定性与工作电流、极间电压、运行时间、环境条件和光照情况等许多因素有关。

8. 滞后效应

当入射光或者所加电压以阶跃函数变化时，光电倍增管并不能输出完全相同的阶跃函数信号，这种现象称为"滞后"。滞后效应主要是由于电子偏离设计的轨迹及倍增极的陶瓷支架和玻壳等静电作用引起的。当入射的光照变化，而所加的电压也跟着变化时滞后效应特别明显。当长时间没有入射信号光时，给光电倍增管加一个模拟信号光来减小阳极输出电流的变化，对减小光滞后是很有效的。

9. 时间特性

光电倍增管的时间响应主要是由从光阴极发射的光电子经过倍增极放大到达阳极的渡越时间，以及由每个光电子之间的渡越时间差决定的。光电倍增管的时间响应通常用阳极输出脉冲的上升时间、下降时间、电子的渡越时间及渡越时间离散来表示。

10. 磁场特性

几乎所有的光电倍增管都会受到周围环境磁场的影响。磁场会使本来由静电场决定的电子轨迹产生偏移。这种现象在阴极到第一倍增极区域最为明显，因为在这一区域，电子路径最大。在磁场的作用下电子运动偏离正常轨迹，引起光电倍增管灵敏度下降，噪声增加。

目前由于分别采用了近贴栅网和微通道板代替普通的倍增极结构，这些类型的光电倍增管抗磁场干扰能力得到很大的加强，故可在强磁场强度的环境中使用。

5.4　光电倍增管的供电和信号输出电路

为了使光电倍增管能正常工作，通常在阴极（K）和阳极（P）之间加上近千伏的高压。为保证光电子能被有效地收集，光电流通过倍增系统能得到有效放大，还需将高压在阴极、聚焦极、倍增极和阳极之间按一定规律进行分配。

5.4.1　高压电源

从光电倍增管的工作原理可知，它必须工作在高压状态下，而且光电倍增管对高压电源的稳定性要求比较高。一般电源电压的稳定性应比光电倍增管所要求的稳定性约高 10 倍。在精密的光辐射测量中，通常要求电源电压的稳定度达到 $0.01\% \sim 0.05\%$。

目前，光电倍增管常用的一种体积小巧的高压电源模块，如图 5-15(a)所示。输入直流电压一般为 $+15\ \text{V} \pm 1\ \text{V}$，可获得上千伏的负高压输出，电压稳定度为 $0.02\% \sim 0.05\%$。调节控制端的电阻或电压值，输出的电压可以在 $-200 \sim -1\ 200\ \text{V}$ 之间变化，如图 5-15(b)所示。可变电阻一般为 10 kΩ 的精密电阻，也可以通过计算机编程自动设定高压，根据测量的光信号强度可自动调整光电倍增管测量系统灵敏度。

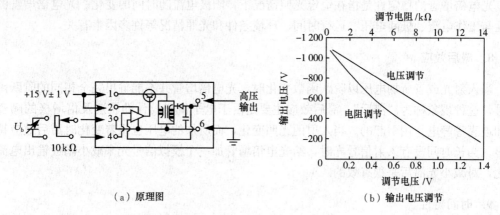

（a）原理图　　　　　　　　　　　（b）输出电压调节

图 5-15　高压电源模块的原理和特性

表 5-2 是几种高压电源模块的性能参数。一般的电源模块内部都有保护电路，能有效地保护 10 多分钟。

表 5-2　几种高压电源的性能参数

型　　号	规　格	输出电压 /V	输出电流 /mA	输入电压/V	输入电流 /mA	时漂* / (%/h)	温度系数** /(%/℃)	预热时间 /min	工作温度 /℃
WG956	A	−450～−1 100	0.5	+15±0.5	150	±0.08	±0.02	30	+5～+40
	B	−450～−1 100	1		220				
滨松 C1309	04	−200～−1 100	0.7	+15±1	170	±0.02	±0.005	15	
	06	−400～−1 500	1		250	±0.1	±0.02		

说明：＊ 通电预热后；

　　　＊＊ 在工作温度+5～−40 ℃。

5.4.2　高压分压电路

1. 定义

光电倍增管工作时，需要在阴极和阳极之间加上 500～1 000 V 的高压。该电压将以适当的比例分配给聚焦极、倍增极和阳极，保证光电子能被有效地收集，光电流通过倍增系统得到放大。实际应用中各极间的电压都是由连接于阳极与阴极之间的分压电阻所提供的，这一电路被称为高压分压电路。

2. 高压分压电路的接地方式

高压分压电路的接地方式有阳极接地和阴极接地两种方式，如图 5-16 所示。

多数情况下采用阳极接地、阴极接负高压方式，见图 5-16(a)。此方案消除了外部电路与阳极之间的电压差，便于电流计或电流-电压转换运算放大器直接与光电倍增管相连。

但在这种阳极接地的方案中，由于靠近光电倍增管玻壳的金属支架或磁屏蔽套管接地，它们与阴极和倍增极之间存在比较高的电位差，结果会使某些光电子打到玻壳内侧，产生玻璃闪烁现象，从而导致噪声的显著增加。

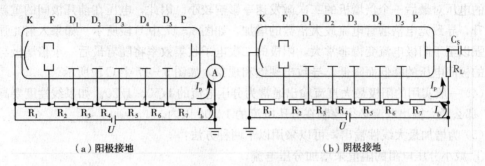

图 5-16 高压分压电路

5.4.3 分压电流与输出线性的关系

流经分压电路的电流被称为分压电流，其大小约等于供电电压除以各分压电阻阻值的和。无论是阳极还是阴极接地，无论是直流还是脉冲信号工作，当入射到光电倍增管光阴极的光通量增加时，输出电流也随着相应增加。如图 5-17 所示，入射光通量与阳极电流的理想的线性关系从一个特定的电流值开始发生变化（B 段），并最终使光电倍增管的输出饱和（C 段）。

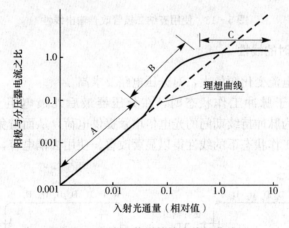

图 5-17 光电倍增管输出线性曲线

1. 直流信号工作的线性

（1）直流信号输出的分压电路如图 5-16 所示。流经分压电阻的电流，等于分压电流 I_b 与分压电阻中流向相反的倍增极电流之差。阳极电流和倍增极电流的增大将导致分压电流的减少，从而使得极间电压降低，尤其对于有着较大倍增极电流的靠后的倍增极更为明显。

（2）如果阳极的输出电流小，分压电流的减小就可以被忽略。但当入射光强增加、阳极和倍增极电流增加时，后几个倍增极的极间亏损电压要重新分配给前面的倍增极间，从而使得前面的极间电压有所增加。

（3）光电流的增大使得最后一个倍增极与阳极之间的极间电压亏损非常明显，但是这一区域的电压对最后一个倍增极的二次激发速率影响较小。因此，电压在前几极间的重新分配和上升，导致光电倍增管电流放大倍数的增加，如图 5 - 17 中 B 段所示。如果入射光强进一步增强以至于阳极电流变得非常大，阳极的二次电子收集效率将随着最后一个倍增极与阳极之间的极间电压的降低而降低，导致出现饱和现象，如图 5 - 17 中 C 段所示。

（4）一般实用的阳极最大直流输出通常为分压电流的 $1/50 \sim 1/20$。如果线性度要高于 $\pm 1\%$，那么最大输出电流必须控制在分压电流的 $1/100$ 以内。

（5）为增加最大线性输出，可以采用以下两种方法：

① 减小分压电阻的阻值来增加分压电流；

② 在最后一倍增极和阳极间使用一只齐纳二极管（如图 5 - 18 所示），如果有必要，在倒数第二或倒数第三级也可以使用齐纳二极管。

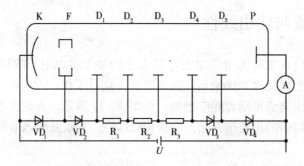

图 5 - 18　使用齐纳二极管改善输出线性

2. 脉冲信号工作时的线性

脉冲电流输出、电流变化辐值大，对分压电路要求高。

当光电倍增管处于脉冲工作状态时，在分压器最后几极电阻上并联去耦电容，如图 5 - 19 所示，可以为脉冲持续期间的光电倍增管提供电荷，从而避免倍增极和阳极间电压的下降，使脉冲信号工作状态下的线性得以显著改善。使用去耦电容，可以是串联方式，也可以是并联方式。

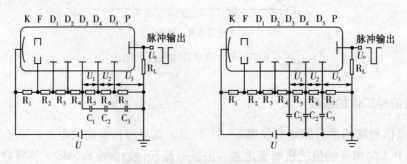

图 5 - 19　加去耦电容的分压电路

5.4.4　信号输出方式

1. 用负载电阻实现电流—电压转换

如图 5-20 电路的负载电阻为 R_L，光电倍增管的输出电容（包括连线等杂散电容）为 C_S，那么截止频率可以由式(5-12)给出。

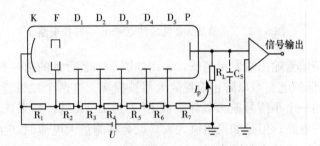

图 5-20　光电倍增管电阻输出电路

$$f_c = \frac{1}{2\pi C_S R_L} \tag{5-12}$$

由此可见，即使光电倍增管和放大电路能够有较高的响应速度，其响应能力还是被限制在由后继输出电路决定的截止频率 f_c 以内。而且，如果负载电阻增大，将导致末倍增极与阳极间电压的下降，增加空间电荷，使输出线性变坏。

要确定一个最佳的负载电阻值，还必须考虑连接到光电倍增管上的放大器的输入阻抗 R_{in}。因为光电倍增管的有效负载电阻 R_0 为 R_L 和 R_{in} 的并联，所以 R_0 的阻值要小于 R_L。

从上面的分析可知，选择负载电阻时要注意以下 3 个方面：

① 在频响要求比较高的场合，负载电阻应尽可能小一些；

② 当输出信号的线性要求较高时，选择的负载电阻应使信号电流在它上面产生的压降在几伏以下；

③ 负载电阻应比放大器的输入阻抗小得多。

2. 用运算放大器实现电流-电压转换

图 5-21 为一个由运算放大器构成的电流-电压转换电路。由于运算放大器的输入阻抗非常高，光电倍增管的输出电流被阻隔在运算放大器的反相输入端外。因此，大多数的输出电流流过反馈电阻 R_f，这样一个值为 $I_p R_f$ 电压就分配在 R_f 上。另外，运算放大器的开环增益高达 10^5，其反相输入端的电位与正相输入端的电位（地电位）保持相等（虚地）。因此，运算放大器的输出电压 U_0 等于分配在电阻 R_f 上的电压，即

$$U_0 = -I_p R_f \tag{5-13}$$

理论上，使用前置放大器进行电流-电压转换的精度可高达放大器的开环增益的倒数。

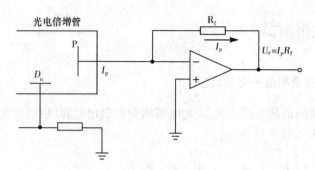

图 5-21　运算放大器构成的电流-电压转换电路

　　为了防止光电倍增管输出端发出高压，采用如图 5-22 所示的由一只电阻 R_p 和二极管 VD_1 及 VD_2 组成的保护电路可以防止前置放大器被损坏。这两个二极管应有最小的漏电流和结电容，通常采用一个小信号放大晶体管或 FET 的 B-E 结。如果选用的 R_p 阻值太小，它将不能有效地保护电路；但是如果阻值太大，就会在测量大电流时产生误差。一般 R_p 阻值的选择范围在几千欧至几十千欧之间。

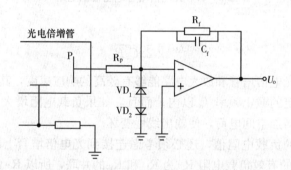

图 5-22　前置放大器的保护电路

5.5　微通道板光电倍增管

　　如果用微通道板代替一般光电倍增管中的电子倍增器，就构成微通道板光电倍增管（MCP 光电倍增管）。这种新颖的光电倍增管尺寸大为缩小，电子渡越时间很短，阳极电流的上升时间几乎降低了一个数量级，有可能响应更窄的脉冲或更高频率的辐射。

　　如图 5-23 所示，微通道是一根含有铅、铋等氧化物的硅酸盐玻璃管。其内壁镀有高阻值（电阻率为 $10^{-9}\sim10^{11}\ \Omega/cm$）的二次电子发射材料，具有电阻梯度，施加高电压后内壁将出现电位梯度，光电阴极发出的一次电子轰击微通道的一端，发射出的二次电子因电场加速而轰击另一处，再发射二次电子，这样连续多次发射二次电子，可获得约 10^4 的增益。

　　微通道板是由成千上万根直径为 $15\sim40\ \mu m$、长度为 $0.6\sim1.6\ mm$ 的微通道排成的二维列阵，如图 5-24 所示，简称 MCP。MCP 工作在真空状态。

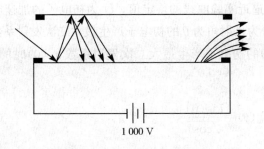

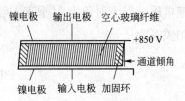

镍电极　输出电极　空心玻璃纤维

+850 V

通道倾角

镍电极　输入电极　加固环

图 5-23　MCP 通道结构　　　　　　　图 5-24　微通道板剖面示意图

为了获得较高的增益，通道的长度不能太长。由于通道中存在残余离子，这些正离子与电子的移动方向相反，撞击管壁时将释放出更多的二次电子，有可能产生雪崩击穿；或者在负端离开通道，破坏光电阴极。所以一般将通道制成人字形或 Z 形的折线通道，以减小离子自由飞行的路程及其由离子轰击发射的二次电子。带有两个串联的 MCP 光电倍增管的基本电路如图 5-25 所示，在这种近聚焦式 MCP 光电倍增管中，光电阴极和第一微通道板的间距约为 0.3 mm，级间电压为 150 V；第二微通道板和阳极的间距为 1.5 mm，级间电压为 300 V，外加偏置电压的变化只改变微通道板上的电压，可以调节总的增益。

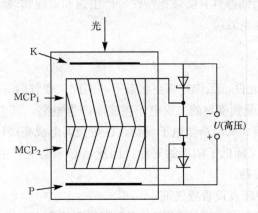

图 5-25　MCP 光电倍增管的基本电路

由于有很高的静电场和通道结构，这种光电倍增管对磁场不敏感，特别是当磁场平行于管子轴线时对光电倍增管几乎没有影响。当阳极采用多电极结构时，还可以检测位置信号。

在使用 MCP 时应注意以下几点。

1. 微通道内的二次电子发射

微通道内的二次电子发射过程受多种因素制约。通过半经典理论的分析与实验验证，对纯洁的固体表面可以用二次发射的普适函数来描述其二次电子发射特性。二次电子发射系数的普适函数为

$$\sigma = \sigma_{\mathrm{m}}(0)\left[\frac{U}{U_{\mathrm{m}}(\theta)}\right]^{\beta}\exp\{\alpha(1-\cos\theta)+\beta(1-\frac{U}{U_{\mathrm{m}}(\theta)})\} \tag{5-14}$$

式中，α 为材料表面状态参数，β 是函数逼近实验曲线的待定值，U 为初电子的加速电压，θ 为入射线与通道壁表面法线夹角，$U_m(\theta)$ 为入射角为 θ 的初电子产生最大二次发射系数 $\sigma_m(\theta)$ 时的加速电压，与入射角为 0（垂直入射）的初电子产生最大二次发射系数 $\sigma_m(0)$ 时的加速电压 $U_m(0)$ 关系为

$$U_m(\theta) = \frac{U_m(0)}{\sqrt{\cos\theta}} \qquad\qquad (5-15)$$

普适函数式(5-14)表明：为获得最大的二次电子发射系数，应取电子入射角（入射线与通道壁表面法线的夹角）接近 90°（即取掠射电子）。由于过高的加速电压和垂直入射的电子会穿透到材料深处，使所激发的电子难以迁移到表面而被散射，因此，电子的加速电压不能过高或过低。

2. 输出电流密度的饱和效应

MCP 的自饱和效应表现在输入电流密度增大到一定程度后输出电流不再随输入电流增加而增加。MCP 的饱和效应可以自行恢复，并且只限于每个通道而不影响邻近通道。这种自饱和效应使第二代像增强器具有防强光特性。产生饱和效应物理现象有两点：微通道壁的电阻效应和微通道壁的充电效应。

3. 离子反馈

MCP 是像管内部的元件，工作在真空状态下，因此，像管内一定会有残余的气体分子。它们在 MCP 的输出端会受到密集的二次电子碰撞而产生电离，其正离子在电场的作用下会逆向运动到像管的光阴极，从而产生电子发射，在荧光屏形成亮斑（即离子斑）。它既破坏了 MCP 线性工作的特性，又降低了阴极的寿命。因此，必须避免产生离子反馈。消除或减少离子反馈的措施有以下 4 种：

(1) 提高像管的真空度及设置吸气剂；

(2) 采用倾斜通道或弯曲通道的 MCP，使正离子不能穿出通道；

(3) 在 MCP 的输入端蒸镀一层 3nm 厚的 Al_2O_3 薄膜（电子穿过 3nm 厚的 Al_2O_3 膜的加速电压临界值约为 120V），覆盖住全部通道的入口；

(4) 在像管的阳极区域设置正离子收集电极（可把该电极置于 MCP 输入端的外缘，令其电位低于 MCP 输入电极的电位，可达到收集正离子效果）。

4. MCP 的噪声

MCP 的输入信号是入射的电子流密度，输出信号是出射的电子流密度。在正常工作状态下，要求输入信号与输出信号之间有确定的增益关系。但是，由于实际中存在下述因素，因而使 MCP 的增益产生了起伏变化，从而产生了噪声：

(1) MCP 的输入端面上通道开口面积只是总面积的一部分；

(2) 入射电子的运动方向沿着通道曲线时，会直接穿过通道而不产生倍增；

(3) 通道内二次电子倍增过程存在随机性。

5. 噪声因子

噪声因子定义为元件的输入信噪比的平方与输出信噪比平方之比值。

1) MCP 的输入信噪比

MCP 的输入量来自光电阴极发射的光电子。当每秒入射到 MCP 的平均电子流密度为 $\bar{n}$ 时，在像元面积 A 上有效积分时间 τ 内所输入的信号值为 S_i，根据泊松分布的数字特征可知其输入噪声值为 N_i，由此可得到 MCP 的输入信噪比

$$\left(\frac{S}{N}\right)_i = \sqrt{\bar{n}\tau A} \tag{5-16}$$

2) MCP 的输出信噪比

MCP 的输出量是经过通道内连续倍增（电流增益为 G）后的电子流。在像元面积 A 上有效积分时间 τ 内所得到的输出信号为 S_o，叠加其上的输出噪声值为 N_o，由此可得到 MCP 的输出信噪比

$$\left(\frac{S}{N}\right)_o = \frac{\sqrt{\bar{n}\tau A \eta P_0 G}}{\sqrt{\left[1+\left(\frac{1+b\sigma}{\sigma}\right)\left(1+\frac{\sigma P}{\sigma P-1}\right)\right]}} \tag{5-17}$$

式中，$b=4U_0/U$（U_0 是入射电子的加速电位，U 是通道板两端电极的工作电压），η 为 MCP 的探测效率，P_0 为首次电子碰撞概率，P 为电子碰撞概率。

3) MCP 的噪声因子

根据噪声因子的定义，可得到玻尔雅分布律描述的 MCP 噪声因子为

$$F = \frac{1}{\eta P_0}\left[1+\left(\frac{1+b\sigma}{\sigma}\right)\left(1+\frac{\sigma P}{\sigma P-1}\right)\right] \tag{5-18}$$

式 (5-18) 中，当 $b=0$ 时，可得到泊松分布律的噪声因子为

$$F = \frac{1}{\eta P_0}\left(1+\frac{1}{\sigma}+\frac{P}{\sigma P-1}\right) \tag{5-19}$$

式 (5-18) 中，当 $b=1$ 时，可得到弗瑞分布律的噪声因子为

$$F = \frac{1}{\eta P_0}\left(2+\frac{1}{\sigma}+\frac{P(1+\sigma)}{\sigma P-1}\right) \tag{5-20}$$

由噪声因子公式可知，通过增大 MCP 的探测效率 η、二次电子倍增系数 σ 以及首次电子碰撞概率 P_0 都可以降低噪声因子，使 MCP 的性能得到改善。因此，目前出现了输入端呈喇叭口形的 MCP。

5.6 光电倍增管的应用

光电倍增管具有灵敏度高和响应迅速等特点，目前它仍然是最常用的光电探测器之一，而且在许多场合还是唯一适用的光电探测器。下面列举光电倍增管在这方面的应用。

5.6.1　光谱测量

光电倍增管可用来测量光源在波长范围内的辐射功率。它在生产过程的控制、元素的鉴定、各种化学分析和冶金学分析仪器中都有广泛的应用。这些分析仪器中的光谱范围比较宽，如可见光分光光度计的波长范围为 380～800 nm，紫外-可见光分光光度计的波长范围为 185～800 nm，因此需采用宽光谱范围的光电倍增管。为了能更好地与分光单色仪的长方形狭缝匹配，通常使用侧窗式结构。

5.6.2　极微弱光信号的探测——光子计数

由于光电倍增管的放大倍数很高，所以常用来进行光子计数。但是当测量的光照微弱到一定水平时，由于探测器本身的背景噪声（热噪声、散粒噪声等）而给测量带来很大的困难。例如，当光功率为 10^{-17} W 时，光子通量约为每秒 100 个光子，这比光电倍增管的噪声还要低，即使采用弱光调制，用锁相放大器来提取信息，有时也无能为力。所以光照也不能太小，光子计数器一般用于测量小于 10^{-14} W 的连续微弱辐射。

最简单的光子计数器原理图见图 5-26。当 n_p 个光子照射到光电阴极上，如果光电阴极的量子效率为 η，那么会发射出 $\eta \cdot n_p$ 个分立的光电子。每个光电子被电子倍增器放大，到达阳极的电子数可达 $10^5 \sim 10^7$ 个。由于光电倍增管的时间离散性和输出端时间常数的影响，这些电子构成宽度为 5～15 ns 的输出脉冲，它的幅值按中间值计算为

$$I_p \approx \frac{Q}{t_w} = \frac{10^6 \times 1.6 \times 10^{-19}}{10 \times 10^{-9}} = 16 \ \mu A$$

把幅值放大到 mA 数量级，就可用脉冲计数器正确计数。

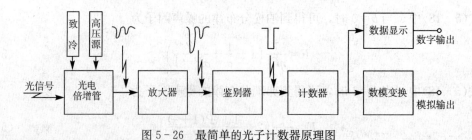

图 5-26　最简单的光子计数器原理图

光子计数系统是理想的微弱光探测器，它可以探测到每秒 10～20 个光子水平的极微弱光。

这种光子计数系统已用于生命科学研究中的细胞分类分析。先用荧光物质对细胞进行标记，然后根据细胞发出的不同的荧光进行分析，可以分离和捕集不同的细胞，也可以用来确定细胞的性质和结构。这种细胞发出的荧光是极其微弱的，它的强度弱到光子计数水平，因此要求探测器有足够高的量子效率和很低的噪声。

目前，国外还研制出一种不仅可以探测单光子事件的强度，还可以探测其位置的二维平面像探测器，使得光子成像技术成为现实。

5.6.3　射线的探测

1. 闪烁计数

闪烁计数是将闪烁晶体与光电倍增管结合在一起探测高能粒子的有效方法。常用的闪烁体是 NaI(TI)，用端窗式光电倍增管与之配合。如图 5-27(a)所示，当高能粒子照到闪烁体上时，它产生光辐射并由倍增管接收转变为电信号，而且光电倍增管输出脉冲的幅度与粒子的能量成正比。图 5-27(b)是一幅典型的输出脉冲幅度分布图——能谱图。在该图中每一能量上都有一个明显的峰值，在射线测量中，用作衡量脉冲幅度的分辨率。另外，选择光电倍增管时必须与闪烁体的发射光谱相匹配。

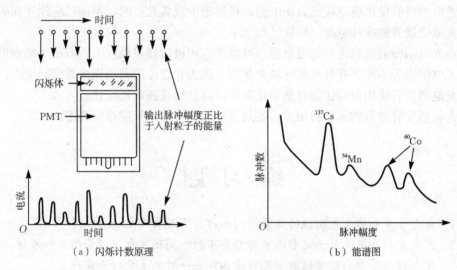

图 5-27　闪烁计数原理与能谱图

2. 在医学上的应用

γ 射线探测在核医学已经应用的 PET(position emission tomography)系统，与一般 CT 的区别在于它可以对生物的机能进行诊断。如图 5-28 所示，注入患者的是放射性物质，它放射出正电子，同周围的电子结合淬灭，在 180°的两个方向发射出 511 keV 的 γ 射线。这些射线由在人体周围排列的光电倍增管 PMT 与闪烁体组合的探测器接收，可以确定患者体内淬灭电子的位置，得到一个 CT 像。PET 专用的超小型四角状、快时间响应的光电倍增管国外已有公司批量生产。

以上列举了几个常用的例子。在测量中要正确使用光电倍增管，还应该注意如下几点：

① 阳极电流要小于 1 μA，以减缓疲劳和老化效应；

② 分压器中流过的电流应大于阳极最大电流的 1 000 倍，但不应过分加大，以免发热；

③ 高压电源的稳定性必须达到测量精度的 10 倍以上。电压的纹波系数一般应小于 0.001%；

④ 阴极和第一倍增极之间、末级倍增极和阳极之间的级间电压应设计得与总电压无关；

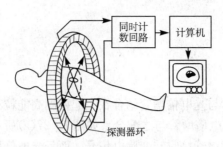

图 5-28　正电子 CT(PET)示意图

⑤ 用运算放大器作光电倍增管输出信号的电流-电压变换，可获好的信噪比和线性度；

⑥ 电磁屏蔽时最好使屏蔽筒与阴极处于相同电位；

⑦ 光电倍增管使用前应接通高压电源，在黑暗中放置几小时，不用时应储存在黑暗中；

⑧ 光电倍增管的冷却温度一般取 $-20\ ℃$；

⑨ 在光电阴极前放置优质的漫射器，可减少因阴极区域灵敏度不同而产生的误差；

⑩ 光电倍增管不能在有氦气的环境中使用，因为它会渗透到玻壳内而引起噪声；

⑪ 光电倍增管使用前应让其自然老化数年，以获得良好的稳定性；

⑫ 光电倍增管参数的离散性很大，要获得确切的参数，只能逐个测定。

5-1　负电子亲和势光电阴极的能带结构如何？它具有哪些特点？

5-2　光电发射和二次电子发射两者有哪些不同？简述光电倍增管的工作原理。

5-3　光电倍增管中的倍增极有哪几种结构？每一种的主要特点是什么？

5-4　光电倍增管产生暗电流的原因有哪些？

5-5　为什么光子计数器中的光电倍增管需在低温下工作？

5-6　光电倍增管采用负高压供电或正高压供电，各有什么优缺点？它们分别适用哪些情况？现有 12 级倍增极的光电倍增管，若要求正常工作时放大倍数的稳定度为 1%，则电源电压的稳定度应多少？

5-7　现有 GDB-423 型光电倍增管的光电阴极面积为 $2\ cm^2$，阴极灵敏度 S_k 为 $25\ \mu A/lm$，倍增系统的放大倍数为 10^5，阳极额定电流为 $20\ \mu A$，求允许的最大光照。

5-8　什么是微通道板的自饱和效应？第二代像增强器利用该效应解决了什么问题？

5-9　试分析使微通道板产生自饱和效应的原因。

5-10　为什么微通道板大多采用斜通道或弯曲通道的形式？

第6章　真空成像器件

光电成像器件是能输出图像信息的一类器件，它包括真空成像器件和固体成像器件两大类。如图6-1所示。

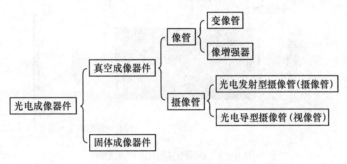

图6-1　光电成像器件分类

真空成像器件都具有一个真空管，将光电成像单元放置于真空管中，所以也可称为真空光电成像器件。

真空成像器件根据管内有无扫描机构又分为像管和摄像管。像管的主要功能是把不可见辐射(红外或紫外)图像或微弱光图像通过光电阴极和电子光学系统转换成可见光图像，它又分成变像管(不可见辐射图像转换成可见光图像)和像增强器(微弱光图像增强)两大类。摄像管是把可见光或不可见辐射(红外、紫外或X射线等)的二维图像通过光电靶和电子束扫描后转换成相应的一维视频信号，通过显示器件再成像的光电成像器件。摄像管根据光电靶转换的方式又分为摄像管和视像管两类。

像管和摄像管的主要区别是，像管内部没有扫描机构，不能输出电视信号，对它的使用就和使用望远镜去观察远处景物一样，观察者必须通过它来直接面对着景物。

固体成像器件不像真空成像器件那样需用电子束在高真空度的管内进行扫描，只要通过某些特殊结构或电路(即自扫描形式)读出电信号，然后通过显示器件再成像。

真空成像器件被广泛地应用在医学及工业上的图像测量、零件微小尺寸及质量的检验、光学干涉图像判读等，它也可以作为机器视觉—自动瞄准、定位、跟踪、识别和控制等，同时又是运动图像获得和图像测量中的关键部件，是现代光电测量技术的重要器件之一。

6.1　像管

像管包括变像管和像增强器，两者都具有光谱变换、图像增强和成像的功能。

变像管是一种能把各种不可见辐射图像转换成可见光图像的真空光电成像器件；像增强

器是能把微弱的辐射图像增强到人眼可直接观察到的真空光电成像器件，因此，像增强器也称为微光管。

6.1.1 像管结构和工作原理

像管由光电阴极、电子光学系统（电子透镜）、荧光屏 3 个基本部分组成，其结构原理如图 6-2 所示，其中的电子透镜作用是把光电阴极发出的电子图像呈现在荧光屏上。

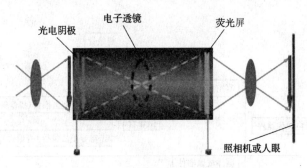

图 6-2 像管的结构原理示意图

1. 光电阴极

光电阴极能把一些辐射图像或亮度低的图像转换成电子图像。像管中常用的光电阴极有 4 种，分别是：银氧铯光电阴极、单碱和多碱光电阴极、各种紫外光电阴极和负电子亲和势（NEA）光电阴极。

2. 电子光学系统

电子光学系统对电子施加很强电场，使电子获得能量，因而能将光电阴极发出的电子束加速并聚焦成像在荧光屏上，从而实现图像亮度的增强，使荧光屏发射出强得多的光能。

电子光学系统有两种形式，即静电系统和电磁复合系统。前者靠静电场的加速和聚焦作用来完成，后者靠静电场的加速和磁场的聚焦作用来共同完成。

静电系统包括非聚焦型和聚焦型两种。

静电聚焦型电子光学系统有双圆筒电极系统和双球面电极系统两种形式，如图 6-3 所

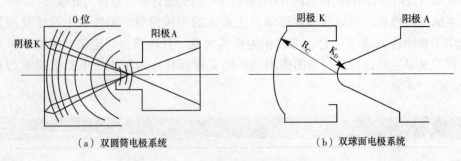

图 6-3 静电聚焦型电极示意图

R_C—阴极球面曲度半径；K_D—阳极球面曲线半径

示。从图可知，从光电阴极发出的电子只能从阳极中间的小孔通过；由等位线可以看出，电子从阴极到阳极运动过程中会受到聚焦和加速，然后射向荧光屏，并在荧光屏上成一倒像，如图 6-4 所示。

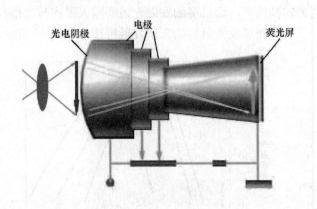

图 6-4　静电聚焦型像管结构示意图

电磁聚焦系统中既有磁场也有电场，如图 6-5 所示。该系统的磁场是由像管外面的圆筒状线圈通过恒定电流产生的，电场是由光电阴极和阳极间所加直流高压产生的。因此，从光电阴极面上发出的电子，在纵向电场和磁场的复合作用下，都能以不同螺旋线向阳极前进；由阴极面上同一点发出的电子，只要在轴向有相同的初速度，就能保证在一个周期之后相聚于一点，起到聚焦作用（如图 6-6 所示）。

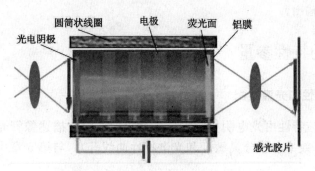

图 6-5　电磁聚焦型像管结构示意图

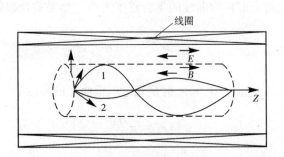

图 6-6　电子在复合场中的运动

3. 荧光屏

荧光屏的作用是在高速电子的轰击下将电子图像转换成可见光图像。因此，一般要求荧光屏不仅应具有高的转换效率，而且屏的发射光谱要同人眼或与之耦合的下一级的光电阴极的吸收光谱一致。常见荧光屏发光材料的光谱发射特性如图 6-7 所示。

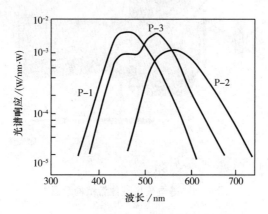

图 6-7　常见荧光屏发光材料的光谱发射特性

P-1 ZnS：Ag

P-2 （Zn·Cd）S：Ag

P-3 ZnS：Cu

通常在电子入射的一边镀上铝层。这样可以引走荧光屏上积累的负电荷，同时避免光反馈，增加发射光的输出。

6.1.2　像管的特性参量

1. 光谱响应特性和光谱匹配

像管的光谱响应特性由光电阴极的响应特性决定，因此描述像管光谱响应特性的参量（光谱灵敏度、量子效率、积分灵敏度和光谱特性曲线等），与第 5 章中光电阴极的参量一致，这里不再重复。

光谱匹配是指像管的光源与光电阴极、光电阴极与荧光屏、荧光屏与人眼视觉函数之间的光谱分布匹配，即两两光谱响应曲线的重合程度大小，如果重合得好，则匹配良好，将获得较高的整管灵敏度。

2. 增益特性

亮度增益是荧光屏的光亮度 B_a 和入射至光电阴极面上的照度 E_k 之比，以 G_B 表示。

$$G_B = \pi \frac{B_a}{E_k} \tag{6-1}$$

式中，π 为常数。单级变像管的增益为

$$G_B = \xi S_K U_a \alpha \frac{A_k}{A_a} \qquad\qquad (6-2)$$

式中：ξ 为荧光屏的发光效率；S_K 为光电阴极对光源的积分灵敏度；U_a 为像管的阳极电压；α 为光电子透过系数；A_k、A_a 分别为光电阴极和荧光屏的面积。A_k、A_a 的差异不能太大，所以提高 G_B 的根本因素还是提高加速电压 U_a，但不能加得太高，太高容易产生漏电、放电、场致发射等现象。

3. 等效背景照度

把像管置于完全黑暗的环境中，当加上工作电压后，荧光屏上仍然会发出一定亮度的光，这种无光照射时荧光屏的发光称为像管的暗背景。由于暗背景的存在，使图像的对比度下降，甚至使微弱光图像淹没在背景中而不能辨别。

等效背景照度是指当像管受微弱光照时，在荧光屏上产生同暗背景相等的亮度时，光电阴极面上所需的输入照度值，以 EBI 表示。

$$EBI = \frac{B_b}{G_B} \qquad\qquad (6-3)$$

式中，B_b 为暗背景亮度。

4. 分辨率

所谓分辨率，是指当标准测试板通过像管后，在荧光屏的每毫米长度上用目测法能分辨开的黑白相间等宽距条纹的对数，单位是每毫米线对数，记为 lp/mm。

6.2　常见像管

6.2.1　常见变像管

1. 红外变像管

红外变像管结构如图 6-8 所示。该管由光电阴极、阳极和荧光屏三部分组成。当红外光入射至光电阴极时，发射与红外辐射图像强度分布成正比的电子流，经阳极和阴极（阳极电压一般为 12~16 kV）构成的电子透镜聚焦和加速，在荧光屏上形成可见光图像。

红外变像管的光电阴极多为 S-1(Ag-O-Cs)阴极，它可以使波长小于 1.15 μm 的红外光变成光电子。对于波长大于 1.15 μm 的红外光，采用负电子亲和势光电阴极。

图 6-8(a)所示的红外变像管，由于光电阴极和荧光屏都是平面，使边缘像质变差；图 6-8(b)所示的红外变像管，把光电阴极和荧光屏制成平凹形，经过光纤面板的导光从而大大提高了像质。银氧铯光电阴极，其热发射系数大，量子效率低。关于光纤面板详见第 9 章相关内容。

2. 紫外变像管

紫外变像管的窗口材料为石英玻璃，光电发射材料为 S-2(Sb-Cs)阴极，它可以使波

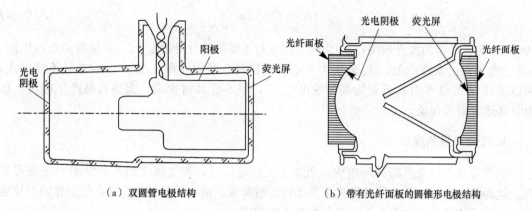

（a）双圆管电极结构　　　　　　　（b）带有光纤面板的圆锥形电极结构

图 6-8　红外变像管两种结构示意图

长大于 200 nm 的紫外光变成光电子。紫外变像管与光学显微镜结合起来，可用于医学和生物学等方面的研究。

3. 选通式变像管

如图 6-8 所示，在变像管的光电阴极和阳极间增加一对带孔阑的金属电极——控制栅极，就成为选通式变像管，如图 6-9 所示。只要改变栅极的电压就可控制变像管的导通。因此只要使选通式变像管的工作周期与光源的调制周期一样，同步工作，便可提高图像的对比度和图像质量。

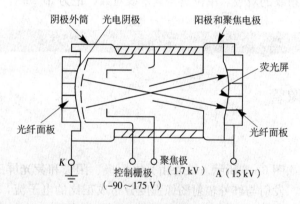

图 6-9　选通式变像管结构示意图

6.2.2　常见像增强器

1. 级联式像增强器

级联式像增强器（见图 6-10（a））是由几个分立的单级变像管组合而成，图 6-10（b）为三级级联式像增强器的结构示意图，这种像增强器属于第一代像增强器。为了保证连接后的成像效果，要做到以下两个方面。

第一，图中每个单级变像管的输入和输出都用光纤面板制成，便于级与级之间的耦合。

第二，必须注意荧光屏和后级光电阴极的光谱匹配，即荧光屏发射的光谱峰值与光电阴极吸收的峰值波长相接近，而最后一级荧光屏的发射光谱特性应与人眼的明视觉光谱光视效率曲线相一致。

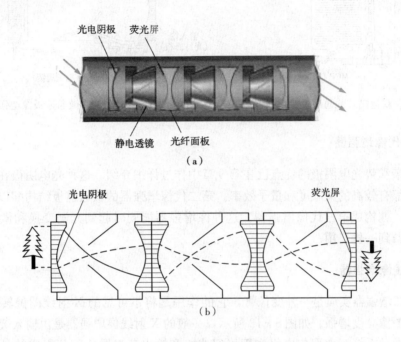

图 6-10 级联式像增强器的结构示意图

对于三级级联像增强器，若单级的分辨率大于 50 lp/mm，三级可达 30～38 lp/mm，亮度增益可达 10^5。

2. 微通道板像增强器

微通道板像增强器有两种结构形式：双近贴式和倒像式。双近贴式微通道板像增强器，如图 6-11所示，用微通道板代替图 6-2 中的电子光学系统，实现电子图像增强。而且其光电阴极、微通道板、荧光屏三者相互靠得很近，故称双近贴。光电阴极发射的光电子在电场作用下，进入微通道板输入端，经 MCP 电子倍增和加速后打到荧光屏上，输出光学图像。这种管子体积小、重量轻、使用方便，但像质和分辨率较差。

图 6-12 是倒像式微通道板像增强器，它与单级像管结构十分相似，只是在电子光学系统与荧光屏之间插入微通道板，像增强器的输入端、输出端均采用光纤面板。其原理是：输入光纤面板上的光电阴极发射的电子图像，经电子光学系统聚焦、加速并经微通道板倍增后，在荧光屏上成一倒立实像，故也称为倒像管。它具有较高的像质和分辨率。改变微通道板两端电压即可改变其增益，此种管子还具有自动防强光的优点。

微通道板像增强器属于第二代像增强器。

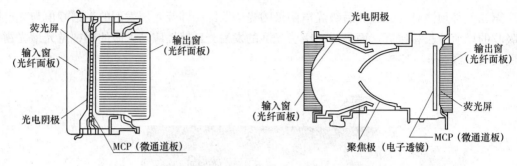

图 6-11　双近贴式微通道板像增强器　　　图 6-12　倒像式微通道板像增强器

3. 第三代像增强器

负电子亲和势光电阴极的优点已在第 5 章中作过详细介绍。这种光电阴极在可见光范围和近红外区都有较高的灵敏度和量子效率。第二代像增强器的微通道板结构配以负电子亲和势光电阴极，就构成第三代像增强器。这种像增强器能同时起到光谱变换和微光增强的作用，因此可做到一机二用。

4. X 射线像增强器

X 射线像增强器实质是一种变像管，它的作用是将不可见的 X 射线图像转换成可见光图像，并使图像亮度增强。如图 6-13 所示，一般的 X 射线像增强器是由输入荧光屏、光电阴极、电子光学系统（由聚焦电极和阳极组成）和输出荧光屏几部分组成的。工作过程如下：X 射线通过被检体后，在输入荧光屏前形成被检体的 X 射线图像，此图像轰击输入荧光屏后转换成微弱的可见光图像；微弱的可见光图像激发相邻的光电阴极发射相应的电子图像；光电子流被电子光学系统聚焦和加速；高能电子激发输出荧光屏，将电子图像转换成尺寸缩小而亮度增强的可见光图像。

把用 CsI：Na 材料做转换屏的增强器称为第二代 X 射线像增强器；把含有 MCP 板的 X 射线像增强器称为第三代，如图 6-13(b) 所示。第三代 X 射线像增强器灵敏度高，在一般室内光线下可直接观察和照明。

X 射线像增强器常用在医疗诊断和工业探伤等方面。

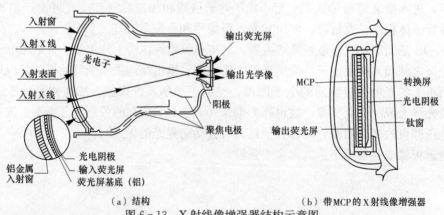

（a）结构　　　　　　　　（b）带 MCP 的 X 射线像增强器
图 6-13　X 射线像增强器结构示意图

6.2.3　特殊变像管

1. 图像放大像管

如图 6-14 所示，图像放大像管是由光电阴极、磁性线圈（放大、聚焦、偏转）、微通道板及荧光屏组成的磁聚焦型像管。通过调节聚焦线圈的电流对输出的图像进行变焦，并由偏转线圈将光电阴极面上形成的部分电子图像进行放大，然后在整个荧光屏上成像，从而实现对目标的细微局部进行图像放大和增强，方便人们观察目标的详细结构。

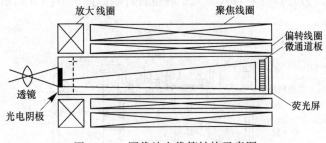

图 6-14　图像放大像管结构示意图

这种管子的极限分辨率，可从放大率为 1 时的 40 lp/mm 提高到放大率为 21.6 时的 400 lp/mm。

2. 多功能像增强器

多功能像增强器由光电阴极、电子光学系统（由聚集极 G_1、G_2、G_3 和阳极 G_4 组成）、栅极偏转板、旋转线圈、微通道板和荧光屏组成，如图 6-15 所示。其工作原理是把投射到光电阴极上的微弱光学图像转换成电子图像，再由电子光学系统聚焦，经 MCP 增强后在荧光屏上显示出可见光图像。改变加在栅极偏转板上的电压可使图像朝 X 和 Y 两个方向移动，使图像放大；改变电极 G_1 电压可改变光电子速度，使图像增亮；管子后部所加的平行于管轴的均匀磁场可使图像旋转，旋转的角度正比于所加的磁场强度。

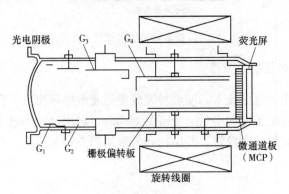

图 6-15　多功能像增强器的结构示意图

多功能像增强器采用磁场使图像旋转和平移，有利于完成识别图像所需要的大部分预处理工作。它应用于光学字符阅读器、光学数据处理和遥感图像识别系统等方面。

3. 位置敏感传感器像管

图 6-16 为位置敏感传感器像管的结构示意。它用位置敏感传感器(PSD)代替了一般像管的荧光屏，并多加了 3 块 MCP 板。这种像管的工作原理是：从目标来的入射光子被光电阴极转换成光电子，经电子透镜（即聚焦电极）、3 块 MCP 倍增放大(10^7)后，这些电子群被加速注入位置敏感传感器的敏感面并产生大量的电子－空穴对，最后从位置敏感传感器输出电极以脉冲电流形式输出。图 6-17 为位置敏感传感器像管工作原理图，经过相应运算就能求出目标的位置。另外，只要对入射光子的位置计数以随机取的方式累积，也可以按其顺序形成微光图像。

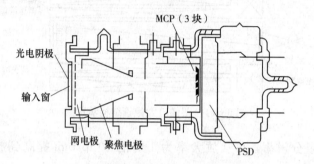

图 6-16　位置敏感传感器像管的结构示意图

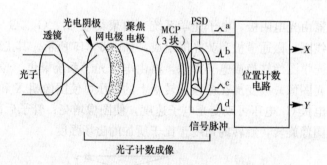

图 6-17　位置敏感传感器像管工作原理图

4. 装有光电导靶的反射式变像管

有的变像管也采用光电导技术，使红外光成像到光电导靶面上，在靶的另一边形成电势分布图像。用磁场使由电子枪射出的电子流受到调制，利用返回的电子流轰击荧光面而发出荧光。这种像管称为反射式变像管，其结构和外形如图 6-18 所示。有关光电导靶的知识可参考视像管的有关内容。

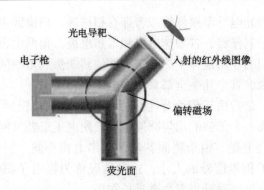

图 6-18 反射式变像管的结构和外形

6.3 摄像管

6.3.1 摄像管的作用及分类

摄像管是把按空间光强分布的光学图像记录并转换成视频信号的成像装置。按光电变换形式，摄像管基本上分为两类：一类是利用外光电效应进行光电转换的摄像管，称为光电发射型摄像管，也简称为摄像管，如图 6-19 所示；另一类是利用内光电效应进行光电转换的摄像管，统称为光电导型摄像管，也称为视像管，如图 6-20 所示。

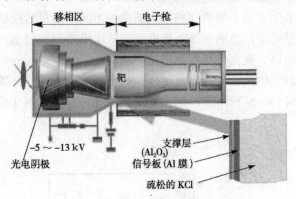

图 6-19 光电发射型摄像管示意图

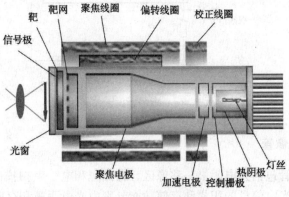

图 6-20 视像管示意图

光电发射型摄像管和光电导型摄像管二者都有扫描区，扫描区也称为电子枪。电子枪主要包括灯丝、热阴极、控制栅极、各加速电极和聚焦电极、靶网电极和管外的聚焦线圈、偏转线圈和校正线圈。它们的作用是产生热电子，并使其聚焦成很细的电子射线，按着一定轨迹扫描靶面。在常见的摄像管中几乎全部采用慢电子束扫描。

所谓慢电子束扫描，是指由于靶面导电极上所加的电压比靶网电极上所加的电压低得多，在靶与网之间就形成一个很强的均匀减速电场，使电子束经过网电极后做减速运动，最后以接近于零的速度垂直上靶。由于靶面各像素积累电荷不同，需要中和的电子数也不相同，这个电子数就反映了积累信号的大小。这种情况称为慢电子扫描，对靶面的轰击作用小，不会发生二次电子发射，对管子寿命有延长作用。

6.3.2　摄像管的结构和工作原理

1. 光电导型摄像管（视像管）

视像管由光电导靶和电子束扫描区构成，如图 6-21 所示。其光电变换和光电信息的积累和储存功能都由光电导靶来完成，当被摄景物的光学图像通过物镜成像到摄像管上时，由于光电导靶材料的光电导作用，在靶面上就建立起与入射光照度分布相对应的电位图像，这就完成了光电变换的功能。从电子枪发射出来的电子束依次沿着靶面扫描，扫描线经过某一点的时间只占扫描整个光敏面所需周期的极小部分($0.062~\mu s$)。

为了提高检测灵敏度，每个像素在扫描周期内应不间断地对转换后的电量进行积累，这时靶又起到了积累存储光电信息的功能；当电子束依次沿着靶面扫描，将靶面的电位起伏顺序地转变成视频信号输出，就完成了扫描输出的功能。

视像管按光导靶的结构又可分为光电导（注入）型和 PN 结（阻挡）型两种。光电导型采用光电导材料，如硫化锑(Sb_2S_3)管；PN 结型管采用结型材料，有氧化铅(PbO)管、硅靶管和异质结靶管等。

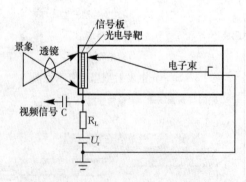

图 6-21　视像管原理示意图

2. 光电发射型摄像管

光电发射型摄像管包括光电阴极、移像区、存储靶和电子束扫描区 4 部分。如图 6-22 所示，其光电变换、光电信息的积累和存储功能分别由光电阴极和存储靶完成，它们之间隔一个移像区。

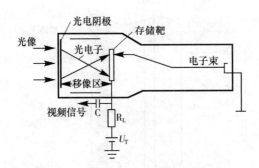

图 6 - 22　光电发射型摄像管结构示意图

移像区的作用是使光电阴极产生的光电子在运动过程中获得能量而加速，以便在靶上产生更多的电荷，提高摄像管的响应率。这一类摄像管有二次电子导电摄像管和硅靶摄像管等。光电发射型摄像管属于微光摄像，其增益和灵敏度很高，可工作在亮度较低的场合。

摄像管的工作原理是：先将输入的光学图像转换成电荷图像，然后通过电荷的积累和储存构成电位图像，最后通过电子束扫描把电位图像读出，形成视频信号输出。

光电发射型摄像管和光电导型摄像管的区别是：前者有移像区，后者没有。

6.4　光导靶和存储靶

摄像管的关键器件是靶，视像管和光电发射型摄像管的靶的作用不同，结构也不同。

6.4.1　视像管靶

视像管的靶是光电导靶，靶的厚度约几微米到 $20~\mu m$。视像管靶的主要作用是完成光学图像的光电转换、信号电荷的积累和存储。适合视像管靶的材料必须具有电荷的存储功能，要求靶上每个像素的弛豫时间远大于存储时间。为此，一方面要求光电导材料的电阻率 $\rho \geqslant 10^{12}~\Omega \cdot cm$；同时材料的横向电阻也应足够高，方块电阻为 $2 \times 10^{13} \sim 2 \times 10^{14}~\Omega$，这样可以防止各个像素之间表面漏电而将电位起伏拉平。另一方面还要求光电导材料的禁带宽度小于 $1.7 \sim 2~eV$，这样的靶材料才有较长的长波限。目前生产的视像管大都采用阻挡型靶，由于 PN 结的存在，降低了暗电流，使靶的性能有所改进而获得广泛应用。下面介绍几种阻挡型靶的结构、工作原理及性能。

1. 硅靶

如图 6 - 23 所示，硅靶窗口玻璃内表面涂有一层很薄的既可透光也可导电的金属膜，在它上面接有引线可同负载相连，称为信号板。挨着信号板的是一块 N 型硅片（硅靶）。硅片朝着电子枪一边的表面，先生成一层氧化层（SiO_2），接着利用光刻技术在 SiO_2 上光刻成几十万个小孔，再通过掺杂使每个小孔都变成 P - Si。这样，许多个小的 P - Si 被 SiO_2 隔离，故称为 P 型岛。每个 P 型岛与 N 型衬底之间即形成一个 PN 结（光电二极管）。最后再在 SiO_2 和 P 型岛表面上蒸涂上一层电阻率适当的材料，通常称为电阻海。

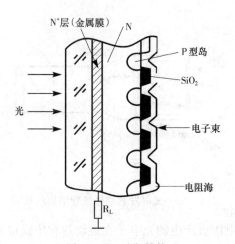

图 6-23　硅靶结构

硅靶的光电变换过程是，信号板通过引线、负载电阻与靶电源的正极相连。电子枪的热阴极接地，扫描电子束即具有地的电位。当电子束扫描到每个 P 型岛时，P 型岛的 PN 结即被反偏置，结电容被充电到靶电源电压。无光照时，由于 PN 结有反向漏电流（暗电流），在负载电阻上要产生少量的电压降，靶的两边——成像面（信号板一边的靶面）和扫描面（朝着电子枪一边的靶面）之间的电压，略低于靶电源电压。有光照时，光进入到每个 PN 结区将产生电子-空穴对，它们被结内电场分离以后，光生电子通过信号板等外电路入地，光生空穴则被积累 P 型岛上。如果光照是均匀的，靶的扫描面电位只是均匀地升高；如果光照不均匀，是一幅光学图像，则扫描面上各 P 型岛的电势分布将正比于入射光学图像的亮度分布，亮度高的点所对应的 P 型岛的电势也高。当电子束再次扫描各个二极管时，其电位被拉平到阴极电位，产生的光电流流过负载电阻就形成与光学图像对应的视频信号。

硅靶具有光谱响应范围宽、量子效率高、抗烧伤能力强等优点。

2. 氧化铅（PbO）靶

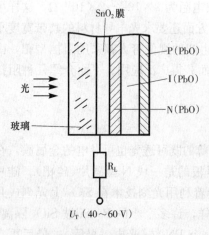

图 6-24　氧化铅靶

氧化铅靶的结构和工作过程都与硅靶类似。所不同的是，它是由 PbO 材料制成的。如图 6-24 所示，PbO 靶窗口玻璃内壁是一层金属膜作为信号板，接着就是 PbO 靶，靶的成像面一边为 N-PbO，扫描面一边为 P-PbO，两者之间夹着一层（相对）很厚的本征氧化铅 I-PbO，因而具有 PIN 结构。工作时，信号板通过负载和靶电源的正极相接，电子枪的热阴极接地，当扫描电子束扫描靶面时，相当于对 PIN 进行反偏置。靶电源电压 45 V 左右。PbO 靶也有光信息的存储功能，它的轴向电阻较小，横向电阻很大，扫描面上的电势起伏可保持较长时间不变。

3. 异质结靶

图 6-25 提供了 3 种异质结靶，它们的窗口玻璃内壁涂有一层 SnO_2 薄膜作为信号板，紧挨着是不同异质结靶的材料，主要有以下 3 种。

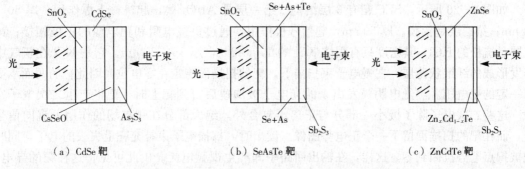

（a）CdSe 靶　　　　（b）SeAsTe 靶　　　　（c）ZnCdTe 靶

图 6-25　3 种异质结靶结构

1）硒化镉（CdSe）靶

硒化镉靶如图 6-25（a）所示。它是在光敏半导体 CdSe 上镀一层绝缘膜（As_2S_3），在两者交界处形成 PN 结，这就使光敏和限制暗电流两个功能由不同材料来承担，能达到比较理想的结果。由于采用蒸镀方法形成蒸发膜，像元连续，因此分辨率高。硒化镉靶还有暗电流小、在响应范围内量子效率较高的优点。

2）硒砷碲（SeAsTe）靶

硒砷碲靶的膜结构如图 6-25（b）所示。N 型 SnO_2 与 Se＋As＋Te 膜之间形成阻挡层，起光电转换作用，高阻的 Sb_2S_3 薄膜与 Se＋As 膜之间也形成阻挡层。这种结构的靶具有光谱响应范围宽、动态范围大、信号电流大、暗电流小、分辨率高、惰性小等优点。

3）碲化锌镉（ZnCdTe）靶

碲化锌镉靶结构和工作过程也与硅靶类似，只是靶材料不同。它的化学成分为碲化锌镉 $Zn_xCd_{1-x}Te$。

由图 6-25（c）可见，碲化锌镉靶有 3 层结构：第一层为 ZnSe，属于 N 型半导体，厚 50～100 nm；第二层为碲化锌和碲化镉的固溶体（$Zn_xCd_{1-x}Te$），属于 P 型半导体，厚 3～5 μm；第三层是无定形三硫化二锑 Sb_2S_3，厚 100 nm。第一层与第二层之间形成异质结，第二层与第三层之间不形成结。第一层 ZnSe 无光电效应，它的作用是增强对短波光的吸收，提高整个可见光区的灵敏度，另外还可以阻止光生空穴向成像面一边扩散，有提高灵敏度和减小暗电流的作用。光电效应主要发生在第二层，x 值的大小对灵敏度、暗电流和光谱特性都有较大的影响：x 值小，灵敏度高，体内暗电流增大，光谱特性的峰值波长向长波方面移动。第三层的作用是减小扫描电子束的电子注入效应（图像上的浮雕现象），减小暗电流和惰性。

在可见光区，碲化锌镉靶的灵敏度比硅靶高 1.5～2 倍，晕光现象比硅靶小，工艺较简单，成本较便宜。此靶适宜于做低照度摄像管。

6.4.2　光电发射型摄像管靶——存储靶

1. 二次电子传导靶(SEC)

如图 6‑26 所示，SEC 靶有 3 层结构。第一层是 Al_2O_3 膜，起机械支撑作用，厚 50～70 nm；第二层是铝膜，厚 50 nm，起信号板作用，通过负载电阻和靶电源的正极相接；第三层是疏松的 KCl，其密度只有固体 KCl 的 1‰～2‰，厚 15～20 μm。它是 KCl 在氩气中蒸发形成的纤维状薄层，在慢电子束扫描下，靶的扫描面稳定在零电位，因此靶的两面承受着一定的靶电压。当光电阴极发出来的光电子被加速后打到靶上时，靶将产生二次电子发射。这些二次电子除了极小一部分与正离子复合外，绝大部分在靶电场的作用下流向信号板，而在靶的扫描面留下一个正电势图像。读出时，扫描电子束补充靶上失去的电子，同时把被扫点电势拉回到零。这样，在输出回路中即产生视频电流。由此可见，这种靶的导电，不是利用材料导带中的电子或价带中的空穴，而是依靠二次电子导电的，故称它为二次电子导电靶。实验证明，靶的电子增益与一次电子的加速电压有关。加速电压为 8 kV 时，电子增益最大。当加速电压为 8 kV 时，约有 2 keV 的能量消耗于穿透 Al_2O_3 和 Al 层，约有 2 keV 的能量消耗于穿透 SEC 靶而未发挥作用，实际被靶吸收而发射二次电子的能量只有 4 keV 左右。对 KCl 靶来说，每产生一个二次电子约要消耗 30 eV 的能量，因此靶的二次电子增益在 120 左右。

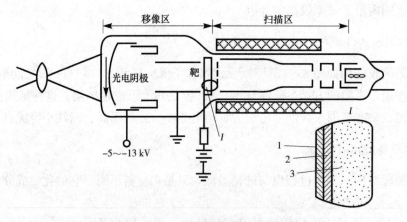

图 6‑26　SEC 管结构及 SEC 靶

1—支撑层(Al_2O_3)；2—信号板(Al 膜)；3—疏松的 KCl

二次电子传导摄像管响应率高，改变光电子加速电压，可得到 80～200 倍的电子增益。它的极限分辨率稍低，约为 600 TVL，$\gamma \approx 1$。

2. 增强硅靶(SIT)

增强硅靶管的靶叫增强硅靶(SIT)。SIT 靶和硅靶视像管中的靶结构基本相同。从光电阴极发射出来的电子，在高压作用下轰击硅靶，使靶内产生电子‑空穴对。经理论计算，每个入射的光电子能量为 3.4～3.5 eV 时，可产生 1 个电子‑空穴对。如果移像区的电压为

10 kV，则每个入射光电子可产生 2 800～2 900 个电子-空穴对。但由于表面和体内的复合和收集率等原因，实际的电子增益约为 2 000 倍。通过改变移像区的加速电压可改变靶的电子增益。

这种硅靶与图 6-23 所示的硅靶相似，只是在电子入射侧加镀一层厚几十纳米的铅膜，以屏蔽杂散光。

增强硅靶灵敏度一般比硅靶大两个数量级，约为 40 μA/lx，硅靶不易烧伤，寿命长。以增强硅靶构成的增强型硅靶管如图 6-27 所示。

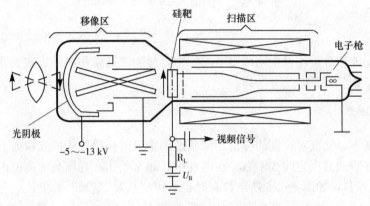

图 6-27　增强硅靶管的结构图

6.5　摄像管的特性参数

6.5.1　摄像管的特性参数

1. 灵敏度

摄像管的灵敏度 S 可表示为

$$S = \frac{I_S}{\varPhi} \times 10^{-6} \quad (\mu A/lm) \tag{6-4}$$

摄像管的灵敏度表示在一定光通量 $\varPhi$ 照射时摄像管输出信号电流 I_S 的大小。

2. 光电转换特性(γ)

摄像管输出视频信号电压 u 与入射光照度 E_b 不一定是线性关系，通常写成

$$u = K_1 E_b^{\gamma_1} \tag{6-5}$$

式中，K_1 为常数，γ 称为摄像管的光电转换特性。通常用对数坐标描绘它们，见图 6-28。

曲线斜率 γ 值表征摄像管对图像灰度（色调）传递的性能，也称 γ 特性。对摄像管来说，γ 取决于光电转换部件的特性。光电导摄像管的 γ 值小于 1，Sb_2S_3 管的 γ 值为 0.6～0.7，PbO 管的 γ 值为 0.95，而硅靶管的 γ 接近于 1。

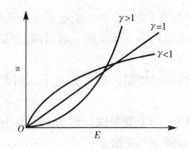

图 6-28　摄像管光电转换特性曲线

3. 分辨率

分辨率表示能够分辨图像中明暗细节的能力,分辨率通常用两种方式表达,即极限分辨率和调制传递函数(MTF)。

1) 极限分辨率

在最佳照度下,使高对比度的黑白相间条形图案投射到摄像管的光敏面上,然后在监视器上去观察可分辨的最高空间频率数。在电视中,通常是指在光栅高度范围内可分辨的最多电视行数(TVL/H),如图 6-29 所示。有时也采用"线对/毫米"的单位,它等于可分辨的电视行数一半除以靶的有效高度(mm)。例如 25 mm 的视像管,靶面的有效高度约为 10 mm,若可分辨的最多电视行数为 400 时,相当于 20 lp/mm。按这种方法表示的分辨率称为极限分辨率。

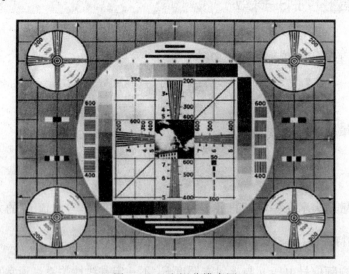

图 6-29　电视分辨率图

2) 调制传递函数(MTF)

极限分辨率是依靠观察者的眼睛来分辨的,因而带有一定的主观性,同时也不能反映摄像系统各部分对分辨力的影响。因此,多采用调制传递函数(MTF)的概念。调制传递函数是在调制度的基础上提出的。调制度 M 是无线电学中的概念,引用到光学中来可以说它是对比度。M 的定义是，光信息的最大值 A 与光信息最小值 B 之差对 A、B 之和的百分比。MTF 的定义是，输出调制度 M_o 与输入调制度 M_i 之比的百分数，即

$$\text{MTF} = \frac{M_o}{M_i} \times 100\%$$

图像在传送过程中，调制度 M 是随空间频率的增大而减小的。如果把调制度的损失程度以百分数表示(以零频时的调制度为 100%)，则调制度与空间频率的关系曲线，就是调制传递函数，如图 6-30 所示。

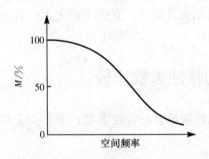

图 6-30　调制传递函数(MTF)

MTF 能用仪器测量，并规定调制深度为 10% 的线数称为摄像管的极限分辨率。用此方法描述的分辨率较为客观。

4. 惰性

摄像管的惰性是指输出信号的变化相对于照度的变化有一定的滞后。它反映了像管的瞬态响应特性。由于惰性的存在，遮光后摄像管的输出电信号是逐渐变小的，通光后电信号是逐渐增大的，所以惰性包括衰减惰性和上升惰性。

在传送变化的图像时会同时产生上升惰性和衰减惰性，结果会造成图像的模糊，失去对微小细节的分辨能力。在彩色电视中惰性会引起运动物体的彩色拖尾。

器件产生惰性的原因有两种：一种是光电导惰性，表现为光电导体电导率的变化滞后于照度的变化，对光电阴极来说，此惰性可忽略不计；另一种是电容性惰性，它是由靶的充放电时间的延迟造成的。$R_b C$ 为充电时间常数，其中，R_b 为束电阻，C 为靶电容，因此 $R_b C$ 决定了电容性惰性的大小。

5. 暗电流和噪声

在没有光照情况下，摄像管输出的电流称为暗电流。对于视像管来说，暗电流的来源是靶材料的暗电导，它由靶的材料和工艺决定。对 PN 结摄像管而言，暗电流很小；对光电发射型摄像管来说，暗电流的来源主要是光电阴极的热发射、场致发射和离子流等。在理论上，暗电流不随时间变化，是一恒定值，它并不构成噪声，而是一种可借助电路调节而被平衡掉的黑色电平。但实际上，它将引起本征噪声的增加，从而使电子束发射系统和前置放大器负载加重。

摄像管的噪声是由输入图像的光量子噪声、光电阴极量子噪声、靶面热噪声、电子束散粒噪声、管内倍增噪声及前置放大器噪声等组成。对视像管来说，前置放大器和负载电阻的

热噪声往往成为主要噪声。对光电发射型摄像管来说，由于信号电子经过了倍增，管内噪声也同时放大，于是前置放大器噪声就不再是主要噪声源。

6. 动态范围

摄像管能处理的最高照度值与最低照度值之比称为摄像管的动态范围。动态范围的下限受噪声的限制，上限则受到靶面像元存储信息容量的限制。局部强光的照射会引起一系列不良现象。例如在硅靶管中，当局部像素上信号超过容量时光电子将向邻近像素扩散，出现"开花"现象。因此用摄像管拍摄景物时，光强不能太大，否则会出现"开花"引起亮区的扩大，最后使图像消失。

6.5.2 不同视像管的特性参数比较

表 6-1 列出了常用的几种视像管的特性参数；图 6-31 和图 6-32 的曲线提供了几种视像管的一些响应特性。

表 6-1 常用的几种视像管的特性参数

管名 参数	硫化锑管 Resistron	氧化铅管 Plumbicon	硅靶管 Si-Vidicon	硒化镉管 Chaluicon	硒砷碲管 Saticon	碲化锌镉管 Newvicon
响应率/(μA/lm)	170	350~400	4 350	3 600	350	4 300
极限分辨率/TVL	800	750	700	800	900	800
惰性(三场后)/%	20~25	3	7~10	10~20	<2	<20
暗电流/nA	20	2	10	<1	<1	10
U 值	0.65	0.95	1	0.95	1	1
动态范围	350:1	60:1	50:1	60:1		
抗烧伤能力	差	较差	极好	很好	较好	较好
晕光现象	很小	严重		小		很小
工作温度/℃	+10~+40	-30~+50	-40~+50	-20~+60	-25~+35	<60
用途	一般	广播电视	高灵敏度 工业电视	高灵敏度 工业电视	广播电视 （小型）	高灵敏度 工业电视

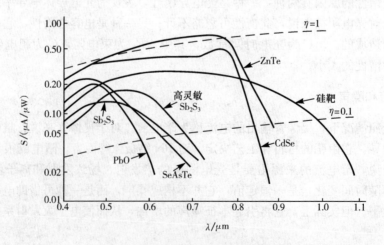

图 6-31 几种视像管的光谱响应特性

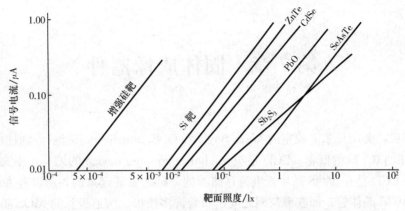

图 6-32　几种视像管的光电变换特性和动态范围

6.6　摄像管的发展方向

摄像管总的发展趋向是高灵敏度、高像质和小型化。

在拍摄低照度景物时，需要超高灵敏度的摄像管，一般采用像增强器与摄像管的连接形式，即像增强器的输出光纤面板与摄像管的光纤面板窗口相结合的方式，若用级联式像增强器，还必须考虑对比度、噪声及分辨率的影响，同时在与光纤面板结合时要注意光纤面板之间不能产生缝隙。一般有以下几种形式的连接：

① 像增强器和增强硅靶管的级联(ISIT)；

② 像增强器和二次电子传导摄像管的级联(ISEC)；

③ 像增强器与视像管的级联。

在提高摄像管质量方面，已研制出用非晶硅膜做成的摄像管靶，这种靶由透明电极、α-Si：H 膜、HgO 三层结构组成。这种管子灵敏度高，分辨率好，在整个可见光区域都有响应，而且烧伤小。另外，从结构上进行改进也可以提高像管质量，如采用二极管枪、浸渍型阴极、磁聚焦静电偏转等措施。例如，采用特殊限束孔的二极管枪，它的电子束发散角很小，当第一栅极电压在 10～25 V 时发散角为 $0.3°～0.65°$。采用这种枪的一英寸摄像管，在中心水平分辨率为 800TVL 时的振幅响应为 42%，600TVL 的振幅响应为 58%。

目前各国都在研制超小型、高性能的摄像管，以便适应小型显微镜和小型电视监视系统对摄像机的需要。目前已生产出一种超小型 1/2 英寸高性能摄像管，管径只有 14 mm，管长为 67.5 mm，采用磁聚焦、静电偏转形式。优点是灵敏度高、分辨率好。

练 习 题

6-1　简述红外变像管和像增强器的工作原理。

6-2　简述光电导型摄像管的结构和工作过程。

6-3　第三代像增强器的结构特点是什么？

6-4　真空摄像器件的 γ 值含义是什么？

6-5　试比较摄像管与视像管的异同。

第7章　固体成像器件

1969 年秋，美国贝尔实验室的 W. S. Boyle 和 G. E. Smith 受到磁泡（即圆柱形磁畴）器件的启示，提出了 CCD 的概念。CCD 是英文 charge coupled device 的缩写，中文译为"电荷耦合器件"。CCD 是在 MOS 晶体管电荷存储器的基础上发展起来的，所以有人说，CCD 是"一个多栅 MOS 晶体管，即在源与漏之间密布着许多栅极、沟道极长的 MOS 晶体管"。

随着半导体集成技术的发展，特别是 MOS 集成工艺的成熟，在 20 世纪 70 年代末已有一系列 CCD 的成熟产品出现。为了区别于真空成像器件，CCD 称为固体成像器件。固体成像器件不需要在真空玻璃壳内用靶来完成光学图像的转换，再用电子束按顺序进行扫描获得视频信号；固体成像器件本身就能完成光学图像转换、信息存储和按顺序输出（称自扫描）视频信号的全过程。

固体成像器件有两大类：一类是电荷耦合器件（charge coupled device），简称 CCD；另一类是自扫描光电二极管列阵（self-scanned photodiod array），简称 SSPD，又称 MOS 图像传感器。

固体成像器件与真空摄像器件相比，有以下优点：

① 体积小，重量轻，功耗低，耐冲击，可靠性高，寿命长；

② 无像元烧伤、扭曲，不受电磁场干扰；

③ SSPD 的光谱响应范围为 $0.25 \sim 1.1 \, \mu m$，对近红外线也敏感，CCD 也可做成红外敏感型；

④ 像元尺寸精度优于 $1 \, \mu m$，分辨率高；

⑤ 可进行非接触位移测量；

⑥ 基本上不保留残像（真空摄像管有 15%～20% 的残像）；

⑦ 视频信号与计算机接口容易。

本章介绍 CCD、SSPD 的工作原理、主要特性参数及其应用。

7.1　电荷耦合器件

7.1.1　电荷耦合器件的结构

电荷耦合器件的突出特点是以电荷作为信号，而不是以电流或电压作为信号。

电荷耦合器件是在 MOS 晶体管的基础上发展起来的，虽为 MOS 结构，但与 MOS 晶体管的工作原理不同。MOS 晶体管是利用在电极下的半导体表面形成的反型层进行工作的，而 CCD 是利用在电极下 SiO_2 - 半导体界面形成的深耗尽层（势阱）进行工作的，属于非稳态器件。

在 P 型或 N 型硅单晶的衬底上生长一层厚度为 120～150 nm 的二氧化硅（SiO₂）层，然后按一定次序沉积 n 个金属电极或多晶硅电极作为栅极，栅极间的间隙约为 2.5 μm，电极的中心距离为 15～20 μm，于是每个电极与其下方的 SiO₂ 和半导体间构成了一个金属-氧化物-半导体结构，即 MOS 结构。这种结构再加上输入、输出结构就构成了 n 位 CCD。图 7-1 就是以 P 型硅为衬底的 CCD 结构示意图。如果在 CCD 栅极上施加按一定规律变化、大小超过阈值电压的正栅极电压，则在 P 型硅表面就形成不同深浅的势阱，一方面用以存储信号电荷（又称电荷包），另一方面势阱的深浅按一定规律变化（同步于电极上施加的电压变化规律），使阱内的信号电荷沿半导体表面传输，最后从输出二极管送出视频信号。栅极下面的势阱是怎样形成的，信号电荷是怎样传输（即电荷是如何耦合）的，信号电荷又是怎样注入和输出等，下面将详细分析。

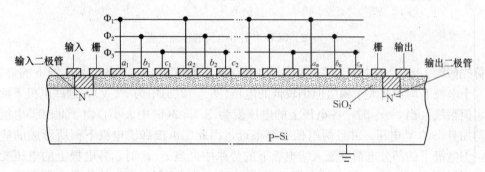

图 7-1 以 P 型硅为衬底的 CCD 结构示意图

7.1.2 电荷耦合原理与电极结构

到目前为止，只有硅电荷耦合器件趋于成熟，而且由于电子迁移率高，所以大多数 CCD 选用 P 型硅为衬底。下面以 P 型硅为衬底的 SCCD 为例，讨论 CCD 的基本工作原理。为了弄清 CCD 工作原理，必须先了解 MOS 电容器之间的耗尽层耦合。

1. 耗尽层耦合

对于两个间隔较大的 MOS 电容器来说，在两个金属栅极之间没有被金属覆盖那部分的氧化物下的表面势，一般是由氧化层上面的情况、固定氧化物电荷 Q_f 及衬底掺杂浓度等确定。因此，当两个 MOS 电容器间隔较大时，不可能使一个 MOS 电容器中存储的信息电荷转移到另一个 MOS 电容器中。但是，当两个金属栅极彼此足够靠近时，其间隔下的表面势只由两个金属栅极上的电位决定，从而就能够形成两个 MOS 电容器下面耗尽层间的耦合，使一个 MOS 电容器中存储的信号电荷转移到下一个 MOS 电容器中。因此，CCD 能否成功地工作，首先决定于金属电极的排列情况。为了找出金属栅极间的最佳间隙宽度，必须对各种尺寸的器件求解泊松方程并给出表面势作为间隙的函数曲线。一般来说，间隙宽度应小于 3 μm。

2. 电荷耦合原理

从半导体基本知识可知，当金属电极加上正电压时，接近半导体表面处的空穴被排斥，电子增多，在表面下一定范围内只留下受主离子，形成耗尽区。该区域对电子来说，是一个势能很低的区域，也称势阱。加在栅极上的电压越高，表面势越高，势阱越深；若外加电压一定，势阱深度则随势阱中电荷量的增加而线性下降。分析图 7-2 中 4 个彼此紧密排列的 MOS 电容结构，当栅极电压变化时，可知势阱及阱内的信号电荷是如何变化与传输的。

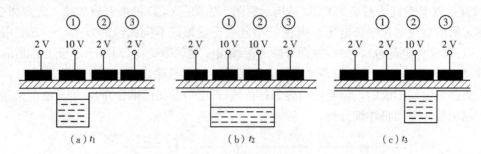

图 7-2　CCD 中信号电荷的传输过程

首先假设 $t=t_1=0$ 时，已有一些信号电荷存储在偏压为 $+10\ V$ 的①号电极下的势阱里，其他 3 个电极上均加有大于阈值但仍较低的电压(图 7-2(a)中为 $+2\ V$)，这些电极下面也有势阱，但很浅。当 $t=t_2$ 时，各电极上的电压变为图 7-2(b)中大小，由于此时①电极和②电极均加有 $+10\ V$ 电压，并且两电极靠得很近，因此①电极和②电极下面所形成的势阱就连通，①电极下的部分电荷就流入②电极下的势阱中。当 $t=t_3$ 时，各电极上的电压变成图 7-2(c)中大小，此时①电极上的电压已由 $+10\ V$ 变为 $+2\ V$，下面的势阱由深变浅，势阱内电荷全部移入②电极下的深势阱中。由上面过程可知，从 $t_1 \rightarrow t_3$，深势阱从①电极下移动到②电极下面，势阱内的电荷也向右转移(传输)了一位。如果不断地改变电极上的电压，就能使信号电荷可控地一位一位按顺序传输，这就是所谓的电荷耦合。

3. CCD 电极结构形式

从上面分析可知，CCD 中电荷的存储和传输是通过改变各电极上所加电压实现的。如果按照加在电极上的脉冲电压相数来分，电极的结构可分为二相、三相、四相等结构形式。

7.1.3　电荷耦合器件的组成及其工作原理

CCD 主要由 3 部分组成，即信号输入部分、电荷转移部分和信号输出部分。

1. 信号输入部分

信号输入部分的作用是将信号电荷引入到 CCD 的第 1 个转移栅下的势阱中。引入的方式有两种：在滤波、延迟线和存储器应用情况下用电注入的方法；在摄像应用中用光注入的方式。

1）电注入机构

主要由输入二极管 I_D 和输入栅 I_G 组成。它可以将信号电压转换为势阱中等效的电荷包，即给输入栅施加适当的电压，在其下面半导体表面形成一个耗尽层。如果这时在紧靠输入栅的第 1 个转移栅上施以更高的电压，则在它下面便形成一个更深的耗尽层。这个耗尽层就相当于一个"通道"，受输入信号调制的电荷包就会从输入二极管经过"通道"流入第 1 个转移栅下的势阱中，完成输入过程。CCD 的输入方式有场效应管（MOSFET）输入、注入二极管输入和电势平衡法输入等。

电注入电路是 CCD 器件不可缺少的电路，即使是 CCD 摄像器件，信号电荷来自光注入，也需要电注入电路实现"胖零"运行或检测。所以，所有 CCD 器件都带有输入电路。

下面简要介绍电势平衡法输入电荷的工作过程。若要从外部输入信号电荷，则要在一定时刻给输入二极管 I_D、输入栅 I_G 和紧靠输入栅的第 1 个转移栅 Φ 加上相应的电压，如图 7-3 所示。

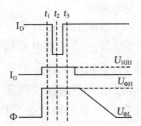

图 7-3　外部输入信号电荷时输入二极管、输入栅和第 1 个转移栅上的波形图

在 t_1 时刻，输入二极管 I_D 施加高的反向偏压，阻止输入栅 I_G 下面出现反型层，此时输入栅 I_G 和第 1 个转移栅 Φ 下面形成阶梯势阱；当 $t=t_2$ 时，在负脉冲作用下输入二极管 I_D 处于正向偏置，信号电荷通过 I_G 下面的通道流入第 1 个转移栅 Φ 下面的深势阱中；当 $t=t_3$ 时，输入二极管电位变高，处于强反偏状态，把 I_G 和 Φ 下的多余电荷抽走，直到 I_G 和 Φ 下的电位势相等为止，因此，注入的电荷量取决于 $U_{\Phi H}$ 和 U_{1GH} 相应界面电位势之差，即

$$Q_s = A_d C_{ax}(U_{\Phi H} - U_{1GH})$$

式中，A_d 为有效栅极面积，C_{ax} 为每单位栅面积下的 MOS 电容。由于输入栅的 U_{G1} 是固定的，所以 Q_s 同信号电压 U_{G2} 成正比。这样的电荷可以分为信号电荷和衬底电荷，即注入势阱中的绝对电荷量并不代表信号电荷，而电荷量的差值才是信号电荷。这里的衬底电荷相当于"胖零"电荷（"零"信号时填补势阱的电荷）。因此，通过调节这两电平值，就能控制电荷的注入量。

电势平衡注入法线性特性好、信噪比高，而且信号电荷在转移过程中，不会因界面态和电荷转移不完全造成信号失真。另外，电势平衡注入法可以消除栅注入法带来的随机噪声。

2）光注入

这是摄像器件采取的唯一的注入方法。这时输入二极管由光敏元代替。固体图像器件的光敏元主要有光电导体、MOS 二极管、PN 结光电二极管和肖特基势垒光电二极管。摄像时光照射到光敏面上，光子被光敏元吸收产生电子-空穴对，多数载流子进入耗尽区以外的衬底，然后通过接地消失；少数载流子便被收集到势阱中成为信号电荷。当输入栅开启后，第 1 个转移栅上加以时钟电压时，这些代表光信号的少数载流子就会进入到转移栅下的势阱中，完成光注入过程。在线阵 CCD 图像传感器中，光敏元常为由"S"形沟阻隔离，呈叉指状。在帧转移型面阵 CCD 图像传感器中，光敏元排列在一起成为成像区，它相当于 n 个光

敏元为 m 的线阵 CCD 图像传感器并排组成，即成像区有 $m \cdot n$ 个光敏元。在内行转移型面阵 CCD 中，光敏元和移位寄存器各单元之间一一对应，隔行排列。

2. 电荷转移部分

电荷转移部分由一串紧密排列的 MOS 电容器构成，根据电荷总是要向最小位能方向移动的原理工作的。信号电荷转移时，只要转移前方电极上的电压高，电极下的势阱深，电荷就会不断地向前运动。通常是将重复频率相同、波形相同并且彼此之间有固定相位关系的多相时钟脉冲分组依次加在 CCD 转移部分的电极上，使电极上的电压按一定规律变化，从而在半导体表面形成一系列分布不对称的势阱。

图 7-4 示出了三相时钟驱动 CCD 结构的三相时钟时序图。由图可见，在信号电荷包运行的前方总有一个较深的势阱处于等待状态，于是电荷包便沿着势阱的移动方向向前连续运动。此外，还有一种（如两相时钟驱动）是利用电极不对称方法来实现势阱分布不对称，促使电荷包向前运动的。势阱中电荷的容量由势阱的深浅决定，电荷在势阱中存储的时间，必须远小于势阱的热弛豫时间，所以 CCD 是在非平衡状态工作的一种功能器件。

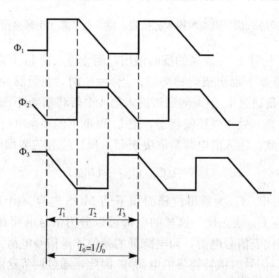

图 7-4　三相时钟驱动 CCD 结构的三相时钟时序图

3. 信号输出部分

信号输出部分由输出二极管、输出栅和输出耦合电路组成，作用是将 CCD 最后一个转移栅下势阱中的信号电荷引出。

最简单的信号输出电路是通过二极管检出，输出栅采用直流偏置；输出二极管处于反向偏置状态，到达最后一个转移栅下的电荷包通过输出栅下的“通道”，到达反向偏置的二极管并检出，从而产生一个尖峰波形，此波形受偏置电阻（R）、寄生电容（C）及电荷耦合器件工作频率的影响。图 7-5 示出了这种输出电路及输出波形。这种电路简单，但是噪声较大，很少采用。现在多采用浮置栅输出技术，它包括两个 MOS 场效应管，其中一个为复位管 T_1，另一个为读出管 T_2，并兼有输出检测和前置放大的作用，如图 7-6 所示。

浮置扩散放大器（FDA）的读出方法是一种最常用的 CCD 电荷输出方法。它可实现信号电荷与电压之间的转换，具有大的信号输出幅度(数百毫伏)，以及良好的线性和较低的输出阻抗。

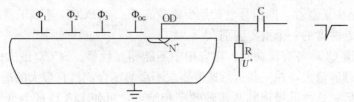

图 7-5　二极管输出电路及输出波形

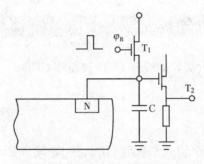

图 7-6　采用浮置栅输出技术的等效电路

CCD 的输出电路和输入电路一样重要，它们决定了整个 CCD 器件的噪声幅值。由于 CCD 是低噪声器件，因此选择和设计好 CCD 输入和输出电路，对于提高器件的信噪比和增大动态范围有着决定性的影响。

7.1.4　电荷转移沟道类型

CCD 电荷转移沟道有两种基本类型：一种是电荷包存储在半导体与绝缘体之间的界面，并沿界面传输，这类器件称为表面沟道电荷耦合器件(简称 SCCD)；另一种是电荷包存储在离半导体表面一定深度的体内，并在半导体内沿一定方向传输，这类器件称为体内沟道或埋沟道电荷耦合器件(简称 BCCD)。

表面沟道与体内沟道的转移结构和性能差别如下所述。

(1) SCCD 比 BCCD 的信号处理能力大，这是因为 BCCD 中电荷包到电极的有效距离比 SCCD 中氧化层的距离大，降低了有效电容，也降低了信号处理能力。在相近的其他条件下，SCCD 比 BCCD 的信号处理能力大一倍。

(2) BCCD 由于有较大的边缘电场和较高的载流子迁移率，大大地缩短了载流子的渡越时间，从而大大提高了 CCD 的工作频率上限，频率可达几百兆赫，比 SCCD 提高了一个数量级以上。

(3) BCCD 的转移沟道在半导体内，避免了表面态的俘获作用，而体内缺陷态密度比表面态密度低得多，因而大大提高了 CCD 的转移效率，加以"胖零"运行，BCCD 的转移损失率可达 10^{-6} 数量级。

(4) 对于二相 BCCD，电荷存储在厚栅电极下，薄栅是转移栅；而在 SCCD 中，电荷存储在薄栅电极下，厚栅是转移栅。两种运行情况刚刚相反，这主要是由于电势分布在两种运行结构中的不同而引起的。

（5）SCCD 是少子器件，即信号电荷是少数载流子；而 BCCD 是多子器件，信号电荷是多数载流子。这是两者的一个重要区别。

两种转移沟道 CCD 各有优缺点，在应用中不能相互代替。SCCD 最大的优点是制作工艺简单，信号处理容量大，在一些运行速度要求不高的场合，具有很大的适应性；BCCD 最大的优点是噪声低，这种低噪声和高传输效率相结合，可使 BCCD 成为低照度下较为理想的摄像器件。

7.2　电荷耦合器件的分类

CCD 器件按结构可分为两大类，即线阵 CCD 和面阵 CCD。

7.2.1　线阵 CCD

最简单的线阵 CCD 是由一个输入二极管（ID）、一个输入栅（IG）、一个输出栅（OG）、一个输出二极管（OD）和一系列紧密排列的 MOS 电容器构成，如图 7-7 所示。这种结构不宜作摄像用，有以下两个方面的原因：

① 电极是金属，容易蔽光，即使是换成多晶硅，由于多层结构电极系统对入射光吸收、反射和干涉比较严重，因此光强损失大，量子效率低；

② 电荷包转移期间光积分在继续进行，使输出信号产生拖影。

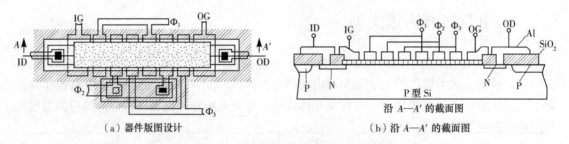

（a）器件版图设计　　　　　　　　（b）沿 A—A' 的截面图

图 7-7　最简单的线阵 CCD 结构

因为信号输出的占空因数通常很小，所以作为摄像器件则常将光敏区和转移区分开，从而构成单边传输结构和双边传输结构。

单排传输结构是光敏区通过其一侧转移栅与 CCD 移位寄存器相连，光敏元被沟阻分隔。光敏元与 CCD 转移单元一一对应，两者之间设有转移栅，移位寄存器上覆盖铝遮光，光敏区像元由光栅控制。如图 7-8 所示，在积分期间，光栅呈高电平，各光敏元下面形成积分势阱，收集光生少数载流子形成信号电荷包；积分结束时，光栅电平下降，转移栅电平升高，各光敏元的电荷包同时并行地通过转移栅向移位寄存器转移，进入电极下的势阱中，在时钟脉冲驱动下沿移位寄存器移向输出端。

当电荷包转进移位寄存器后，转移栅电平下降，光栅则上升呈高电平，光敏元进入下一个积分期。

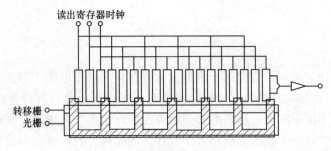

图 7 - 8　单排传输结构线阵 CCD

　　CCD 转移过程中电荷是有损失的。为了得到较好的传递性能，要求每次转移损失率必须小于 10^{-4}。一个三相 2 048 像素 CCD 移位寄存器，离输出端最远的信号电荷包，要转移 6 144 次才能到达输出端，其转移损失率高达 61%，显然这种损失就太大了。所以，单排传输结构 CCD 只适用于光敏元较少的摄像器件中，如 256 像素 CCD。

　　双排传输结构是将两列 CCD 移位寄存器平行地配置在光敏区两侧，如图 7 - 9 所示。光敏区用沟阻分割成两组，光敏元呈交错状，在光栅和转移栅的配合控制下，这两组光敏元中积累的信号电荷包在积分期结束后，分别进入左右两侧的移位寄存器，奇数像元进入一侧，偶数像元进入另一侧。

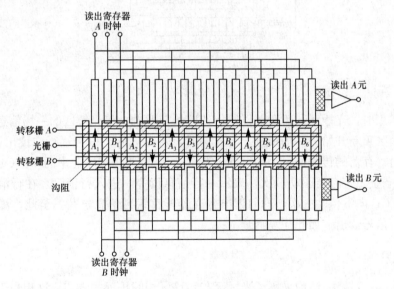

图 7 - 9　双边传输结构线阵 CCD

　　同样，光敏元的双边结构型 CCD，要比单边结构型 CCD 的转移次数少近一半，它的总转移效率也大大提高，所以一般在大于 256 像素以上的线阵 CCD 摄像器件中，均采用双排传输结构。

7.2.2　面阵 CCD

　　面阵 CCD 常见的基本类型有两种，即帧转移型（FTCCD）和行间转移型（ILTCCD），后者也叫内线转移型。

1. FTCCD

帧转移结构包括光敏区、暂存区、水平读出寄存器和读出电路 4 个部分。前 3 个部分都是 CCD 结构，其结构特征是光敏区与暂存区分开，光敏区由并行排列垂直的电荷耦合沟道组成。各沟道之间用沟阻隔离，水平电极条覆盖在各沟道上。光敏区与暂存区 CCD 的列数、位数均相同，不同之处是光敏区面积略大于暂存区的面积。读出寄存器的每一个转移单元与垂直列电荷耦合沟道一一对应，如图 7-10 所示。图中是以三相驱动为例，它比较复杂但具有代表性，暂存区和读出寄存器均用铝层覆盖，便于蔽光。

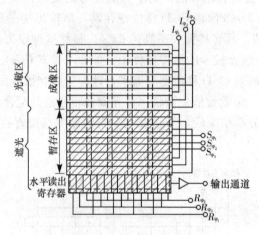

图 7-10　FTCCD 结构

当积分结束时，光敏元和暂存区以同一速度快速驱动，将光敏区的一场信息转移到暂存区，然后光敏区重新开始另一场积分。与此同时，暂存区的光信号逐行向读出寄存器转移。工作时，读出寄存器的传输速率为垂直列电荷耦合沟道 CCD 传输速率的 y 倍（y 为垂直 CCD 的个数），每当读出寄存器驱动 y 次，表示一行信息读完，进入行消隐。在行消隐期间，暂存区的垂直 CCD 向下传输一次，即向读出寄存器转移一行信息电荷。至此，读出寄存器又开始新的一行信号读出，如此往复继续下去。

2. ILTCCD

行间转移（内线转移）结构采用了光敏区与转移区相间排列的方式。这相当于将若干个单边传输的线阵 CCD 图像传感器按垂直方向并排，底部设置一个水平读出寄存器，其单元数等于垂直并排的线阵 CCD 图像传感器的个数。如图 7-11 所示，光敏元在积分期内积累的信号电荷包，在转移栅控制下水平地转移进入垂直 CCD 中，然后每帧信号以类似于帧转移结构的方式进入读出寄存器逐行读出。行间转移结构多采用二相形式，因此隔行扫描容易实现，只需让 Φ_{b1} 相和 Φ_{b2} 相分别担任奇偶场积分就可以了。

帧转移结构和行间转移结构各有其优缺点。帧转移结构简单，灵敏度高；行间转移结构适合于低光强，"拖影"小。

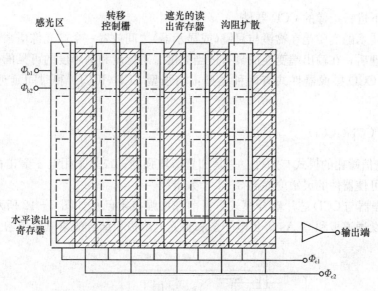

图 7 - 11　ILTCCD 行间转移结构

7.3　CCD 摄像机分类

按接收光谱分，CCD 摄像机可分为可见光 CCD、IRCCD、X 射线 CCD 和紫外光 CCD。

7.3.1　可见光 CCD

可见光 CCD 可分为黑白 CCD、彩色 CCD 和微光 CCD 三大类。

1. 彩色 CCD

CCD 问世不久，美国 RCA 公司用 3 个帧转移型 512×320 像素 CCD 片制成了第一台彩色摄像机。后经几家公司不断改进，性能不断提高，功能日益完善，体积逐步缩小，重量越来越轻。现在彩色 CCD 摄像机已是高清晰度电视行列的正式成员，以它独特的优点使电视记者们爱不释手。随着家用录像机的普及，单片彩色 CCD 摄像机市场迅速扩大，小型化、低成本、携带式单片彩色 CCD 摄像机已取代 8 mm 管式摄影机而进入千家万户。

按照电视摄像机的类型，彩色 CCD 摄像机可分为三片式、二片式和单片式 3 种类型。

下面介绍三片式结构。景物经过摄像镜头和分光系统形成红(R)、绿(G)、蓝(B)3 个基色，图像分别照射到 3 片 CCD 上。这 3 片 CCD 常采用行间转移结构，因为行间转移结构可以把光敏区和转移区分开，能有效防止模糊现象。为了提高蓝光灵敏度，使用透明电极 (SnO_2) 作为光敏区电极，转移寄存器采用 BC - CD。

2. 微光 CCD

"微光"泛指夜间或低照度下微弱的甚至能量低到不能引起人视觉的光。微光 CCD 是指能在微光条件下进行摄像的 CCD 器件。

微光摄影技术的实质是在物镜与目镜(或显示器)之间放置一个微光像增强器。通过能量转换和信号处理后,在输出端变换成具有适当亮度、对比度和清晰度的可见的目标图像。

目前微光 CCD 摄像器件共有两种类型:增强型 CCD(ICCD)和时间延迟积分型 CCD(TDICCD)。

1) 增强型 CCD(ICCD)

ICCD 提高信噪比的模式有两种:一是加置像增强器;二是采用电子轰击的方法来获得增益。二者都可使器件的灵敏度提高 3~4 个数量级。

(1) 像增强器与 CCD 芯片耦合模式。目前像增强技术已从如图 7-12 所示的第一代像增强器发展到微通道板和 GaAs 等负电子亲和势光电阴极相结合的第三代像增强器。

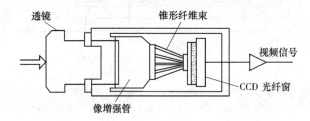

图 7-12　低照度固体微光摄像器结构

像增强器与 CCD 芯片的耦合是一种混合式结构,通常采用两级像增强。第一级采用直径为 18 mm GaAs 光电阴极,其灵敏度为 900 μA/lm,光谱响应范围为 0.6~0.9 μm,极限分辨率为 36 线对/毫米。第二级采用光电阴极为 S-20(多碱材料的光电阴极),增强后的光学图像用 2.54 mm 长的光导纤维束耦合到 CCD 芯片上。

(2) 电子轰击模式(E-BCCD)。该装置是将 CCD 作为像增强器的阳极直接放置到真空管(1.33~13.3 Pa)的成像位置,光电阴极为 S-20。其工作原理是,当入射光子打在 S-20 光电阴极上时,发射光电子,光电子被加速(10~15 keV)并聚焦在面阵 CCD 芯片上,在光敏元中产生电荷包,积分结束后电荷包转移到移位寄存器输出。

目前 E-BCCD 常用的 3 种电子-光学成像方式,如图 7-13 所示。3 种聚焦型各有优缺点,静电聚焦型得倒像,易产生枕形畸变;近贴型方法得正像,会引起强的背景辐射;磁聚焦型得正像,易引起螺旋形畸变。

E-BCCD 的缺点是,工作寿命短,因为 CCD 在 10~20 keV 的电子轰击下工作会产生辐射损伤,致使暗电流和漏电流增加,转移效率下降。如果采用背照式,情况会有所改善,但工艺步骤增加,会使成品率降低。

2) 时间延迟积分型 CCD(TDICCD)

TDICCD 不加像增强器而能在微光条件下工作。这种模式能增强每场光积分时间,也等效于增大了光积分面积,从而提高了信噪比。以这种模式工作的 CCD 常在低温(如-40 ℃以下)下工作,这样可以大幅度地降低暗电流。若采用背照式减薄帧转移 CCD,摄像性能会更佳。因为背照式减薄(几十微米)克服了正照多晶硅电极及一些不必要的吸收,使光照

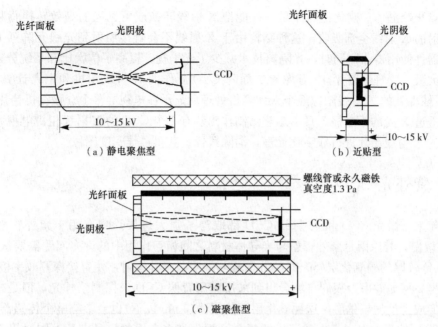

（a）静电聚焦型　　　（b）近贴型

（c）磁聚焦型

图 7 - 13　E-BCCD 常见的 3 种电子-光学成像方式

CCD 的量子效率从正照的 25％提高到背照的 90％以上；同时紫外特性也有所改善。TDI 背照减薄工作模式的灵敏度高（可提高 100 倍），噪声低，适用于目标与摄像机之间存在移动的场合。特别适用于空中侦察和海上潜望场合，所以备受军界重视。

美国仙童公司为海军研制的 128×128 像素微光 TDICCD 摄像机，用在潜艇的潜望镜上，在星光下非常清楚地看到 4 海里外的舰船。

微光 CCD 摄像机最大的不足就是不能全天候工作，因为它在阴雨、浓雾、硝烟等条件下应用受到很大的限制。

7.3.2　IRCCD

20 世纪 70 年代以来，研制成多种红外探测器二维阵列，把被测图像成像于二维阵列上，并转换成电子图像，借助于电子自扫描技术以视频信号输出。用红外探测器阵列代替可见光 CCD 的光敏元部分，就构成焦平面红外阵列（IRCCD）。根据敏感材料的不同，常用的红外焦平面阵列有 PbS 和 PbSe 阵列、PtSi 阵列、InSb 阵列、HgCdTe 阵列、GaAs/ALGaAs 阵列、掺杂硅阵列和热释电探测器阵列等几种。

7.3.3　X 射线 CCD

对于 X 射线的探测，人们越来越寄托于 CCD。因为 CCD 对 X 射线的感光度比 X 射线胶片要高 200～1 000 倍，即便是非常微弱的 X 射线图像也能拍摄到。

目前 X 射线 CCD 器件有两类：一类是直接用 CCD 相机拍摄 X 射线图像（主要指的是微光 CCD 相机摄取软 X 射线目标图像）；另一类是用转换材料，即在每个光敏元上装置有带隔离层的碘化铯晶体。碘化铯晶体是一种能把 X 射线转换成可见光的高效转换材料，它几乎能把照射的 X 射线全部吸收。这种结构由于 X 射线不会直接照射到光敏元阵列上，因而可以延长器件使用寿命；同时，光隔离技术减少了光干扰，提高了信噪比和系统分辨力。

日本大阪大学理学院用 19 万像素的面阵 CCD 制作的 X 射线相机和个人计算机相连，将 CCD 所捕捉到的 X 射线图像经个人计算机处理后显示在电视屏幕上。该相机使用的 CCD 电极是能透过 X 光的铝电极。日本东芝已制作出装有 5 个 CCD 的 X 射线相机电视系统，能对摄像机的 X 射线照片进行数字化处理，消除残像，获得最佳密度图像。

7.3.4　紫外光 CCD

近几年来，微光 CCD 和 X 射线 CCD 都取得了很大进展，唯有用于紫外辐射波段的 CCD 进展缓慢，其原因是紫外辐射与半导体材料之间相互作用中的许多问题需要认真解决，如正面 CCD 较厚的栅氧化层(50～120 nm)强烈地吸收紫外辐射，使直接探测效率极低。

为了提高探测效率，人们自然会想到采用减薄背照 CCD 来探测紫外光，但是减薄后的硅表面会形成天然的氧化层，这种氧化层即使很薄(5 nm 以下)也会影响整个传感器的性能，因为 $Si\text{-}SiO_2$ 的界面态对光生载流子的复合会损失许多有用的信号电荷；同时界面态俘获和释放电荷的过程还会影响期间的稳定性。解决的办法，一是采用各种"背堆积"(back accumulation)技术减小界面态作用；二是涂覆某些荧光物质，如六苯并苯(coroneoe)把紫外光转换成 0.5 μm 附近的荧光，利用硅 CCD 的吸收，并起抗反射涂层的作用。也有人认为采用水杨酸钠和红宝石混合物更好，因为水杨酸钠荧光区为 0.4～0.5 μm，正好是红宝石的吸收带，而红宝石的强荧光区为 0.60～0.77 μm，这接近硅的响应峰值。目前紫外光 CCD 还在开发之中。

7.4　CCD 的性能参数

7.4.1　电荷转移效率和转移损失率

电荷转移效率是表征 CCD 器件性能好坏的一个重要参数。设原有的信号电荷量为 Q_0，转移到下一个电极下的信号电荷量为 Q_1，其比值

$$\eta = \frac{Q_1}{Q_0} \times 100\% \tag{7-1}$$

称为转移效率。而没有被转移的电荷量 Q' 与原信号电荷 Q_0 之比，即

$$\varepsilon = \frac{Q'}{Q_0} \tag{7-2}$$

称为转移损失率。显然

$$\eta + \varepsilon = 1 \tag{7-3}$$

当信号电荷转移 n 个电极后的电荷量为 Q_n 时，总转移效率为

$$\frac{Q_n}{Q_0} = \eta^n = (1-\varepsilon)^n \approx e^{-n\varepsilon} \tag{7-4}$$

对于一个二相 CCD 移位寄存器，若移动 m 位，则 $n=2m$。如果 $\eta=0.999$，$m=512$，最后输出的电荷量将为初始电荷量的 36%，可见信号衰减比较严重；当 $\eta=0.9999$ 时，此时 $Q_n/Q_0 \approx 0.9$，所以若要保证总效率在 90% 以上，要求转移效率必须达 0.9999 以上。一个 CCD 器件如果总转移效率太低，就失去其实用价值。

影响转移效率的因素很多，如自感应电场、热扩散、边缘电场、电荷、表面态、体内陷阱的相互作用等，其中最主要因素还是表面态对信号电荷的俘获。为此采用"胖零"工作模式，所谓"胖零"工作模式，就是让"零"信号也有一定的电荷来填补陷阱，这就能提高转移效率和速率。

7.4.2　光谱响应率和干涉效应

CCID 受光照的方式有正面受光和背面受光两种。背面光照的光谱响应曲线与光电二极管相似，如图 7-14 中曲线 2 所示。如果在背面镀以增透膜，会减少反射损失而使响应率有所提高，如图 7-14 中曲线 3 所示。正面照射时，由于 CCID 的正面布置着很多电极，光线被电极多次反射和散射，一方面使响应率减低，另一方面多次反射产生的干涉效应使光谱响应曲线出现起伏，如图 7-14 中曲线 1 所示。为了减小在短波方向多晶硅的吸收，用 SnO_2 薄膜代替多晶硅薄膜作电极，可以减小起伏幅度。

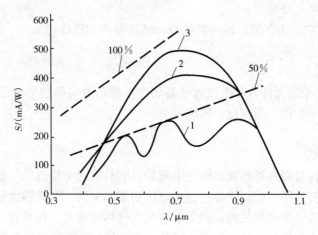

图 7-14　光谱响应曲线

7.4.3　分辨率和调制传递函数

CCD 由很多分立的光敏单元组成，根据奈奎斯特定律，它的极限分辨率为空间采样频率的一半，如果某一方向上的像元间距为 p，则在此方向上像元的空间频率为 $(1/p)$ lp/mm，其极限分辨率将小于 $(1/2p)$ lp/mm。如果用 TVL(电视线)来表示，在某一方向的像元个数就是极限 TVL 数，显然 TVL 数的一半与 CCD 光敏面高度尺寸的比值就是相对应的线对/毫米数。

若用调制传递函数(MTF)来评价 CCD 的图像传递特性，则 CCD 的总 MTF 取决于器件结构（像元宽度、间距）所决定的几何 MTF_1、载流子横向扩散衰减决定的 MTF_D 和转移效率决定的 MTF_T，总 MTF 是这三者的乘积，并且总 MTF 随空间频率的提高而下降。

7.4.4　动态范围

动态范围表征器件能在多大照度范围内正常工作。CCD 最小照度受噪声限制，最大照度受电荷处理容量的限制。一般定义动态范围是输出饱和电压和暗场时噪声的峰值电压之比。一个好的 CCD 器件，其动态范围可达 $1\,000 \sim 5\,000$。增大动态范围的途径是降低暗电流值，特别是控制暗电流尖锋，不均匀的暗电流及尖峰都会构成图像噪声，从而影响像质，也影响动态范围。

7.4.5　暗电流和噪声

暗电流是指在既无光注入，又无电注入情况下输出的电流。暗电流主要来源有 3 个，即半导体衬底的热激发、耗尽区里产生 - 复合中心的热激发和耗尽区边缘的少子热扩散，其中耗尽区内产生 - 复合中心的热激发是主要的。由于 CCD 各单元的暗电流大小不一致，当信号电荷转移时，暗电流的加入会引起噪声或干扰。

暗电流不仅会引起附加的散粒噪声，而且还会不断地占据势阱容量。同时，工作时光敏区的暗电流形成一个暗信号图像，叠加到光信号图像上，引起固定图像噪声。因此在制作中应尽量完善工艺以降低暗电流。

CCD 的噪声可归纳为 3 类，即散粒噪声、转移噪声和热噪声。

1. 散粒噪声

在 CCD 中，无论是光注入、电注入还是热产生的信号电荷包的电子数总有一定的不确定性，也就是围绕平均值上下变化，形成噪声。

2. 转移噪声

转移噪声是由转移损失及界面态俘获引起的。它具有两个特点，一是积累性，另一个是相关性。积累性指转移噪声是在转移过程中逐次积累起来的，与转移次数成正比；相关性是指相邻电荷包的转移噪声是相关的。因为电荷包在转移过程中，每当有一份 ΔQ 电荷转移到下一个势阱时，必然在原来势阱中留下一减量 ΔQ 电荷，这部分减量电荷叠加到下一个电荷包中，所以电荷包每次转移要引进两份噪声。这两份噪声分别与前、后相邻周期的电荷包的转移噪声是相关的。

3. 热噪声

热噪声是由于固体中载流子的无规则运动引起的，所有有温度的半导体，无论其中有无外加电流流过，都有热噪声。这里指的是信号电荷注入及输出时引起的噪声，它相当于电阻热噪声和电容的总宽带噪声之和。

上述所讨论的 3 种噪声，它们的源是独立无关的，所以 CCD 的总噪声功率应是它们的均方和。

7.5　自扫描光电二极管阵列

7.5.1　光电二极管阵列的结构形式和工作原理

1. 光电二极管阵列的结构形式

光电二极管有两种阵列形式。一种是普通光电二极管阵列，它是将 N 个光电二极管同时集成在一个硅片上，将其中的一端（N 端）连接在一起，另一端各自单独引出。这种器件的工作原理及特性与分立光电二极管完全相同，像元数只有几十位，通常也称它们为连续工作方式。另一种就是自扫描光电二极管阵列 SSPD，它在器件的内部还集成了数字移位寄存器等电路，工作在电荷存储方式。

2. 光电二极管阵列的工作原理

1）连续工作方式

图 7-15 所示是光电二极管的连续工作方式，当一束光照到光电二极管的光敏面上时，光电流为

$$I_{\mathrm{p}} = \frac{\eta q}{h\nu} AE \tag{7-5}$$

式中：η——光电二极管的量子效率；

　　　ν——入射光的频率；

　　　A——光电二极管光敏区面积；

　　　E——入射光的照度。

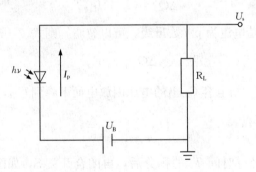

图 7-15　光电二极管的连续工作方式

由式(7-5)可见，光电二极管的光电流与入射光的照度和光敏区面积成正比。光一直照下去，负载上的电压一直有输出。但是因光电二极管的面积很小，输出光电流是很微弱的。要读取图像信号，就要采用放大倍数非常高的放大器。此外，采用上述的连续工作方式，N 位图像传感器至少应有 $N+1$ 根信号引出线，且布线上也有一定的困难，所以连续工作方式

一般只用于 64 位以下的光电二极管阵列中。在自扫描光电二极管阵列中，则采用电荷存储工作方式，它可以获得较高的增益，并克服布线上的困难。

2) 电荷存储工作方式

光电二极管电荷存储工作方式的原理如图 7-16 所示。图 7-16 中，VD 为理想的光电二极管，C_d 为等效结电容，U_c 为二极管的反向偏置电源（一般为几伏），R_L 为等效负载电阻。光电二极管电荷存储工作过程分以下几个步骤。

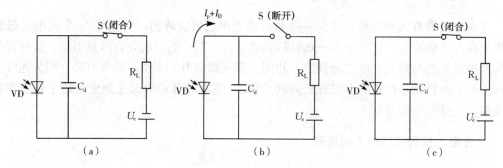

图 7-16　光电二极管电荷存储工作方式的原理图

(1) 准备过程。闭合开关 S，如图 7-16(a)。电源 U_c 通过负载电阻 R_L 向光电二极管的结电容 C_d 充电，充电达到稳定后，PN 结上的电压基本上为电源电压 U_c。此时结电容 C_d 上的电荷为

$$Q = C_d U_c \tag{7-6}$$

(2) 曝光过程。打开开关 S，让光照在光电二极管上，如图 7-16(b)所示。由于光电流和暗电流的存在，结电容 C_d 将缓慢放电。若 K 断开的时间为 T_s（电荷积分时间），那么在曝光过程 C_d 上所释放的电荷为

$$\Delta Q = (I_p + I_D) T_s \tag{7-7}$$

室温下，光电二极管的暗电流为 pA 数量级，可以忽略。则式(7-7)即为

$$\Delta Q = \bar{I}_p T_s \tag{7-8}$$

式中，$\bar{I}_p$ 为平均光电流。结电容 C_d 上的电压因放电而下降到 U_{cd}，它的值为

$$U_{cd} = U_c - \frac{\Delta Q}{C_d} \tag{7-9}$$

(3) 再充电过程。经过时间 T_s 的积分后，再闭合开关 S，如图 7-16(c)所示。结电容 C_d 再充电，直到 C_d 上的电压达到 U_c。显然，补充的电荷等于曝光过程中 C_d 上所释放的电荷。再充电电流在电阻 R_L 上的压降 U_R 就是输出的信号。输出的峰值电压为

$$U_{R,max} = U_c - U_{cd} = \frac{\Delta Q}{C_d} \tag{7-10}$$

将式(7-8)代入式(7-10)，则

$$U_{\mathrm{R,max}} = \frac{\overline{I}_{\mathrm{p}}T_{\mathrm{s}}}{C_{\mathrm{d}}} = \frac{S_{\mathrm{p}}\overline{E}T_{\mathrm{s}}}{C_{\mathrm{d}}} \qquad (7-11)$$

式中，$\overline{E}$ 为平均照度。

上述过程表明，光电流信号的存储是在第(2)步中完成的。输出信号是在第(3)步再充电过程中取出的。若重复(2)、(3)两步，就能不断地从负载上获得光电输出信号，从而使列阵中的光电二极管能连续地工作。与连续工作方式相比，在电荷存储工作方式下负载电阻上的输出光电流为

$$I_0 = \frac{U_{\mathrm{R,max}}}{R_{\mathrm{L}}} = \frac{I_{\mathrm{p}}T_{\mathrm{s}}}{R_{\mathrm{L}}C_{\mathrm{d}}} = I_{\mathrm{p}}\frac{T_{\mathrm{s}}}{\tau} \qquad (7-12)$$

式中，$\tau = R_{\mathrm{L}} \cdot C_{\mathrm{d}}$ 为电路的时间常数。定义增益

$$G = \frac{I_0}{I_{\mathrm{p}}} = \frac{T_{\mathrm{s}}}{\tau} \qquad (7-13)$$

从式(7-13)可见，电荷存储工作方式下的输出信号比连续工作方式下的信号大得多。在实际的 SSPD 器件中，一般由 MOS 场效应晶体管(FET)控制光电二极管的电荷积分及再充电过程。如图 7-17 所示，在场效应管 T 的栅极上加一控制信号 e，当 e 为负电平时，管子 T 导通，起到开关 S 闭合的作用；当 e 为"0"电平时，T 截止，相当于开关 S 断开。图 7-18 是 SSPD 器件内部单元的结构图。

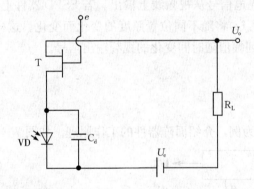

图 7-17　电荷存储光电二极管

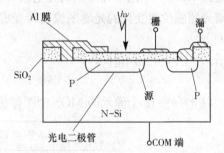

图 7-18　SSPD 器件内部单元的结构图

7.5.2　SSPD 线阵

自扫描光电二极管阵列根据像元的排列方式不同，可分成线阵和面阵。线阵主要用于一维图像信号的测量，如光谱测量、衍射光强分布测量、机器视觉检测等；面阵能直接测量二维图像信号。

如图 7-19 所示，SSPD 线阵主要由以下三部分组成。

(1) N 位完全相同的光电二极管列阵。用半导体集成技术把 N 个光电二极管等间距地排列成一条直线，故称为线阵。这些二极管上的电容 C_{d} 相同，它们的 N(负)端连在一起，组成公共端 COM。

(2) N 个多路开关。由 N 个 MOS 场效应管 $VT_1 \sim VT_N$ 组成，每个管子的源极分别与

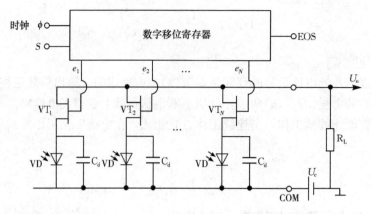

图 7-19 SSPD 线阵(N 位)电路原理图

对应的光电二极管 p(正)端相连。而所有的漏极连在一起，组成视频输出线 U_o。

（3）N 位数字移位寄存器。它提供 N 路扫描控制信号 $e_1 \sim e_N$（负脉冲）。每路输出信号与对应的 MOS 场效应管的栅极相连。

SSPD 线阵的工作过程如下所述。给数字移位寄存器加上时钟信号 ϕ（实际 SSPD 器件的时钟有二相、三相、四相和六相等），当用一个周期性的起始脉冲 S 引导每次扫描开始，移位寄存器就产生依次延迟一拍的采样扫描信号 $e_1 \sim e_N$，使多路开关 $VT_1 \sim VT_N$ 按顺序依次闭合、断开，从而把 $1 \sim N$ 位光电二极管上的光电信号从视频线上输出。若 SSPD 器件上的照度为 $E(x)$，不同单元输出的光电信号幅度 $U_o(t)$ 将随不同位置照度的变化而变化。这样，一幅光照随位置变化的光学图像就转变成了一列幅值随时间变化的视频输出信号。

7.5.3　SSPD 面阵

以 $3 \times 4 = 12$ 个像元的 MOS 型图像传感器为例，介绍面阵器件的工作原理。如图 7-20

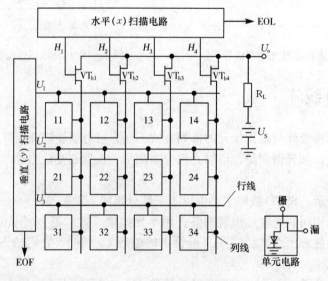

图 7-20　MOS 型面阵框图

所示，SSPD 面阵由光电二极管阵列、水平扫描电路、垂直扫描电路及多路开关 4 部分组成。右下角是每一像素的单元电路；水平扫描电路输出的 $H_1 \sim H_4$ 扫描信号控制 MOS 开关 $VT_{h1} \sim VT_{h4}$；垂直扫描电路输出的 $U_1 \sim U_3$ 信号控制每一像素内的 MOS 开关的栅极，从而把按二维空间分布照射在面阵上的光强信息转变为相应的电信号，从视频线 U_o 上串行输出。这种工作方式又称为 XY 寻址方式，其工作原理和线阵完全相同。

7.5.4　SSPD 的主要特性参数

1. 光电特性

SSPD 器件的输出电荷 ΔQ 正比于曝光量（曝光量 $H = E \cdot T_s$）。如图 7-21 所示，当曝光量达到某一值 H_s 后，输出电荷就达到最大值 Q_s。H_s 称为饱和曝光量，而 Q_s 为饱和电荷。若器件最小允许起始脉冲周期为 $T_{s,\min}$（由多路扫描频率决定），那么对应的照度 $E_s = H_s / T_{s,\min}$ 称为饱和照度。

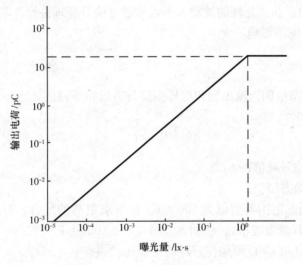

图 7-21　光电输出特性

SSPD 器件一般有 3～6 个数量级的线性工作范围。

2. 暗电流

SSPD 器件的暗电流主要由积分暗电流、开关噪声、热噪声组成。

SSPD 器件工作时的积分时间较长，所以暗电流不能忽视，温度每升高 7 ℃，暗电流约增加 1 倍，因此随着器件温度升高，最大允许的积分时间将缩短。降低器件的工作温度（如采用液氮制冷），可使积分时间大大延长（几分钟乃至几小时），这样便可探测非常微弱的光强信号。图 7-22 是 RL-S 系列线阵 SSPD 的暗电流-温度特性。

SSPD 器件的开关噪声比较大。但开关噪声大部分是周期性的，可以用特殊的电荷积分和采样保持电路加以消除；剩下的是暗信号中的非周期性固定图形噪声，其典型值一般小于饱和电平的 1%。

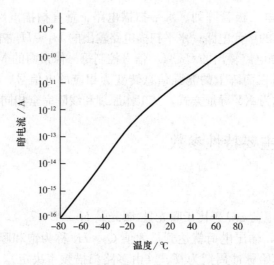

图 7-22　RL-S 系列线阵 SSPD 的暗电流-温度特性

热噪声是随机的、非重复性的波动，不容易通过信号处理去掉，其典型幅值为饱和电平的 0.1%，对大多数应用影响不大。

3. 动态范围

SSPD 器件的动态范围为输出饱和信号幅值与暗场噪声幅值之比。

$$DR = \frac{U_{os}}{U_N} \qquad (7-14)$$

式中：U_{os}——饱和信号峰值；

$\quad\quad U_N$——噪声暗态峰值。

一般情况下，动态范围典型值为 100：1。在要求很高的场合，可通过给 SSPD 线阵每个二极管附加电容器(漏电很小)，使动态范围高达 10 000：1。

表 7-1 是 SSPD 与 CCD 图像传感器的性能比较表。

表 7-1　SSPD 与 CCD 图像传感器的性能比较

性　能	SSPD	CCD
光敏单元	反向偏置的光电二极管	透明电极(多晶硅)上电压感应的表面耗尽层
信号读出控制方式	数字移位寄存器	CCD模拟移位寄存器
光谱特性	具有光电二极管特性，量子效率高，光谱响应范围宽 200～1 000 nm	由于表面多层结构，反射、吸收损失大，干涉效应明显，光谱响应特性差，出现多个峰谷
短波响应	扩散型二极管具有较高的蓝光和紫外响应	蓝光响应低
输出信号噪声	开关噪声大，视频线输出电容大，信号衰减大	信号读出噪声低，输出电容小
图像质量	每位信号独立输出，相互干扰小，图像失真小	信号逐位转移输出，转移电荷损失，引起图像失真大
驱动电路	简单	对时序要求严格，比较复杂
形状	灵活，可制成环形、扇形等特殊形状的列阵	各单元要求形状、结构一致
成本	较高	易于集成，成本低

7.5.5 SSPD 器件的信号读出及放大电路

信号输出放大电路通常分为两种类型。

(1) 电流放大输出，输出电路如图 7-23 所示。输出信号为尖脉冲，优点是电路简单，工作速度高(可达 10 MHz)。

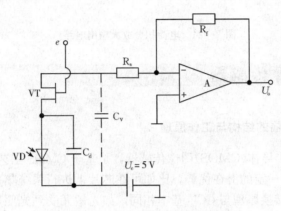

图 7-23 电流放大输出电路原理图

加在视频线公共端 COM 上的偏压 U_c 一般为 +5 V。当扫描信号 e 使 MOS 开关管 VT 导通时，结电容 C_d 开始充电，充电时间常数为 $R_{sw} C_d$(R_{sw} 为开关的导通电阻)。若充电电流为 I_0(比较理想的情况下)，则可得到输出电压为

$$U_o = I_0 \cdot R_f \qquad (7-15)$$

为限制放大器的噪声频带和减少开关噪声，在列阵的输出端和放大器之间串接电阻 R_s。实际中由于视频线电容 C_v 的存在，当开关管 VT 闭合时，C_v 开始也会给结电容 C_d 充电，然后再由外部电源通过 R_s 充电，充电的时间常数为 $R_s C_v$，一般比 C_d 的充电时间常数大得多，所以串联 R_s 会使信号读出速度降低。为既能减少开关噪声又不影响读出速度，R_s 应在给定最高工作频率 f_s 下，使视频脉冲波形恰好能恢复到基线。

(2) 电荷积分放大输出，输出电路如图 7-24 (a) 所示。输出信号为箱形波，优点是信号的开关噪声小，动态范围宽，扫描频率中等(2 MHz)以下。

工作过程如下：当 MOS 开关管 VT$_1$ 导通、VT$_2$ 截止时，输出端通过放大器对结电容 C_d 充电，此时，放器的输出电压为

$$U_o = \frac{1}{C_f} \int_0^{T_s} I_0(t) \mathrm{d}t = \frac{C_d}{C_f} U_d \qquad (7-16)$$

式中，C_f 为反馈电容，U_d 为结电容 C_d 两端的电压。由于开关噪声是周期性的正负脉冲，因此在积分过程中它的影响被削弱。复位脉冲 R 在下一个视频脉冲信号输出之前，使放大器复位到初始状态。各信号如图 7-24(b)所示。由于积分及复位电路响应的限制，这种输出方式的信号读出速度不会很高。其主要优点是信噪比高，动态范围宽，适用于高精度光辐射测量场合。

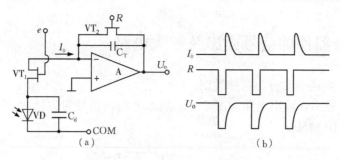

图 7-24　电荷积分放大输出电路

7.6　CMOS 图像传感器

1. CMOS 图像传感器的结构与工作原理

互补金属-氧化物-半导体(CMOS)图像传感器,是基于 CMOS 工艺的一种图像传感器,较 CCD 图像传感器具有一定的潜在优势,比如可在芯片上进行系统集成、随机读取和低功耗、低成本等,其光电转换原理与 CCD 基本相同,如光敏元受到光照后产生光生电子,但其信号的读出方法与 CCD 不同,每个 CMOS 像素单元都有自己的缓冲放大器,而且能被单独选址和读出。当前低端的数码相机和摄像机已普遍采用不同规格的 CMOS 图像传感器。事实上,鉴于 CMOS 图像传感器的潜在竞争力,CCD 图像传感器已出现"中年危机"。

图 7-25 给出了由一个光敏二极管和一个 MOS 晶体管组成的相当于一个像元的原理图,在光积分期间 MOS 晶体管截止,光敏二极管随着入射光的强弱产生对应的载流子并存储在 MOS 晶体管源极的 PN 结区。积分期结束时,加在 MOS 晶体管栅极上的扫描脉冲,使其导通,这时光电二极管将复位到参考电位,并使视频电流通过负载,其大小与入射光强对应。

一个 CMOS 像元结构如图 7-26 所示。从图可知,MOS 晶体管源级的 PN 结起光电变换和载流子存储的作用,当栅极上出现脉冲信号时,视频信号被读出。

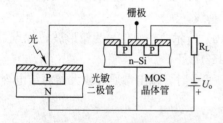

图 7-25　CMOS 像元原理图

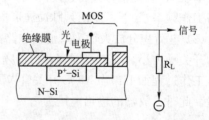

图 7-26　CMOS 像元结构示意图

如图 7-27 所示,是将上述的多个像元集成在一起构成的自扫描 CMOS 一维图像传感器的基本电路。它由光电二极管阵列和对其寻址的 MOS 场效应管组成,MOS 场效应管的栅极连接到移位寄存器的各级输出端上。在这种情况下,光电二极管使起开关作用的 MOS 场效应管的源浮置。为说明这种 CMOS 一维图像传感器的工作过程,考察图中的开关管 S_2 对应的光电二极管 D_2,当 S_2 导通时,反偏置的 D_2 的结电容 C_d(图 7-27 中未画出)开始充电至饱和。经过一个时钟周期后 S_2 断开,与之对应的 D_2 的正端浮置。在这种状态下如果无光照射到 D_2 上,那么在下一个扫描周期中,即使 S_2 导通也不会有充电电流通过。但若这时有

光照射 D_2，将会产生电子–空穴对，在 D_2 中将会有放电电流通过，D_2 的结电容 C_d 中存储的电荷也将随着入射光能量的变化而成比例地减少。假设 CMOS 器件上的照度为 $E(x)$，不同单元输出的信号幅度 $U_o(t)$ 将随不同位置照度的变化而变化。这样，一幅光照随位置变化的光学图像就转变成了一列幅值随时间变化的视频信号。

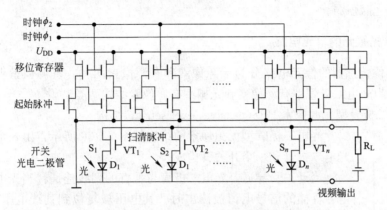

图 7 - 27　CMOS 一维图像传感器

由于 MOS 场效应管栅–漏电容和加扫描（或时钟）的母线与视频输出线之间存在寄生电容，将会使输出信号中混有尖峰噪声。采用邻位相关法可以抑制该噪声。所谓邻位相关法，是指在某一光电二极管被读出的同时，相邻一个已被读完的光电二极管再一次被读出，由于再一次被读出的只是噪声，与前者读出的信号相抵消就消除了噪声。需要注意的是，对应一个光电二极管需要两个 MOS 场效应管作开关，另外由于噪声的限制，这种器件不适合在高速扫描情况下工作。

2. CMOS 图像传感器阵列

CMOS 图像传感器的原理框图如图 7 - 28 所示，其光敏元阵列如图 7 - 29 所示。它由水平移位寄存器、垂直移位寄存器和 CMOS 光敏元阵列等组成。各 MOS 晶体管在水平和垂直扫描电路脉冲的驱动下起开关作用。水平移位寄存器从左至右顺序地接通起水平扫描作用的 MOS 晶体管（起寻址列的作用）；垂直移位寄存器顺序地寻址阵列的各行。每个像元由光敏

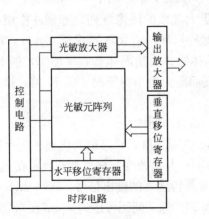

图 7 - 28　CMOS 器件原理框图

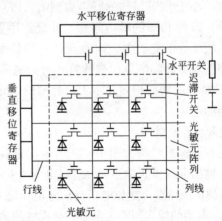

图 7 - 29　CMOS 光敏元阵列

元和起垂直开关作用的 MOS 晶体管组成，在水平移位寄存器产生脉冲的作用下顺序地接通水平开关；在垂直移位寄存器产生脉冲的作用下接通迟滞开关。于是顺序地给像元的光敏元接上参考电压(即偏压)。被光照的光敏元产生的载流子使结电容放电，这就是信号的积累过程。而上述接通偏压的过程同时也是信号的读出过程。在负载上形成的视频信号大小正比于该光敏元上的光照强弱。

3. CMOS 光敏元的单元电路

CMOS 图像传感器的像元电路分为无源像素和有源像素两类。有源像素引入一个有源放大器，又分为光电二极管型有源像素和光栅型有源像素结构两类。

（1）光电二极管型无源像素 PPS(passive pixel sensor)结构

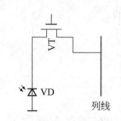

光电二极管型无源像素的结构如图 7-30 所示，由一个反向偏置的光电二极管和一个开关管构成。

当开关管导通时光电二极管与垂直的列线连通。当光电二极管的结电容存储的信号电荷被读出时，其电压被复位到列线电压水平；同时，与光信号成正比的电荷由电荷积分放大器转换为电压输出(见图 7-24)。PPS 结构可以设计成很小的像元尺寸，它的结构简单，填充系数高(有

图 7-30　光电二极管型无源像素的结构

效光敏面积和单位面积之比)。由于填充系数大及没有覆盖一层类似于在 CCD 中的硅栅层(多层硅叠层)，因此量子效率很高。

PPS 结构的致命弱点是，由于传输线电容较大而读出噪声较高，主要是固定噪声(fixed-pattern noise，FPN)大，比商用型 CCD 的噪声大一个数量级。另外，PPS 结构不利于向大型阵列发展，没有较快的像素读出率，这是因为这两种情况都会增加线容，若要更快地读出就会导致更高的噪声。为解决 PPS 的噪声问题，可以通过在芯片上集成模拟信号处理和用双关取样电路的列并行微分结构来消除寄生电流的影响。

（2）光电二极管型有源像素 PD-APS(active pixel sensor)结构

光电二极管型有源像素结构如图 7-31 所示，它由一个光电二极管和三个晶体管组成。因为每个晶体管只在读出期间被激发，故有源像素 CMOS 图像传感器的功耗比 CCD 小。PD-APS 结构由于光敏面没有覆盖多晶硅叠层，因而其量子效率很高，它的读出噪声受复位噪声限制，小于 PPS 结构的噪声典型值。PD-APS 结构至少用一个晶体管，实现信号的放大和缓冲，改善 PPS 的噪声问题，并允许用更大规模的图像阵列。起缓冲作用的源跟随器可加快总线电容的充放电，因而允许总线长度的增加，增大阵列规模。另外，PD-APS 结构还有控制积分时间的复位晶体管和行选通晶体管。虽然晶体管数量增多，但 PD-APS 结构和 PPS 结构的功耗相差并不大。典型的像元间距为最小特征尺寸的 15 倍，适应于大多数中低性能的应用。

（3）光栅型有源像素 PG-APS(active pixel sensor)结构

光栅型有源像素结构如图 7-32 所示，它具有 CCD 和 XY 寻址的优点。光生电荷积分在光栅下，输出前浮置扩散点 A 复位(电压为 U_{DD})，其后改变光栅脉冲，收集在光栅下的信号电荷转移到扩散结点。复位电压与信号电压之差是传感器的输出信号。PG-APS 结构采用 5 个晶体管，典型的像元间距为最小特征尺寸的 20 倍。像元间距可达到 5 μm(在 0.25 μm 工艺条件下)，读出噪声比 PD-APS 结构小一个数量级。

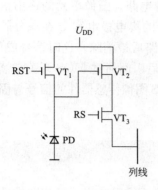

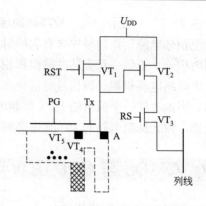

RST—复位；RS—行开关

图 7-31　光电二极管型有源像素结构

RST—复位；RS—行开关

图 7-32　光栅型有源像素结构

有源像素图像传感器通常比无源像素图像传感器有读出噪声低、读出速度高和能在大的阵列中工作的诸多优点。但是由于像素和晶体管数量的增多，使阈值匹配和增益的一致性变差，产生了固定噪声，同时填充系数也变小（20%～30%）。通过采用 CCD 的微透镜技术，可提高填充系数为原来的 2～3 倍；通过采用相关双取样 CDS(correlated double sampling)方法，消除像素中的部分固定噪声和相关的瞬态噪声。

4. 固定图像噪声(FPN)消除电路

CMOS 像元与水平扫描电路构成的单元的等效电路如图 7-33(a)所示。图中，C_V 为场信号传输线的电容，C_H 为行信号传输线的电容，C_G 为 MOS 开关的驱动脉冲电容，C_{GD} 为行 MOS 开关驱动脉冲与偏置间的电容。

当水平移位寄存器发出脉冲，驱动水平方向各 MOS 开关工作时，电容 C_{CD} 被充放电。如图 7-33(b)所示，是水平移位寄存器产生的尖峰脉冲。信号的成分比尖峰脉冲小时，其包络线的变化即为固定图像噪声，在图像的垂直方向上出现竖条干扰。

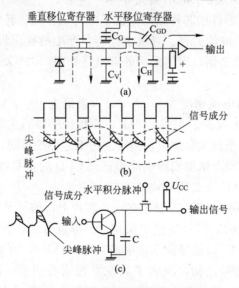

图 7-33　固定图像噪声消除电路

图 7-33(c)所示，是一种抑制固定图像噪声的积分电路。图像单元的输出信号经预放后送至积分电路。该信号中含有尖峰脉冲成分，晶体管的集电极电容 C 在积分脉冲的一个周期内积分，正负一对尖脉冲的面积相等，通过积分电路后被消除。这时信号成分的电荷，只有集电结电容积累。该信号电荷是在行积分脉冲的最后瞬间通过 MOS 开关被读出。实践证明，附加这样一个简单的 FPN 抑制电路，可使 CMOS 图像传感器件的信号与固定图像噪声之比，由无抑制电路的 46 dB 提高到 68 dB。

7.7 CMOS 与 CCD 图像传感器比较

CMOS 与 CCD 图像传感器相比，具有功耗低、摄像系统尺寸小，可将图像处理电路与 MOS 图像传感器集成在一个芯片上等优点，其缺点是图像质量（尤其是环境亮度低时）与灵活性（构建不同摄像系统的能力）要比 CCD 低。

由于具有上述特点，CMOS 图像传感器适合于要求小尺寸、低价格、摄像质量无过高要求的大规模批量生产，如微小型相机（保安用）、手机、计算机网络视频会议系统、无线手持式视频会议系统、条码扫描器、传真机以及玩具和生物显微镜等大量商用领域。CCD 与 CMOS 图像传感器相比，具有较好的图像质量和灵活性，在高端摄像技术应用领域，如天文观测、卫星成像、高分辨数字相片、广播电视以及高性能工业摄像和部分科学与医学摄像等有着广泛应用。CCD 与 CMOS 图像传感器相比，在价格方面目前几乎相等，这主要是因为 CCD 具有成熟的技术与市场，而 CMOS 器件具有较高的技术与市场开发成本。就光电转换原理而言，CMOS 与 CCD 图像传感器两者是相同的，而且其制作工艺线及其工艺线的设备也是一样的；但其器件结构的不同，使两者的性能具有相当大的差别。主要表现在以下 7 个方面。

（1）CCD 像元耗尽层深度可达 10 nm，具有对可见光及近红外光谱段的完全收集能力；而 CMOS 像元耗尽层深度只有 1～2 nm，其像元对红光及近红外光谱段的吸收比较困难。因此，在灵敏度方面，CCD 较 CMOS 要高 30%～50%。

（2）动态范围。CCD 器件的芯片结构保证了电荷从存储、转移、输出几乎不产生噪声，而 CMOS 器件由于大量集成放大器、寻址电路等，产生的噪声较大。在可比条件下，CCD 的动态范围比 CMOS 高约 2 倍，即使采用外部电路处理，CMOS 的动态范围也很难与 CCD 相比拟。

（3）标准 CMOS 的暗电流密度为 1 nA/cm^2，最低为 100 pA/cm^2，而性能优良的 CCD 的暗电流密度为 2～10 pA/cm^2。另外，CMOS 图像传感器的主动像敏单元结构中每个单元都是由光电二极管连接一个放大器组成，由于制造工艺等的不同，不能保证每个放大器放大信号都一样，由此导致了噪点增加而影响成像；而 CCD 的主要特点就是不失真，集中在最后放大处理，所以说 CCD 的噪点比 CMOS 的少。

（4）大部分相机电路可与 CMOS 制作在同一芯片上，信号及驱动传输距离缩短，电感、电容及寄生延迟降低；同时，信号的读出采用 XY 寻址方式，因此，CMOS 图像传感器工作速度优于 CCD。比如，CCD 信号读出速率最大为 70 Mps，而 CMOS 可达 10^3 MPs。

（5）CCD 顺序读出信号结构，决定了其像素数据必须被一次性整行或整列读出，而 CMOS 通过 XY 寻址技术，能从整个阵列、部分甚至单元来读出像素数据，这种单点信号传输的工作方式不仅提高了寻址速度，实现了更快的信号传输，而且能对局部像素图像进行随机访问，提升了读出任意局部画面的能力。

（6）CMOS 图像传感器的感光二极管受到光照射后产生电荷，电荷直接通过晶体管放大输出，因此采用单一的低电压驱动即可；但 CCD 传感器的电荷采集是被动的，需外加电压让电荷包在移位寄存器中移动，外加电压一般需要达到 12～18 V，因此 CCD 功耗远高于 CMOS。

（7）在一般情况下，CCD 和 CMOS 图像传感器的可靠性相同，但当环境发生恶劣变化时，CMOS 图像传感器可靠性就会更胜一筹。CMOS 构造简单，集成度高，所以焊接点少，遇到强烈震动，损坏概率比较小，抗干扰能力强。

7.8　固体摄像器件的发展现状和应用

7.8.1　CCD 摄像器件的发展现状和应用

CCD 自问世以来，以它无比的优越性能和诱人的应用前景，引起了各国科学界的高度重视，日、美、英、德等发达国家不惜重金投资加速研制，加之微细加工技术的进展，使得 CCD 像素数剧增，分辨率、灵敏度大幅度提高，发展速度惊人。线阵 CCD 已由第一代大踏步跃入第二代 SSPD(光电二极管阵列)。目前国外 5 000 像素的线阵 CCD 已商品化，并对 4 个 5 000 像素 CCD 进行拼接，实现了两万像素超长线阵 CCD，获得了相当大的动态范围，满足了星载、机载、空间监测等要求。

线阵彩色 CCD 已实现了 10 725 像素，阵列的不均匀性小于 1‰。

面阵 CCD 主要用作图像传感器，已有 4 096×4 096 像素的商品出售，信噪比达 80 dB，暗电流小于 25 pA/cm^2(27 ℃)，输出非均匀性小于 1‰，像素尺寸为 7.5 μm×7.5 μm，探测信号电平为 10 个电子。

美国仙童公司已研制成功 9 000×9 000 像素的超大阵列 CCD，为高清晰度、超高分辨率探测奠定了基础。

彩色摄像方面，市场上已有 1 024×1 024 像素高清晰度彩色 CCD 摄像机出售。

微光探测方面，市场已推出了 10^{-9} lx、水平分辨率大于 700TVL、动态范围 4 000：1 的 CCD 相机。德国 B&M 光谱公司出售的制冷 CCD 相机，在－150 ℃(液氮制冷)下灵敏度达 10^{-11} lx，动态范围 16 000：1，是光谱分析、X 射线分析、遥感摄像等的极好工具。

对 CCD 来说，随着超大规模集成工艺的进展，CCD 不仅研究水平不断提高，阵列元数不断增多，CCD 摄像机的性能也越来越好。而且更重要的是，CCD 芯片的成品率不断提高，摄像机的价格大幅度下降。统计数据表明，CCD 摄像机的价格较之管式摄像机的总价格平均要低 20％～60％。又如俄罗斯机器人综合研究所推出的一种 CCD 像机能在微光中拍摄并分辨出比人头发丝还细的物体，其售价只有同类管式摄像机的 1/3。价格低廉使 CCD 摄像机应用领域迅速扩大。现在不论是信号处理还是数字存储，不论是高精度摄影还是家用摄像，不论是民用还是军用，可以说从太空到海底，到处都有 CCD 的用武之地。

在图像传感方面的应用，目前 CCD 多用于办公自动化方面的传真机、复印机、摄像机、电视对讲机等，工业方面的机器人视觉、热影分析、安全监视、工业监控等，社会生活方面的家庭摄录一体化、汽车后视镜、门视镜等，军事方面的成像制导和跟踪、微光夜视、光电侦察、可视电话等。至于高性能 CCD 多用于医疗、高清晰度广播电视摄像及天文学、卫星遥感等太空领域。

CCD 今后的发展趋势是微型化、高速、高灵敏度、多功能化。随着 CCD 性能的进一步提高，价格进一步降低，应用领域会更扩大。

下面仅介绍线阵 CCD 图像传感器的应用。

线阵 CCD 图像传感器在摄像时，一个方向是由 CCD 本身自扫描完成，另一个方向（和 CCD 自扫描方向垂直）是依靠外界的机械扫描来完成。如果 CCD 本身的自扫描速度等于电视机的行频（15.625 kHz），机械扫描的扫描速度等于电视机的帧频（50 Hz），则就可以构成一幅与家用电视机兼容的图像。

1. 文字阅读与图像识别

CCD 线阵成像器件可用于文字阅读和图像识别等。工作时将纸张或图像放在传送带上，线阵 CCD 光敏元排列的方向与纸或图像运动方向垂直，光学镜头把数字或图像聚焦在光敏元上，当传送带运动时，CCD 成像器即可以逐行扫描的方式将图像读出，最后显示或经细化处理与计算机中所存储的图像特点进行比较，以便识别。

类似的系统可用于货币识别、条码识别，传真机、邮政编码的信封分拣等，其装置框图示于图 7 - 34。

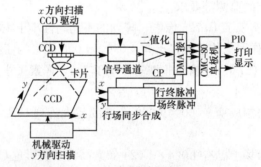

（a）光学文字阅读器

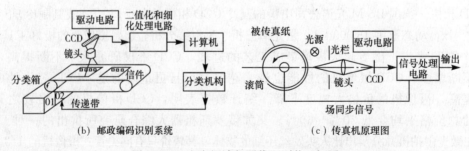

（b）邮政编码识别系统 （c）传真机原理图

图 7 - 34　文字阅读与图像识别装置框图

2. 图形轮廓测绘系统

这里，主要是指对图形进行一维或二维几何线度尺寸的测量，这是一门崭新的非接触测量技术。它是通过计算光敏面上物像所占的光敏元的个数，然后根据单个光敏元的尺寸及光学系统的放大率换算而得到被测图形尺寸的，如图 7-35 所示。由于 CCD 光敏元是利用光刻技术逐个制作而成的，其尺寸和位置的精度都很高，因此采用 CCD 摄像机进行测量比用其他成像系统测量精度高。

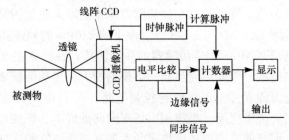

图 7-35　图形轮廓测绘系统

3. 光谱检测中的应用

由于 CCD 的独特性能，目前它已应用于原子发射和吸收光谱、拉曼光谱、荧光光谱等方面的检测。CCD 技术的发展给光谱分析领域带来了革命性的进展。

4. 在科学成像中的应用

用于摄像的 CCD 称为电荷耦合摄像器件，其功能是把二维的光学图像变成一维视频信号输出。CCD 最初的应用是作为成像检测器出现的。成像应用领域的 CCD 设计和应用占了 CCD 应用领域的优势地位。CCD 成像广泛地应用于天文领域，如主要的地面光学望远镜都采用 CCD 来进行天体成像；一些空间探测器也采用 CCD 来进行光学成像，如送入太空观测哈雷彗星的 Giotto 号宇宙飞船，又如送入太空观测木星的伽利略宇宙飞船和用航天飞机送入地球轨道的哈勃太空望远镜。另外，CCD 还用于地球卫星成像。

目前，CCD 趋向于大型阵列发展。为提供更好的分辨率，大规模像素 CCD 将成为今后设计的一个热点。非硅材料 CCD 的设计及性能研究也将会日渐重要。正在发展的新一代的 CCD 阵列检测器，其每一像素前均放置一独立前置放大器。当采用合适的寻址结构时，可允许单个像素的随机寻址，并具有高度抗溢出能力和很低的读出噪声。预计未来的器件将集合了 CID 和 CCD 的优点而成为强有力的原子发射检测器。

CCD 作为光谱检测器也有不少的应用，但其在质谱(MS)中作为离子检测器的潜力才刚刚被认识。今后阵列检测器的发展将包括发展离子检测能力。在红外响应 CCD 中，如果用金块代替铟块，这些阵列可检测离子。使用这些阵列可为地质学同位素丰度测定提供高精密度。

与 CCD 相适应的软件包也是今后发展 CCD 检测技术必须注意发展的问题。

7.8.2 CMOS 摄像器件的发展现状和应用

CMOS 图像传感器已由第一代无源像素传感器发展到第二代有源像素传感器。其中第二代发展最快，已由最初的几万像素发展到上千万像素的 CMOS 摄像器件。目前，CMOS 图像传感器在两个前沿技术获得突破：① 用于计算机和手提电话的低档产品；② 超高速、大规格的高档产品。考虑到视频速率下的读出噪声和灵敏度问题，CMOS 摄像器件比 CCD 更有优势，比如瞬态噪声低，特别是这个优势随着像素的增大更加明显。最近设计的高速有源像素 CMOS 器件，可实现 2 368×1 728 分辨率下的 240fps 的帧速和 1 280×1 024 分辨力下的 600fps 的帧速。基于 CMOS 图像传感器的性能优势，目前它主要向着"高灵敏度、高像素、高帧速、宽动态范围、低噪声高品质、强辐射能力、多功能智能化和低功耗等"方向发展，特别是第二代有源像素传感器将时钟控制电路、A/D 电路、信号处理电路、图像压缩电路等高集成技术的大规模应用。当应用市场逐渐向低成本、轻便型产品发展时，CMOS 是一个非常好的选择，而且随着图像传感技术的发展和完善，它的发展前景不可估量。

用 CMOS 图像传感器开发的数码相机、微型和超微型摄像机已大批量进入市场。目前，CMOS 传感器在低端成像系统中具有更为广泛的应用，如在保安监视、PC 摄像、机顶盒、数码相机、条码扫描器、手机、生物特征识别以及可视电话等领域。

7-1 简述一维 CCD 摄像器件的基本结构和工作过程。

7-2 在 SCCD 器件中，信息电荷为什么会沿着半导体表面转移？以三相或二相 SCCD 为例，具体说出它们的转移过程。

7-3 二相驱动 CCD，像元数 $N=1024$，若要求最后位仍有 50% 的电荷输出，求电荷转移损失率 ε 为多少？

7-4 简述光电二极管的电荷存储工作原理。它与连续工作方式相比有什么特点？

7-5 自扫描光电二极管列阵 SSPD 由哪几部分组成？画出 SSPD 线阵列电路框图，并简述其工作原理。

7-6 试比较 CCD 器件与 SSPD 器件的主要优缺点。

7-7 什么是"胖零"工作模式？为什么 SCCD 要采用"胖零"工作模式？

7-8 简述 BCCD 工作原理，说明 BCCD 工作的特点，并与 SCCD 比较各自的优缺点。

7-9 什么是 CCD 的自扫描特性？以单边线阵 CCD 为例，试说明其成像原理与过程。

7-10 面阵 CCD 有几种工作模式？各有什么优缺点？

7-11 简述 CMOS 器件的成像原理，比较 CMOS 器件与 CCD 在工作原理上的异同，各有什么优缺点？

第8章　红外辐射与红外探测器

红外探测器，是能将红外辐射能转换为电能的光电器件，它是红外探测系统的关键部件，也称为红外传感器。红外探测器工作的物理过程是当器件吸收辐射通量时产生温升，温升引起材料各种有赖于温度的参数的变化，监测其中一种性能的变化，可以探知辐射的存在和强弱。它在科学研究、军事工程和医学方面有着广泛的应用，如红外测温、红外成像、红外遥感、红外制导等。

8.1　红外辐射的基本知识

8.1.1　红外辐射

红外辐射俗称红外线(IR)。它与其他光线一样，也是一种客观存在的物质，是一种人眼看不见的光线。任何物体，只要它的温度高于 0 K(-273 ℃)，就会有红外线向周围空间辐射。

红外线的波长范围大致为 $0.76 \sim 1\,000\ \mu m$，频率为 $3 \times 10^{11} \sim 4 \times 10^{14}$ Hz。红外线与可见光、紫外线、X 射线、γ 射线和微波、无线电波一起构成了整个无限连续电磁波谱，如图 8-1所示。

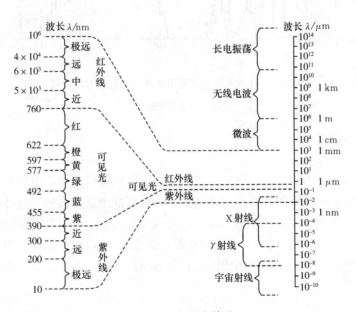

图 8-1　电磁波谱图

　　在红外技术中，一般将红外辐射分为 4 个区域，即近红外区（0.7～3 μm）、中红外区（3～6 μm）、远红外区（6～16 μm）和极远红外区（大于 16 μm）。这里所说的远、中、近是指红外辐射在电磁波谱中与可见光的距离而言。

　　红外辐射的物理本质是热辐射。物体的温度越高，辐射出来的红外线越多，辐射出的能量就越强。太阳光谱各种单色光的热效应从紫色光到红色光是逐渐增大的，而且最大的热效应出现在红外辐射的频率范围之内，因此人们又将红外辐射称为热辐射或热射线。实验表明，波长在 0.1～1 000 μm 之间的电磁波被物体吸收时，可以显著地转变为热能。可见，载能电磁波是热辐射传播的主要媒介物。

　　红外辐射和所有电磁波一样，是以波的形式在空间沿直线传播的。它在真空中的传播速度等于波的频率与波长的乘积，与光在真空中的传播速度相等。

　　地球大气对可见光、紫外线是比较透明的。而红外辐射在大气中传播时，由于大气中的气体分子、水蒸气及固体微粒、尘埃等物质的吸收和散射作用，某些波长的辐射在传输过程中逐渐衰减。也就是说，地球大气对一些波长的红外辐射有较强的吸收，而对另一些波长比较透明。一般把透明的波段称为"大气窗口"。图 8-2 为通过 1 海里长度大气的透过率曲线。波长从 1～14 μm 共有 8 个窗口（除可见光 0.38～0.76 μm 波段外，在 0.76～1.1 μm、1.2～1.3 μm、1.6～1.75 μm、2.1～2.4 μm、3.4～4.2 μm、4.5～5.4 μm、8～14 μm 波段也有较长的透射比）。由于红外探测器一般都工作在这 8 个波段（大气窗口）之内，因此这 8 个波段对红外探测技术特别重要。

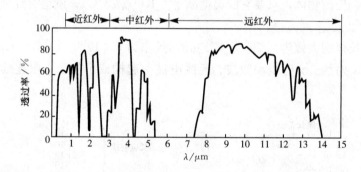

图 8-2　红外光经过 1 海里长度大气的透过率曲线

8.1.2　红外辐射源

　　当物体温度高于绝对零度时，就有红外线向周围空间辐射出来，有红外辐射的物体就可以视为红外辐射源。根据辐射源几何尺寸的大小、距离探测器或被辐射物体的远近，又分为点源和面源。同一个辐射源，在不同情况下，既可以是点源，又可以是面源。如一辆汽车，当它在 1 km 以外时，可以看成一个有效的点源；而在 10 m 以内，就呈现为一个面源。一般情况下，把充满红外光学系统视场的大面积辐射源叫作面源，而将没有充满红外光学系统视场的小面叫作点源。

8.2　红外探测器

红外探测器是能将红外辐射能转换成电能的一种光敏器件，是红外探测系统的关键部件，常常也称为红外传感器。它的性能好坏，直接影响系统性能的优劣。因此，选择合适的、性能良好的红外探测器，对红外探测系统是十分重要的。

常见的红外探测器有两大类：热探测器和光子探测器。

8.2.1　热探测器

热探测器是利用探测元件吸收入射的红外辐射能量而引起温升，在此基础上借助各种物理效应把温升转变成电量的一种探测器。热探测器光电转换的过程分为两步：第一步是热探测器吸收红外辐射引起温升，这一步对各种热探测器都一样；第二步利用热探测器某些温度效应把温升转变成电量的变化。根据热效应的不同，可把热探测器分为热敏电阻型探测器、热电偶型（温差电偶）红外探测器、热释电型红外探测器和高莱管（气动型）。

热探测器与前面讲述的各种光电器件相比具有下列特性：

① 响应率与波长无关，属于无选择性探测器；

② 受热时间常数（热惯性）的制约，响应速度比较慢；

③ 热探测器的探测率比光子探测器的峰值探测率低；

④ 可在室温下工作。

1. 热敏电阻型探测器

热敏电阻有金属和半导体两种。金属热敏电阻，电阻温度系数多为正的，绝对值比半导体的小，其电阻与温度的关系基本上是线性的，耐高温能力较强，所以多用于温度的模拟测量。而半导体热敏电阻，电阻温度系数多为负的，绝对值比金属的大十多倍，其电阻与温度的关系是非线性的，耐高温能力较差，所以多用于辐射探测，如防盗报警、防火系统、热辐射体搜索和跟踪等。

热敏电阻包括正温度系数（PTC）、负温度系数（NTC）和临界温度系数（CTC）三类。常见的是 NTC 型热敏电阻，这种热敏电阻是由锰、镍、钴的氧化物混合后烧结而制成的。热敏电阻一般制成薄片状，当红外辐射照射在热敏电阻上时，其温度升高，内部粒子的无规律运动加剧，自由电子的数目随温度而增加，所以其电阻减小。热敏电阻的灵敏面是一层由金属或半导体热敏材料制成的厚约 0.01 mm 的薄片，粘在一个绝缘的衬底上，衬底又粘在一金属散热器上。使用热特性不同的衬底，可使探测器的时间常数由大约 1 ms 变到 50 ms。因为热敏材料本身不是很好的吸收体，为了提高吸收系数，灵敏面表面都要进行黑化处理。热敏电阻型红外探测器结构如图 8-3 所示。

热敏电阻的电阻与温度关系为

$$R(T) = AT^{-C}e^{D/T}$$

式中：$R(T)$——电阻值；

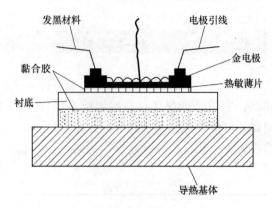

图 8-3　热敏电阻型红外探测器结构

T ——温度；

A, C, D ——随材料而异的常数。

2. 热电偶型红外探测器

热电偶也叫温差电偶，是最早出现的一种热电探测器件，其工作原理是热电效应。由两种不同的导体材料构成接点，在接点处可产生电动势。这个电动势的大小和方向与该接点处两种不同的导体材料的性质和两接点处的温差有关。如果把这两种不同的导体材料接成回路，当两个接头处温度不同时，回路中即产生电流。这种现象称为热电效应。热电偶接收辐射的一端称为热端，另一端称为冷端。

为了提高吸收系数，在热端都装有涂黑的金箔。构成热电偶的材料，既可以是金属，也可以是半导体。在结构上既可以是线、条状的实体，也可以是利用真空沉积技术或光刻技术制成的薄膜。实体型的温差电偶多用于测温，薄膜型的温差电堆（由许多个温差电偶串联而成）多用于测量辐射。例如，用来标定各类光源，测量各种辐射量，作为红外分光光度计或红外光谱仪的辐射接收元件等。温差电偶和温差电堆的原理性结构如图 8-4 所示。当红外辐射照射到热电偶热端时，该端温度升高，而冷端温度保持不变。此时，在热电偶回路中将产生热电势，热电势的大小反映了热端吸收红外辐射的强弱。

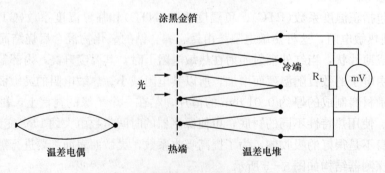

图 8-4　温差电偶和温差电堆的原理性结构图

热电偶型红外探测器的时间常数较大，所以响应时间较长，动态特性较差，被测辐射变化频率一般应在 10 Hz 以下。

在实际应用中，往往将几个热电偶串联起来组成热电堆来检测红外辐射的强弱。

3. 热释电型红外探测器

热释电型红外探测器是由具有极化现象的热释电晶体或（铁电体）制作的。热释电晶体是压电晶体中的一种，具有非中心对称的晶体结构。自然状态下，在某个方向上正负电荷中心不重合，在晶体表面形成一定量的极化电荷，称为自发极化。晶体温度变化时，可引起晶体正负电荷中心发生位移，因此表面上的极化电荷即随之变化，如图 8-5 所示。铁电体的极化强度（单位表面积上的束缚电荷）与温度有关。通常其表面俘获大气中的浮游电荷而保持电平衡状态。处于电平衡状态的铁电体，当红外线照射到其表面上时，引起铁电体（薄片）温度迅速升高，极化强度很快下降，束缚电荷急剧减少；而表面浮游电荷变化缓慢，跟不上铁电体内部的变化。从温度变化引起极化强度变化到在表面重新达到电平衡状态的极短时间内，在铁电体表面有多余浮游电荷的出现，这相当于释放出一部分电荷，这种现象称为热释电效应。依据这个效应工作的探测器称为热释电型红外探测器。

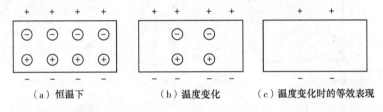

图 8-5 热释电晶体在温度变化时所表现的热释电效应示意图

由于自由电荷中和面束缚电荷所需时间较长，大约需要数秒钟以上，而晶体自发极化的弛豫时间很短，约为 10^{-12} s，因此热释电晶体可响应快速的温度变化。

如果将负载电阻与铁电体薄片相连，则在负载电阻上便会产生一个电信号输出。输出信号的大小，决定于薄片温度变化的快慢，从而反映出入射红外辐射的强弱。

温度恒定时，因晶体表面吸附周围空气中的异性电荷，观察不到它的自发极化现象。当温度变化时，晶体表面的极化电荷则随之变化，而它周围的吸附电荷因跟不上它的变化而失去电的平衡，这时即显现出晶体的自发极化现象。这一过程的平均作用时间为

$$\tau = \frac{\varepsilon}{\sigma}$$

式中：ε ——晶体的介电系数；

σ ——晶体的电导率。

所以，所探测的辐射必须是变化的，而且只有辐射的调制频率 $f > 1/\tau$ 时才有输出。因此，对于恒定的红外辐射，必须进行调制（或称斩光），使恒定辐射变成交变辐射，不断引起探测器的温度变化，才能导致热释电产生，并输出相应的电信号。

4. 高莱气动型探测器

高莱气动型探测器又称高莱管，是高莱于 1947 年发明的。它是利用气体吸收红外辐射能量后，温度升高、体积增大的特性，来反映红外辐射的强弱。其结构原理如图 8-6所示。

高莱气动型探测器的工作过程是，调制辐射通过窗口射到气室的吸收薄膜上，引起薄膜温度的周期变化。温度的变化又引起气室内氙气的膨胀和收缩，从而使气室另一侧的柔镜产生膨胀和收缩；另外，可见光光源发出的光通过聚光镜、光栅、新月形透镜的上半边聚焦到柔镜（外部镀反射膜的弹性薄膜）上，再通过它们的下半边聚焦到光电探测器上。高莱气动型探测器的设计思想是这样的：当没有红外辐射入射时，上半边光栅的不透光的栅线刚好成像到下半边光栅透光的栅线上，而上半边的透光栅线刚好成像到下半边光栅不透光栅线上，于是没有光量透过下半光栅射到光电探测器上，因此输出结果就是零。而当有调制的红外辐射入射时，柔镜将发生周期性的膨胀与收缩，光栅栅线像移位，于是就有光射到光电探测器上，并且射入光通量的大小与入射辐通量成正比。

高莱管使用的调制频率比较低，一般小于 20 Hz，等效噪声功率 NEP 的范围为 $5 \times 10^{-11} \sim 10^{-9}$ W，时间常数约 20 ms。

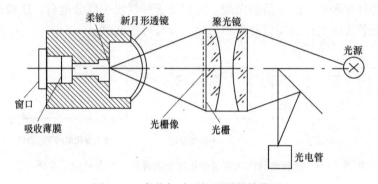

图 8-6   高莱气动型探测器的结构原理

这种探测器的特点是灵敏度高，性能稳定；但响应时间长，结构复杂，强度较差，只适合于实验室内使用。

8.2.2   光子探测器

光子探测器是利用某些半导体材料在红外辐射的照射下，产生光电效应，使材料的电学性质发生变化。通过测量电学性质的变化，可以确定红外辐射的强弱。利用光电效应制成的红外探测器统称光子探测器。光子探测器的主要特点是灵敏度高，响应速度快，响应频率高。但其一般需在低温下工作，探测波段较窄。

光子探测器按照工作原理，一般可分为外光电探测器和内光电探测器两种。内光电探测器又分为光电导探测器、光生伏特探测器和光磁电探测器 3 种。

1. 外光电探测器(PE 器件)

当光辐射照在某些材料的表面上时，若入射光的光子能量足够大，就能使材料的电子逸出表面，向外发射出电子，这种现象称为外光电效应或光电子发射效应。光电管、光电倍增管等都属于这种类型的光子探测器。它的响应速度比较快，一般只需几个纳秒；但电子逸出需要较大的光子能量，只适用于近红外辐射或可见光范围内使用。

2. 光电导探测器（PC 器件）

当红外辐射照射在某些半导体材料表面上，半导体材料中有些电子和空穴在光子能量作用下可以从原来不导电的束缚状态变为导电的自由状态，使半导体的电导率增加，这种现象称为光电导现象。利用光电导现象制成的探测器称为光电导探测器，光敏电阻就属于光电导探测器。光电导探测器有：本征型硫化铅（PbS）、碲镉汞（HgCdTe）、掺杂型锗（Ge）硅（Si），自由载流子型锑化铟（InSb）。其中，自由载流子型光电导器件是 20 世纪 60 年代提出的，它是用具有很高迁移率的半导体材料制成的，用于探测波长大于 $300\ \mu m$ 的红外辐射。使用光电导探测器时，需要对其进行制冷和加上一定偏压，否则会使其响应率降低，噪声大，响应波段窄，以至于使探测器性能变坏。

3. 光生伏特探测器（PU 器件）

当红外辐射照射在某些半导体材料构成的 PN 结上时，在 PN 结内电场的作用下，P 区的自由电子移向 N 区，N 区的空穴向 P 区移动。如果 PN 结是开路的，则在 PN 结两端产生一个附加电势，它称为光生电动势。利用这个效应制成的探测器称为光生伏特探测器或结型红外探测器。

结型红外探测器件又分为：
① 同质结 InSb、PbTe；
② 异质结 $GaAs/Ga_{1-x}Al_xAs$；
③ 肖特基结 Pt/Si；
④ 雪崩管 Si、Ge；
⑤ 量子阱 GaAs/GaAlAs。

4. 光磁电探测器（PEM 器件）

当红外线照射在某些半导体材料表面上时，在材料的表面产生电子-空穴对，并向内部扩散，在扩散中受到强磁场作用，电子与空穴各偏向一边，因而产生了开路电压，这种现象称为光磁电效应。利用光磁电效应制成的红外探测器，称为光磁电探测器。

光磁电探测器响应波段在 $7\ \mu m$ 左右，时间常数小，响应速度快，不用加偏压，内阻极低，噪声小，性能稳定；但其灵敏度低，低噪声放大器制作困难，因而影响了其使用。

8.3　红外探测器的性能参数及使用中应注意的事项

8.3.1　红外探测器的性能参数

红外探测器的性能参数是衡量其性能好坏的依据。由于探测器是能量转换器件，影响其性能的参数很多，也很复杂。为了正确选择和应用红外探测器，掌握与了解这些参数是十分必要的。

红外探测器主要的性能参数与光电探测器一样，有电压响应率、光谱响应、等效噪声功率、比探测率和时间常数等。定义与计算方法参见第 1 章有关内容。

8.3.2 红外探测器使用中应注意的问题

红外探测器是红外探测系统中非常重要却又很娇气的一个部件，在使用过程中稍不注意，就有可能导致损坏。红外探测器使用中应注意以下事项。

（1）选用探测器时要注意它的工作温度。一般热探测器能在室温工作，光子探测器需要在低温下工作，甚至需要制冷。若将低温工作的探测器用于室温，不仅比探测率低、噪声大、响应波段窄，而且容易损坏。

（2）调整好探测器的偏流（或偏压），使探测器工作在最佳工作点，如图 8-7 所示。若偏流较低，探测器的信号电压比噪声电压增长的速率快，因而信噪比增加；当偏流超过最佳工作点电流以后，则信噪比下降。只有工作在最佳偏流工作点时，红外探测器的信噪比最大。

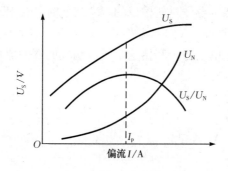

图 8-7 最佳偏流的确定

（3）辐射源调制频率应与红外探测器的响应频率相匹配。一般探测器有一个最佳调制频率。调制频率过高或过低，都会使探测器的比探测率 D^* 降低，只有将调制频率选取在合适范围之内，才能获得最佳探测效果。例如，硫化铅（PbS）的频率特性见图 8-8。

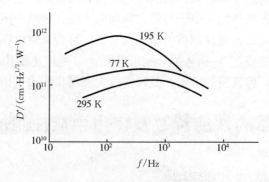

图 8-8 硫化铅(PbS)的频率特性

（4）探测器存放时要注意防潮、防振和防腐蚀。

（5）使用红外探测器时，必须首先了解它的性能指标和应用范围，掌握它的使用条件。特别要注意的是，必须严格地按照产品使用说明书中规定的条件和使用方法，一定要避免盲目乱用，以防损坏。

8.4　红外测温

8.4.1　红外测温原理

红外测温有好几种方法，这里只介绍全辐射测温。全辐射测温是测量物体所辐射出来的全波段辐射能量以得到物体的温度。红外测温原理是斯忒藩－玻耳兹曼定律。由黑体辐射定律知道，黑体的总辐射出射度与其温度的 4 次方成正比，即

$$M_{eB}(T) = \int_0^\infty M_{eB}(\lambda, T)\mathrm{d}\lambda = \sigma \cdot T^4$$

式中，σ 是斯忒藩－玻耳兹曼常量，大小为 5.67×10^{-12} W·cm^{-2}·K^{-4}。

关系式

$$M_{eB} = \sigma \cdot T^4$$

称为斯忒藩－玻耳兹曼定律。

8.4.2　红外测温的特点

温度测量的方法很多，红外测温是比较先进的测温方法，其特点如下所述。

① 红外测温反应速度快。它不需要与物体达到热平衡的过程，只要能接收到目标的红外辐射即可测量目标的温度。测量时间一般为毫秒级甚至微秒级。

② 红外测温灵敏度高。由测温原理知物体的辐射能量与温度的 4 次方成正比，温度的微小变化，就会引起辐射能量的较大变化，红外探测器即可迅速地检测出来。

③ 红外测温属于非接触测温。它特别适合于高速运动物体、带电体、高压及高温物体的温度测量。

④ 红外测温准确度高。由于是非接触测量，不会影响物体温度分布状况与运动状态，因此测出的温度比较真实，其测量准确度可达到 0.1 ℃以内。

⑤ 红外探测器测温可测零下几十摄氏度到零上几千摄氏度的温度范围，因此红外测温几乎可以使用在所有温度测量场合。

8.4.3　热辐射传感器

1. 热辐射高温计

热辐射高温计是利用接收物体表面发出的热辐射能量进行非接触式温度测量的仪器，具有响应快、热惰性小等优点，主要用于腐蚀性物体及运动物体的高温测量。测温范围一般为 400~3 200 ℃。

热辐射高温计工作原理如图 8-9 所示，被测物体的辐射能通过透镜会聚到敏感元件热电堆上，热电堆再把辐射能转变为电信号。

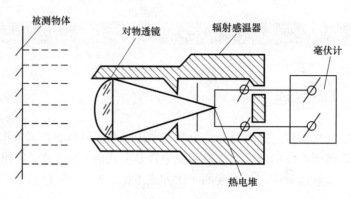

图 8-9　热辐射高温计工作原理

2. 热辐射测温仪

自然界的物体，如动物躯体、火焰、机器设备、厂房乃至冰等都会发出红外辐射，也就是放射红外线，唯一不同的是它们发射的红外线的波长不同而已。人体温度是 36～37 ℃，它所放射的红外线波长为 9～10 μm；温度在 400～700 ℃ 的物体放射出的红外波长为 3～5 μm。热辐射测温仪由红外线传感器和电信号处理电路组成，其中的红外线传感器就是能接收上述红外波长并将其转变成电信号的一种装置。

1) 传感器

测温仪所使用的红外线传感器，能接收物体放射出的红外线并使之转换成电信号。一般的测温对象是固定不动的，而辐射温度计需要对被测物体做相对"移动"，即使被测"热源"以大约 1 Hz 的频率入射，一般利用遮光的方法解决。

传感器是 LN-206 P 型热释电传感器，它固定在一个盒子内，前面加遮光板，遮光板由慢速电机带动旋转，传感器按 1 Hz 的频率接收被测物体的辐射能(红外线)。另外，感温盒内还需放置温度补偿二极管，盒的开口对准被测物，传感器的窗口对准遮光板以便接收 1 Hz 的红外辐射。传感器单元及热辐射温度仪如图 8-10 所示。

2) 测量电路

传感器输出的信号需要放大器进行放大，然后再经过滤波器滤波，传感单元中的二极管进行温度补偿，被测量到的电信号和温度补偿电信号通过加法器处理后输出被测物体的温度信号。

测量电路如图 8-11 所示。图中 A_1 为一同相放大器，输入信号由 47 μF 电容耦合而来。A_1 的闭环放大倍数 $A_F=22～23$(由 10 kΩ 电位器调节)；A_2 为一低通滤波器。

温度补偿二极管一般采用负温度系数 -2 mV/℃ 的硅二极管，它的温度补偿信号经差动放大器 A_4 放大后送到 A_3。A_3 为一加法器，它将 A_2 的输出与 A_4 的输出相加。在 200 ℃ 时，A_3 的输出为 4 V(灵敏度为 20 mV/℃)，其中放大器输出为 3 V，温度补偿输出为 1 V (25 ℃)。

A_3 的输出与温度基本成线性关系，可用模拟或数字方法显示出来。

A_1 输出端的 10 kΩ 电位器和 1 kΩ 变阻器是用于调节 A_2 输入信号的大小，调节它们的

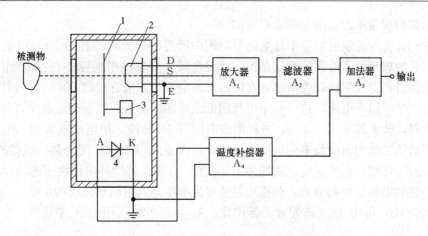

图 8-10　传感器单元及热辐射温度仪框图
1—遮光板；2—传感器；3—慢速电机；4—温度补偿二极管

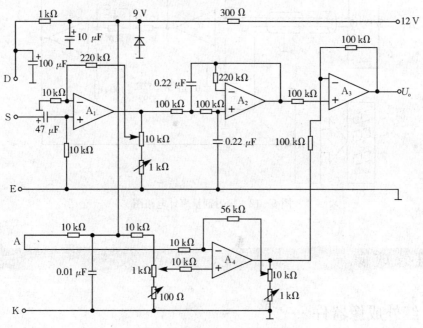

$A_1 \sim A_4$：LM324　传感器：LN206P 或 IRA-E001S

图 8-11　热辐射温度仪测量电路图

阻值使 A_3 的输出为 3 V；A_4 同相端的电位器（1 kΩ）和变阻器（100 Ω）用于调节温度补偿量的大小，在 25 ℃时，调节它们使 A_4 的输出为 1 V。

上述红外线测温仪，最高温度可测 200 ℃，被测物体与传感器单元的距离为 10 cm 左右时，其辐射能量为 6 mW。它仅适于近距离的非接触测温的场合，如齿轮箱齿轮的温度或机器内不能接触部件的温度测量。

3. 辐射剂量率计

在现代工业、实验室、医疗等领域的一些工作人员常年处于各种不同辐射的环境下工作,因此对辐射剂量率的监测是非常必要的。

如图 8-12 所示是辐射剂量率计电路图,图中经过特别处理的普通二极管(处理办法是把普通二极管的玻璃外壳外面的涂层刮掉,或将金属外壳顶端用细锉小心锉掉)作为辐射传感器。半导体材料对光射线较为敏感,在图示电路中,当二极管中的 PN 结受到射线辐射作用时,就会产生一微小电流,这一微小电流用低漂移的高输入阻抗场效应晶体管作为输入级的运算放大器,放大器采用 3521L,进行电流电压(I/V)转换,把电流放大到一个可利用的电平,电路的第二级为斩波稳零的运算放大器,放大器采用 3292。因为第一级的输出较小,因此第二级的闭环增益就要大些,大约为 1 000 倍,另外也要使环境温度引起的误差可减至最小,这一级的增益是可调节的,调整增益使输出电压是入射辐射强度的 1‰。

A_1 为 3521L,可用 3900 诺顿放大器代替;A_2 为 3292,可用 7650 来代替。

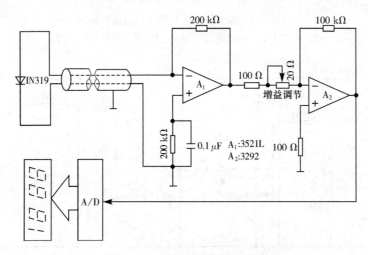

图 8-12 辐射剂量率计电路图

8.5 红外成像

8.5.1 红外成像器件

在许多场合,人们不仅需要知道物体表面的平均温度,更需要了解物体的温度分布情况,以便分析、研究物体的结构,探测物体内部情况。红外成像就能将物体的温度分布以图像形式直观地显示出来。下面对一些成像器件的成像原理做简要介绍。

1. 红外变像管

红外变像管是一种能将物体红外图像变成可见光图像的电真空器件,主要由光电阴极、电子光学系统和荧光屏 3 部分组成,并安装在高真空密封玻璃壳内。具体内容参见第 6 章变像管相关知识。

2. 红外摄像管

红外摄像管是一种能将物体的红外辐射转换成电信号，经过电子系统放大处理，再还原为光学像的成像装置。其种类有光导摄像管、硅靶摄像管和热释电摄像管等，前两者工作在可见光或近红外区，后者工作波段较长。

热释电摄像管结构如图 8－13 所示。靶面是一块用热释电材料做成的薄片，在接收辐射的一面覆有一层对红外辐射透明的导电膜。热释电摄像管的工作过程是这样的：经过锗透镜的红外辐射，被斩光板进行调制，被调制后的红外辐射经过光学系统成像在靶面上，这时靶面吸收红外辐射，从而引起温度升高并释放出电荷。由于靶面各点的热释电荷与靶面各点的温度变化成正比，同时又与靶面的辐照度成正比，因此当电子束在外加偏转磁场和纵向聚焦磁场的作用下扫过靶面时，就可以得到与靶面电荷分布相对应的视频信号。这些视频信号通过导电膜输出并送到视频放大器进行放大，之后再将放大的视频信号送到控制显像系统，在显像系统的屏幕上就可以看到与物体红外辐射相一致的热像图。

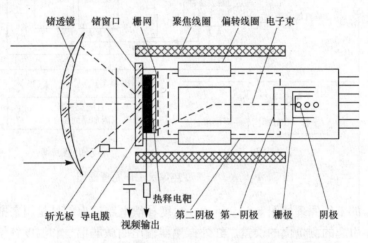

图 8－13　热释电摄像管结构简图

3. 集成红外电荷耦合器件

集成红外电荷耦合器件(红外 CCD)是最理想、最有发展前途的固体成像器。常用的红外焦平面阵列有 PbS 和 PbSe 阵列、PtSi 阵列、InSb 阵列、HgCdTe 阵列、GaAs/GaAlAs 阵列、掺杂硅阵列和热释电探测器阵列。

8.5.2　红外热像仪

根据成像原理和成像对象的不同，红外成像仪可以有很多种类。其中，AGA－750 热像仪工作原理如图 8－14 所示。

热像仪的光学系统为全折射式。通过更换物镜可对不同距离和大小的物体扫描成像。光学系统中有垂直扫描和水平扫描，两者均采用具有高折射率的多面平行棱镜，扫描棱镜由电动机带动旋转，扫描速度和相位由扫描触发器、脉冲发生器和有关控制电路控制。

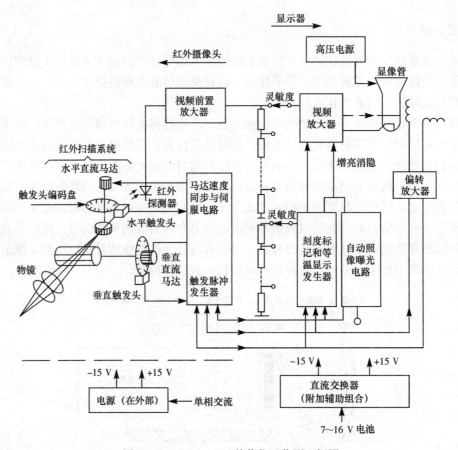

图 8 - 14 AGA - 750 热像仪工作原理框图

前置放大器的工作原理如图 8 - 15 所示。温度补偿电路输出信号是用来抵消目标温度随环境温度变化而引起的测量值的误差。红外探测器输出的微弱信号和温度补偿电路输出的信号同时输入前置放大器进行放大，通过调整反馈电阻可以改变前置放大器的增益。前置放大器的输出信号，经视频放大器放大后再去控制显像管屏上射线的强弱。由于红外探测器输出信号大小与其所接收的辐照度成正比例，因而显像管荧光屏上射线的强弱也随着探测器所接收的辐照度成正比例变化。

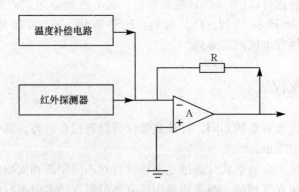

图 8 - 15 前置放大器的工作原理电路图

8.5.3 红外分析仪

红外分析仪是根据物质的吸收特性来进行工作的。许多化合物的分子在红外波段都有吸收带。物质的分子不同,吸收带所在的波长和吸收的强弱也不相同。根据吸收带分布的情况与吸收的强弱,可以识别物质分子的类型,从而得出物质的组成及百分比。

根据不同的目的与要求,红外分析仪可设计成多种不同的形式,如红外气体分析仪、红外分光光度计、红外光谱仪等。下面以 Y-1 型医用二氧化碳分析仪来说明红外分析仪的工作原理。医用二氧化碳分析仪是利用二氧化碳气体对波长为 $4.3~\mu m$ 的红外辐射有强烈的吸收特性而进行测量分析的,它主要用来测量、分析二氧化碳气体的浓度。

医用二氧化碳分析仪的光学系统如图 8-16 所示。它由红外光源、调制盘、标准气室、测量气室、红外探测器等部分组成。在标准气室里充满了没有二氧化碳的气体(或含有固定量二氧化碳的气体)。待测气体经采气装置,由进气口进入测量气室。调节红外光源,使之分别通过标准气室和测量气室,并采用干涉滤光片滤光,只允许波长 $4.3\pm0.15~\mu m$ 的红外辐射通过,此波段正好是二氧化碳的吸收带。假设标准气室中没有二氧化碳气体,而进入测量气室中的被测气体也不含二氧化碳气体时,则红外光源的辐射经过两个气室后,射出的两束红外辐射完全相等。红外探测器相当于接收一束恒定不变的红外辐射,因此可看成只有直流响应,接于探测器后面的交流放大器是没有输出的。当进入测量气室中的被测气体里含有二氧化碳时,射入气室的红外辐射中的 $4.3\pm0.15~\mu m$ 波段辐射被二氧化碳吸收,使测量气室中出来的红外辐射比标准气室中出来的红外辐射弱。被测气室中二氧化碳浓度越大,两个气室出来的红外辐射强度差别越大。红外探测器交替接收两束不等的红外辐射后,将输出一个交变电信号,经过电子系统处理与适当标定后,就可以根据输出信号的大小来判断被测气体中含二氧化碳的浓度。

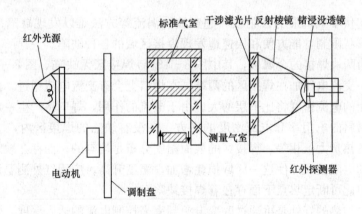

图 8-16 医用二氧化碳分析仪的光学系统图

图 8-17 给出医用二氧化碳分析仪电子线路框图。该仪器可连续测量人或动物呼出的气体中二氧化碳的含量,是研究呼吸系统和检查肺功能的有效手段。

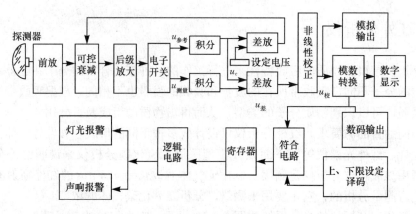

图 8-17　医用二氧化碳分析仪电子线路框图

8.6　红外无损检测

红外无损检测是 20 世纪 60 年代以后发展起来的新技术。它是通过测量热流或热量来鉴定金属或非金属材料质量，探测内部缺陷的。对于某些采用 X 射线、超声波等无法探测的局部缺陷，用红外无损检测可取得较好的效果。

红外无损检测分主动式和被动式两类。主动式是人为地在被测物体上注入（或移出）固定热量，探测物体表面热量或热流变化规律，并以此分析判断物体的质量；被动式则是用物体自身的热辐射作为辐射源，探测其辐射的强弱或分布情况，判断物体内部有无缺陷。

8.6.1　焊接缺陷的无损检测

焊口表面起伏不平，采用 X 射线、超声波、涡流等方法难以发现缺陷；而红外无损检测则不受表面形状限制，能方便和快速地发现焊接区域的各种缺陷。

图 8-18 为两块焊接的金属板，其中图 8-18(a)焊接区无缺陷，图 8-18(b)焊接区有一气孔。若将一交流电压加在焊接区的两端，在焊口上会有交流电流通过。由于电流的集肤效应，靠近表面的电流密度将比下层的大。由于电流的作用，焊口将产生一定的热量，热量的大小正比于材料的电阻率和电流密度的平方。在没有缺陷的焊接区内，电流分布是均匀的，各处产生的热量大致相等，焊接区的表面温度分布是均匀的。而存在缺陷的焊接区，由于缺陷（气孔）的电阻很大，使这一区域损耗增加，温度升高。应用红外测温设备即可清楚地测量出热点，由此可断定热点下面存在着焊接缺陷。

采用交流电加热的好处是可通过改变电源频率来控制电流的透入深度。低频电流透入较深，对发现内部深处缺陷有利；高频电流集肤效应强，表面温度特性比较明显。但表面电流密度增加后，材料可能达到饱和状态，它可变更电流沿深度方向分布，使近表面产生的电流密度趋向均匀，给探测造成不利。

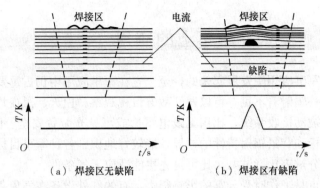

（a）焊接区无缺陷　　　　　　（b）焊接区有缺陷

图 8-18　由于集肤效应和焊接缺陷所引起的表面电流密集情况

8.6.2　铸件内部缺陷探测

有些精密铸件内部非常复杂，采用传统的无损探伤方法，不能准确地发现内部缺陷，而用红外无损探测就能很方便地解决这些问题。

当用红外无损探测时，只需在铸件内部通以液态氟利昂，使冷却通道内有最好的冷却效果，然后利用红外热像仪快速扫描铸件整个表面。如果通道内有残余型芯或壁厚不均匀，在热图中即可明显地看出。冷却通道畅通，冷却效果良好，热图上显示出一系列均匀的白色条纹；假如通道阻塞，冷却液体受阻，则在阻塞处显示出黑色条纹。

8.6.3　疲劳裂纹探测

图 8-19 为对飞机或导弹蒙皮进行的疲劳裂纹探测示意图。如图 8-19(a)所示，为了探测出疲劳裂纹位置，采用一个点辐射源在蒙皮表面一个小面积上注入能量，然后用红外辐射温度计测量表面温度。如果在蒙皮表面或表面附近存在疲劳裂纹，则热传导受到影响，在裂纹附近热量不能很快传输出去，使裂纹附近表面温度很快升高。如图 8-19(b)所示，虚线表示裂纹两边理论上的温度分布曲线。即当辐射源分别移到裂纹两边时，由于裂纹不让热流通过，因而两边温度都很高。当热源移到裂纹上时，表面温度下降到正常温度。然而在实际测量中，由于受辐射源尺寸的限制、辐射源和红外探测器位置的影响，以及高速扫描速度的影响，温度曲线呈现出实线的形状。

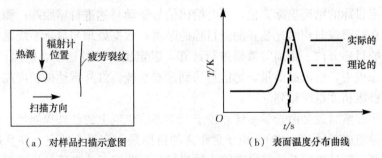

（a）对样品扫描示意图　　　　　　（b）表面温度分布曲线

图 8-19　疲劳裂纹探测示意图

8.7 红外探测技术在军事上的应用

红外技术是在军事应用中发展起来的，至今它在军事应用中仍占重要地位。因为红外技术有如下特点：红外辐射看不见，可以避开敌方目视观察；白天、黑夜均可使用，特别适于夜战的场合；采用被动接收系统，比用无线电雷达或可见光装置安全、隐蔽，不易受干扰，保密性强；利用目标和背景辐射特性的差异，能较好地识别各种军事目标，特别是可以发现伪装的军事目标；分辨率比微波好，比可见光更能适应天气条件。

红外探测的缺点是工作时受云雾的影响很大，有的红外设备在气象条件恶劣时几乎不能正常工作。

8.7.1 红外侦察

在战争中，为了掌握敌方的情况，可利用红外技术做各种侦察活动。如观察敌方的行踪，查明敌方地面军事设施或发现敌人、敌机等。

利用红外辐射进行地面侦察的仪器有红外扫描器、红外观察仪、红外夜视仪及红外低温测温仪等。

红外扫描器是被动式红外探测仪器，它能感受从被观察区域来的红外辐射。扫描器收集辐射并聚焦在红外探测器上，经电子系统放大处理后即可得到所要求的图像。红外观察仪能对伪装的人、车辆和其他目标进行探测，并提供目标的图形，这是用可见光观测不能发现的。利用红外侦察设备可以侦察出几小时前敌人驻过的营地，能确定出烧饭、大炮和车辆的位置。

空中侦察能快速、精确地记录敌人的军事部署，利用机载红外侦察相机，可以拍摄大面积的战地，白天、黑夜都能清晰地拍摄出各种军事目标。

8.7.2 红外雷达

红外雷达具有搜索、跟踪、测距等多种功能，一般采用被动式探测系统。红外雷达包括搜索装置、跟踪装置、测距装置、数据处理与显示系统等。搜索装置的功能是全面地侦察空间以探测目标的位置并对其进行鉴别。一般来说，其视场大、精度低，有的也能粗跟踪，跟踪的功能是确定目标的精确坐标方位，同时给出信号驱动马达进行精跟踪；测距，目前多采用激光技术，在精跟踪时用激光装置测量目标的距离；数据处理与显示系统是用计算机把上面三部分给出的目标方位、距离等数据进行计算，以定出目标的速度、航向，同时把风向、风速等因素考虑进去，给出提前量，把信息送到武器系统。红外雷达的精度高，一般可达几分的角精度，秒级精度也能做到。

红外雷达的搜索装置是由光学系统和位于光学系统焦点上的红外探测器、调制器、电子线路及显示器等组成（见图 8 - 20）。由于远距离的目标是一个很小的点，并且是在广阔的空间高速度运动着，而且光学系统又只有较小的视场，因此搜索头必须做快速扫描动作以发现目标。扫描周期应尽量小，搜索速度与空间范围依具体情况决定，搜索距离从几十千米到上

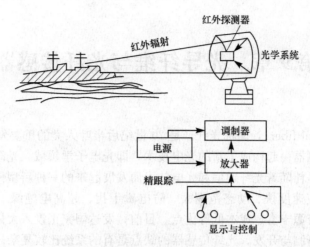

图 8-20　红外雷达搜索装置

千千米都可，最后通过显示器直接观察在搜索空域内是否有目标。当目标进入视场时，来自目标的红外辐射就由光学系统聚焦在红外探测器上，转换装置就产生一个电压信号，经过逻辑电路辨识，确定真正的目标，带动高低和水平方向的电机旋转，使搜索装置光轴连续对准目标，转入精跟踪。

　　现有的红外雷达形式很多，但基本原理还是相同的，只不过是结构和战术性能上各有特点而已。红外探测在军事上的应用还有红外制导、红外通信、红外对抗等。

8-1　试比较热探测器和光子探测器的优缺点。

8-2　应怎样理解热释电效应？热释电探测器为什么只能探测调制辐射？

8-3　红外测温有什么特征？测温原理是什么？

8-4　可采用什么措施来降低热探测器和光子探测器的背景限？

8-5　红外探测器为什么峰值波长愈长其工作温度愈低？

8-6　使用红外传感器时应注意什么问题？

第 9 章　光导纤维与光纤传感器

　　光导纤维(optical fiber)，简称光纤，是 20 世纪后半叶人类的重要发明之一。它与激光器、半导体光电探测器一起构成了新的光电技术，即光电子学领域。光纤的最初研究是为了通信，光纤传感器是伴随着光纤通信和光电技术而发展起来的一种新型传感器。光纤传感器具有灵敏度高、响应速度快、动态范围大、防电磁干扰、超高电绝缘、防燃、防爆、体积小、耐腐蚀、材料资源丰富、成本低等优点。目前，发达国家正投入大量人力、物力、财力对光纤传感器进行研制与开发。光纤传感器的缺点是有的系统比较复杂。

　　光纤传感器的应用与光电技术密切相关，因而光纤传感器也成为光电检测技术的重要组成部分。

9.1　光导纤维基础知识

9.1.1　光纤的结构

　　光纤由纤芯、包层及外套组成，如图 9-1 所示。纤芯是由玻璃、石英或塑料等制成的圆柱体，一般直径为 $5\sim150~\mu m$。围绕着纤芯的那一层叫包层，材料也是玻璃或塑料等。纤芯的折射率 n_1 稍大于包层的折射率 n_2。由于纤芯和包层构成了一个同心圆双层结构，所以光纤具有使光束封闭在纤芯里面传输的功能。外套起保护光纤的作用，它的折射率 n_3 大于包层的折射率 n_2。通常人们把较长的或多股的光纤称为光缆。

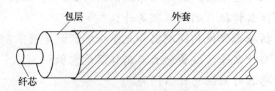

包层　　　外套

纤芯

图 9-1　光纤的结构示意图

9.1.2　光纤的种类

　　根据折射率的变化规律，光纤被分为阶跃型和梯度型两种。

　　阶跃型多模光纤如图 9-2(a)所示。纤芯的折射率 n_1 分布均匀，固定不变；包层内的折射率 n_2 分布也大体均匀，但纤芯到包层的折射率变化呈台阶状。在纤芯内，中心光线沿光纤轴线传播，通过轴线的子午光线(光线在通过轴线的一个平面内运动，这个面称为子午面，平面内的这种光线称为子午光线)呈锯齿形轨迹。

　　梯度型光纤纤芯内的折射率不是常数，从中心轴线开始沿径向大致按抛物线规律变化，中心轴线处折射率最大，因此光在传播中会自动地从折射率小的界面处向中心会聚。光线传播的轨迹类似正弦曲线。这种光纤又称为自聚焦光纤。图 9-2(b)示出了经过轴线的子午光线传播的轨迹。

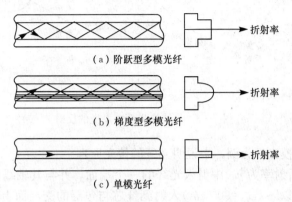

图 9-2　光纤的种类和光传播形式

9.1.3　光纤的传输模式

　　在纤芯内传播的光波，可以分解为沿轴向传播的和沿半径方向传播的平面波。沿半径方向传播的平面波在纤芯与包层的界面上将产生反射。如果此波在一个往复(入射和反射)过程中相位变化为 2π 的整数倍，就会形成驻波。只有能形成驻波的那些以特定角度射入光纤的光波才能在光纤内传播，这些光波就称为模。在光纤内只能传输一定数量的模。通常，纤芯直径较粗(几十微米以上)时，能传播几百个以上的模；而纤芯很细($5\sim10~\mu m$)时，只能传播一个模。前者称为多模光纤，后者称为单模光纤。

　　根据光纤的传输模式，把光纤分为多模光纤和单模光纤两类。阶跃型和梯度型为多模光纤，图 9-2(c)所示为单模光纤。

9.1.4　光纤的传光原理

　　当光线以较小的入射角 φ_1($\varphi_1<\varphi_c$，φ_c 为临界角)由光密媒质(折射率为 n_1)射入光疏媒质(折射率为 n_2)时，如图 9-3(a)所示，折射角 φ_2 满足斯涅尔定律，即

$$n_1 \sin\varphi_1 = n_2 \sin\varphi_2 \tag{9-1}$$

　　若逐渐加大入射角 φ_1，当 $\varphi_1=\varphi_c$，折射角 $\varphi_2=90°$，如图 9-3(b)所示。此时有

$$\sin\varphi_c = \frac{n_2}{n_1} \tag{9-2}$$

则临界角 φ_c 可由式(9-2)决定。

　　若继续加大入射角 φ_1(即 $\varphi_1>\varphi_c$)，光不再产生折射，而只有在光密媒质中的反射，即形成了光的全反射现象，如图 9-3(c)所示。

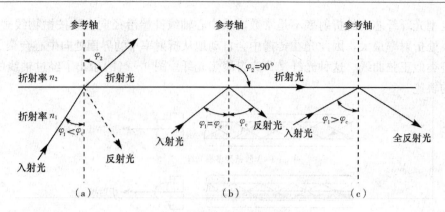

图 9-3 光线在界面上发生的反射

下面以阶跃型多模光纤为例,来说明光纤的传光原理。

当光线从空气(折射率为 n_0)中射入光纤的一个端面,并与其轴线的夹角为 θ_0 时,在光纤内折射成 θ_1,然后以 $\varphi_1(\varphi_1 = 90° - \theta_1)$ 入射到纤芯与包层的交界面上,如图 9-4(a)所示。若入射角 φ_1 大于临界角 φ_c,则入射的光线就能在交界面上产生全反射,并在光纤内部以同样的角度反复全反射向前传播,直至从光纤的另一端射出。若光纤两端同处于空气之中,则出射角也将为 θ_0。

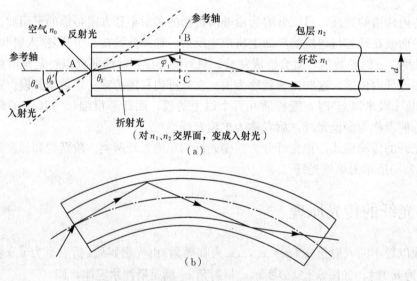

图 9-4 阶跃型多模光纤中子午光线的传播

从空气中射入光纤的光并不一定都能在光纤中产生全反射。图 9-4(a)中的虚线表示入射角 θ_0 过大,光线不能满足要求(即 $\varphi_1 < \varphi_c$),大部分光线将穿透包层而逸出,这叫漏光。即使有少量光反射回纤芯内部,但经过多次这样的反射后,能量几乎耗尽,以致基本没有光通过光纤传播出去。

能产生全反射的最大入射角可以通过斯涅尔定律及临界角定义求得。即

$$\sin\theta_c = \frac{1}{n_0}\sqrt{n_1^2 - n_2^2} \tag{9-3}$$

于是，引入光纤的数值孔径 NA 这个概念，光纤的数值孔径 NA 表示为

$$\sin \theta_{\mathrm{c}} = \frac{1}{n_0} \sqrt{n_1^2 - n_2^2} = \mathrm{NA} \qquad (9-4)$$

式中，n_0 为光纤周围媒质的折射率。对于空气，$n_0 = 1$。

数值孔径 NA 是光纤的一个基本参数，它决定了能被传播的光束的半孔径角的最大值 θ_{c}，反映了光纤的集光能力。当 NA＝1 时，集光能力达到最大。从式（9-4）可以看出，纤芯与包层的折射率差值越大，数值孔径就越大，光纤的集光能力就越强。石英光纤的 NA＝0.2～0.4。

9.1.5　光纤的传输特性

表征光信号通过光纤时的特性参数有以下几个。

1. 传输损耗

上面在讨论光纤的传光原理时，忽略了光在传播过程中的各种损耗。实际上，入射到光纤中的光，由于存在斯涅尔反射损耗、吸收损耗、全反射损耗及弯曲损耗等，其中一部分在途中就损失了。因此，光纤不可能百分之百地将入射光的能量传播出去。

当光纤长度为 L，输入与输出的光功率分别为 P_{i} 和 P_{o} 时，光纤的损耗系数 α 可以表示为

$$\alpha = -\frac{10}{L} \cdot \lg \frac{P_{\mathrm{o}}}{P_{\mathrm{i}}}$$

光纤损耗可归结为吸收损耗和散射损耗两类。物质的吸收作用将使传输的光能变成热能，造成光能的损失。光纤对不同波长光的吸收率不同，石英光纤材料 SiO_2 对光的吸收发生在波长 $0.16~\mu m$ 附近和 $8 \sim 12~\mu m$ 的范围。散射损耗是由于光纤的材料及其不均匀性或其几何尺寸的缺陷引起的。如瑞利散射就是由于材料的缺陷引起折射率随机性变化所致。

光纤的弯曲也会造成散射损耗。这是由于光纤边界条件的变化，使光在光纤中无法进行全反射传输所致。光纤的弯曲半径越小，造成的散射损耗越大。

2. 色散

所谓光纤的色散，就是输入脉冲在光纤内的传输过程中，由于光波的群速度不同而出现的脉冲展宽现象。光纤色散使传输的信号脉冲发生畸变，从而限制了光纤的传输带宽。光纤色散有以下几种。

(1) 材料色散。材料的折射率随光波长 λ 的变化而变化，使光信号中各波长分量的光的群速度 v_{g} 不同，因此而引起的色散称为材料色散（又称为折射率色散）。

(2) 波导色散。由于波导结构不同，某一波导模式的传播常数 β 随着信号角频率 ω 变化而引起的色散，称为波导色散（有时也称为结构色散）。

(3) 多模色散。在多模光纤中，由于各个模式在同一角频率 ω 下的传播常数不同、群速度不同，因此而产生的色散称为多模色散。单模光纤虽无模式色散，但具有偏振色散。

一般来说，三种色散的大小顺序是：多模色散＞材料色散＞波导色散。

多模色散是阶跃型多模光纤中脉冲展宽的主要根源，多模色散在梯度型光纤中大为减少，因为在这种光纤中不同模式的传播时间几乎彼此相等。在单模光纤中起主要作用的是材料色散和波导色散。采用单色光源（如激光器），可有效地减小材料色散的影响。

3. 容量

输入光纤的可能是强度连续变化的光束，也可能是一组光脉冲，由于存在光纤色散现象，会使脉冲展宽，造成信号畸变，从而限制了光纤的信息容量和品质。

光脉冲的展宽程度可以用延迟时间来反映。设光源的中心频率为 f_0，带宽为 Δf，某一模式光的传播常数为 β，则总的延迟增量 $\Delta\tau$ 为

$$\Delta\tau = \frac{1}{c} \cdot \frac{\Delta f}{f_0} \cdot k_0 \cdot \frac{\mathrm{d}^2\beta}{\mathrm{d}k^2}\bigg|_{f=f_0}$$

式中，c 为真空中的光速。

$$k_0 = \frac{2\pi f_0}{c}$$

$$k = \frac{2\pi f}{c}$$

4. 抗拉强度

可以弯曲是光纤的突出优点。光纤的弯曲性与光纤的抗拉强度的大小有关。抗拉强度大的光纤，不仅强度高，可挠性也好；同时，其环境适应性能也强。

光纤的抗拉强度取决于材料的纯度、分子结构状态、光纤的粗细及缺陷等因素。

5. 集光本领

光纤的集光本领与数值孔径有密切的关系。如图 9-5 所示，光纤的数值孔径 NA 定义为当光从空气中入射到光纤端面时的光锥半角的正弦，即

$$\mathrm{NA} = \sin\theta_c$$

光锥的大小是使此角锥内所有方位的光线一旦进入光纤，就被截留在纤芯中，沿着光纤传播。

对于阶跃型光纤，其数值孔径可表示为

$$\mathrm{NA} = \sin\theta_c = \frac{1}{n_0}\sqrt{n_1^2 - n_2^2}$$

当光信号从空气中射入光纤时，数值孔径可表示为

$$\mathrm{NA} = \sqrt{n_1^2 - n_2^2} \tag{9-5}$$

数值孔径只决定于光纤的折射率，与光纤的尺寸无关。因此，光纤就可以做得很细，使之柔软可以弯曲，这是一般光学系统无法做到的。

当光纤的数值孔径最大时，光纤的集光本领也最强。

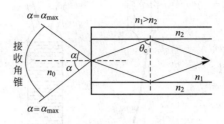

图 9 - 5　光纤的接收角锥

9.1.6　光纤的耦合

光纤的耦合分为强耦合和弱耦合两种。光纤强耦合是光纤纤芯间形成直通，传输模直接进入耦合臂；光纤弱耦合是通过光纤的弯曲，或使其耦合处成锥状。于是，纤芯中的部分传导模变为包层模，再由包层进入耦合臂中的纤芯，形成传导模。

常用的耦合器有 3 种结构形式：拼接型、熔融拉锥型和腐蚀光纤耦合器。其中，前二者结构形式的耦合器又称为搭接光纤耦合器。

（1）把每根光纤埋入玻璃块的弧形槽中，将其侧面研磨抛光，使光纤耦合处的包层厚度达到一定的要求，然后将两根光纤拼接在一起，如图 9 - 6(a)所示。

（2）将两根光纤稍加扭绞，用微火炬对耦合部位进行加热，在熔融过程中拉伸光纤，最后拉细成形，如图 9 - 6(b)所示。此时，在两根光纤的耦合部位形成双锥区，两根光纤包层合并在一起，纤芯变细，形成了一个新的合成光波通路，从而构成弱耦合。

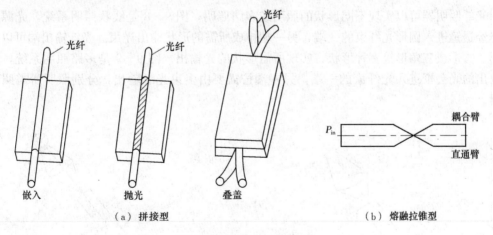

图 9 - 6　搭接光纤耦合器

（3）将光纤的局部外套去掉，腐蚀掉光纤耦合部位的大部分包层，并将两根光纤的纤芯紧紧接触在一起，然后进行加固，如图 9 - 7 所示。还可通过控制扭力或张力，调节光纤间距，以达到调节光纤耦合强弱的目的。

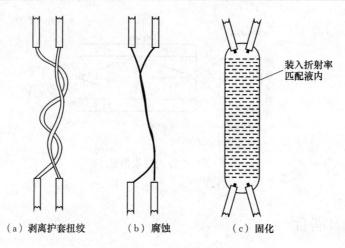

（a）剥离护套扭绞　　　　（b）腐蚀　　　　（c）固化

图 9-7　腐蚀光纤耦合器

9.2　光导纤维的应用

光导纤维除了应用于光通信、制作传感器外，还可以应用于导光和传像。

9.2.1　光纤在直接导光方面的应用

利用光纤柔软可弯曲的特点，可按需要制成各种导光器。

1. 光纤照明器

光纤照明器可以实现不同形状的照明或多路照明。图 9-8 是线状照明系统，光源发出的光经透镜进入圆形光纤束的一端，另一端排成所需的形状输出光束。光纤输出端可以排成圆形、方形或三角形等多种形状，实现所需形状的光输出。图 9-9 是多路照明系统，光源所发出的光会聚进入光纤束的一端，另一端按需要由多束光纤输出，分别照明所需照明的位置。

图 9-8　线状照明系统

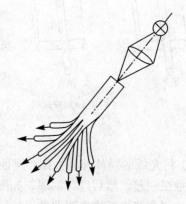

图 9-9　多路照明系统

在检测技术中光纤照明器常制成叉形，又叫 Y 形光纤耦合器，如图 9 - 10 所示。合成一端作为探头，探测待测信息；两支分束光纤一支接受光源的光，另一支输出返回探头的光，从而使光电探测器获得所需的光信息。待测信息可以是孔或平面的粗糙度、位置、尺寸、变形、压力等。这些信息按性质不同反应为光的强弱、光谱的变化或角分布变化等。

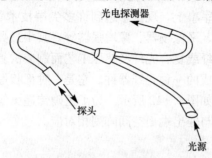

图 9 - 10　Y 形光纤耦合器示意图

Y 形光纤耦合器可用不同的方式合成。第一种是将两束光纤均匀混合排列；第二种是各占一半；第三种是中间为发射光纤束，周围是接收光纤束或两柱形光纤束并联。

2. 光纤束行扫描器

利用直线-圆环光纤转换器和 Z 形导光管可以对移动目标实现图像信号的采集。光纤束行扫描器如图 9 - 11 所示。条状光源照明移动的带状待测物的一行，线状排列的光纤将光源所照明的那一行物体的信息采入，并传递到直线-圆环光纤转换器上。Z 形导光管以输出光轴为旋转轴扫描圆环，将圆环光纤输出信息按时序由聚光镜会聚于光电探测器上。光电探测器输出的时序信号就是对待测物的扫描信号。

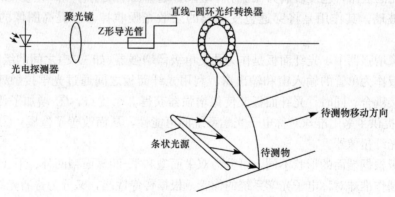

图 9 - 11　光纤束行扫描器原理

3. 光纤直接导光的其他应用

光纤直接导光的例子很多。例如，对于多种光的合成，利用光纤比利用光学系统方便得多；又如激光手术刀就是利用光纤束传输激光，使激光能量以高入射功率密度(1～10 W)聚焦在人体某部分组织表面上，辐射能为人体组织吸收、升温，最后气化而切除。激光加工、加热及海底供能等，采用光纤束传输能量是最佳的方案。

9.2.2 光纤面板

光纤面板的用途较广泛，它的出现被誉为电子光学的一次革命。同其他高技术产品一样，光纤面板最初也是用在军事上，现已渗透到许多尖端技术领域。利用光纤面板的特点，可制成各种记录管、摄像管、平像场器、像增强器等，其中最典型的应用是制造像增强器。

光纤面板是用多根单光纤或复合光纤经热压工艺而制成的真空气密性良好的光纤棒，然后按需要进行切片、抛光而成的一种光纤器件。它是一种面板厚度远小于面板直径的板状传像元件，其形状各式各样，如图9-12所示。为了正确传递图像，光纤间必须对应排列，由棒中切出的每块面板的输入与输出端面空间阵列相对应。

图 9-12　各种光学纤维面板

光纤面板主要由3种玻璃组成：芯玻璃、包皮玻璃和光吸收玻璃。芯玻璃是一种高折射率玻璃，是光的通路；包皮玻璃为低折射率玻璃，起界面全反射作用；光吸收玻璃是一种不透明的黑色玻璃，其作用是将穿透包皮玻璃的杂散光吸收掉，以提高图像的对比度及分辨率。

在一代像增强器中，光纤面板是作为几支单级像增强器（如三支）之间的级间耦合元件。采用光纤面板作为单管的输入窗和输出窗，利用光纤面板之间通过光学接触即可传像的性能，可以直接耦合。同时，光纤面板又使像增强器获得3个优点：① 增加了传递图像的传光效率；② 提供了采用准球对称电子光学系统的可能性，从而改善了像质；③ 可制成锥形光纤面板或光纤扭像器。

光纤面板根据端面的形状不同，可分为双平面型和平-凹球面型两种。平-凹球面型的光纤面板用于制作准球对称电子光学系统的像管。根据传像性能，又分为普通光纤面板、变放大率的锥形光纤面板和传递倒像的光纤扭像器等。

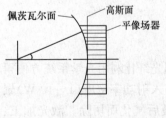

图 9-13　光纤面板平像场器

光纤面板平像场器是光纤面板的又一应用，在摄影特别是在广角摄影中，要求物镜不产生畸变和场曲，有时很难做到。而利用光纤面板制成校正元件，同时可以校正畸变和场曲。图9-13是一个用来消除场曲的光纤面板平像场器。凹面为输入端，其曲面与物镜像场形状一致。平面为平像场器的输出端。

1. 光纤扭像器和锥形光纤光锥

当光纤面板的输入面与其输出面之间旋转了 180°时，光纤面板可以实现像管倒像。因此，它的输入像与其输出像刚好为正像与倒像的关系。通常将这种能成倒像的光纤面板称为光纤扭像器(也称光纤倒像器)，如图 9-14 所示。光纤扭像器主要用来代替微光夜视仪中的中继透镜系统，也被广泛应用于需要倒像的装置中。

图 9-14　光纤扭像器

锥形光纤所组成的光纤面板具有放大和缩小图像的作用。锥形光纤面板传递图像的原理与普通光纤面板的原理相同，唯一不同的是图像传递的放大率不为 1。锥形光纤如图 9-15 所示，常作为图像耦合器件使用，广泛应用于像增强器耦合以及电视成像和先进的光电成像应用方面。

图 9-15　锥形光纤

图 9-16 画出了光线在锥角为 γ 的锥形光纤中传播的路径。假设在前两次反射之间光线在轴向前进的距离 S_1 为

$$S_1 = \frac{D_1}{\tan \beta_1 - \tan \gamma} \tag{9-6}$$

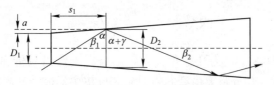

图 9-16　锥形光纤示意图

光线在锥形光纤界面反射的特点是其落点处的光纤直径在逐渐增大。相邻的落点处光纤

直径之间的关系为

$$D_2 = D_1 + 2a = D_1\left(1 + \frac{2\tan\gamma}{\tan\beta_1 - \tan\gamma}\right) \tag{9-7}$$

由此可知，这一段锥形光纤的横向放大率

$$M_i = \frac{D_2}{D_1} = 1 + \frac{2\tan\gamma}{\tan\beta_1 - \tan\gamma} \tag{9-8}$$

同时可得到这一段锥形光纤的角放大率

$$M_\beta = \frac{\beta_2}{\beta_1} = \frac{\beta_2}{\beta_2 + 2\gamma} = \frac{1}{1 + \dfrac{2\gamma}{\beta_2}} \tag{9-9}$$

依据傍轴光学条件，并且考虑到 $\beta_1 \gg \gamma$，则式(9-8)和式(9-9)可以做下述近似处理

$$M_i = 1 + \frac{2\gamma}{\beta_1 - \gamma} = 1 + \frac{2\gamma}{\beta_1} \tag{9-10}$$

$$M_\beta = = \frac{1}{1 + \dfrac{2\gamma}{\beta_1 - 2\gamma}} \approx \frac{1}{1 + \dfrac{2\gamma}{\beta_1}} \tag{9-11}$$

依据式(9-10)和式(9-11)可已得到

$$M_\beta M_i = 1 + \frac{2\gamma}{\beta_1}\left(\frac{1}{1 + \dfrac{2\gamma}{\beta_1 - 2\gamma}}\right) = 1 \tag{9-12}$$

式(9-12)就是普通光学透镜的物和像空间等折射率的拉格朗日定律。通过上面的分析，可以看出在一级近似的条件下，锥形光纤与普通玻璃透镜具有相同的传像特性。

由式(9-8)、式(9-9)和式(9-12)可知

$$D_2 \sin\beta_2 = D_1 \sin\beta_1 \tag{9-13}$$

由此可以得出结论：当光线从锥形光纤的细端入射时，锥形光纤提高了入射光束的准直特性。

2. 数值孔径与三环效应

表征光学元件集光性能的参数是数值孔径。根据定义可以写出光纤面板的数值孔径的表达式

$$NA = \sin\beta = \frac{1}{n_0} \cdot \sqrt{n_1^2 - n_2^2} \tag{9-14}$$

式中，NA 为数值孔径；β 为孔径角。光纤面板在光纤内只传递入射角小于 β 的光线，入射角大于 β 的光线的一部分将要由纤芯折射到芯外皮中形成杂散光，这将破坏图像的传递特性。因此，NA 值表明了光纤面板的集光能力和传递图像的性能。

式(9-14)是取子午面内的入射光线推导的。如果入射光线不在子午面内，当入射面与子午面交角为 θ 时，则其数值孔径的公式变为

$$NA' = \sin \beta' = \frac{\sin \beta}{\cos \theta} = NA \frac{1}{\cos \theta} \qquad (9-15)$$

光纤面板的有效传光效率总是小于 1 的。当入射光为朗伯光源时，其效率为 $50\% \sim 60\%$。降低有效传光效率的因素有三点：

① 入射到光纤外皮的光全部是无效的（光纤面板的外皮截面积占总截面积的比约为 30%）；

② 光线在光纤面板端面上及界面处的反射引起的损失；

③ 光线在光纤之间的串光引起的损失。

光纤间串光的起因可以用三环效应来说明。当用准直光束照射光纤面板时，其输出光呈现三个环带，分别为：

① 出射角最小的第一环带光，其出射角 β_0 与入射角 β_i 为下式所表述的关系

$$\sin \beta_0 = \sqrt{\sin \beta_i^2 - \sin \beta^2} \qquad (9-16)$$

这是由纤芯向外皮串光所产生的光环。

② 出射角相等的第二环带光。其出射角 β_0 与入射角 β_i 为下式所表述的关系

$$\sin \beta_0 = \sin \beta_i \qquad (9-17)$$

这是由纤芯经全反射所产生的光环，同时也有入射到光纤外皮又由外皮出射的光。

③ 出射角最大的第三环带光，其出射角 β_0 与入射角 β_i 为下式所表达的关系

$$\sin \beta_0 = \sqrt{\sin \beta_i^2 + \sin \beta^2} \qquad (9-18)$$

这是由光纤外皮向纤芯串光所产生的光环。

在上述三个环带光中，只有由纤芯出射的第二环带的光可有效传递图像，其余环带的光都会造成图像对比度的下降。为了提高图像对比度需在光纤的外部涂以吸光层或在缝隙中加入吸光丝（玻璃），通过吸收杂散的串光来提高光纤面板的传像特性。

9.3　光纤传感器的分类及构成

9.3.1　光纤传感器的分类

光纤传感器种类繁多，可以称为万能传感器。目前已证明可作为加速度、角加速度、速度、角速度、位移、角位移、压力、弯曲、应变、转矩、温度、电压、电流、液位、流量、流速、浓度、pH 值、磁场、声强、光强、射线等 70 多个物理量的传感器。但是目前实际应用得还很少，因此是一个发展潜力极大的领域。

按照光纤在检测系统中所起的作用分类，光纤传感器包括功能型光纤传感器（即光纤本身既是传输介质又是传感器）和非功能型光纤传感器（即光纤只是信息传输介质，而传感器要采用其他元件来进行光电转换）。

1. 功能型光纤传感器

功能型光纤传感器如图 9 - 17(a)所示。这种类型主要使用单模光纤。光纤不仅起传光作用，同时又是敏感元件，即光纤本身同时具有传、感两种功能。功能型光纤传感器是利用

光纤本身的传输特性受被测物理量的作用而发生变化，使光纤中波导光的属性(光强、相位、偏振态、波长等)被调制这一特点而构成的一类传感器，其中有光强调制型、相位调制型、偏振态调制型和波长调制型等几种。其典型例子有：利用光纤在高电场下的泡克耳斯效应的光纤电压传感器，利用光纤法拉第效应的光纤电流传感器，利用光纤微弯效应的光纤位移(压力)传感器等。

功能型光纤传感器的优点是，由于光纤本身是敏感元件，因此加长光纤的长度，可以得到很高的灵敏度。尤其是利用各种干涉技术对光的相位变化进行测量的光纤传感器，具有极高的灵敏度。这类传感器的缺点是，技术难度大，结构复杂，调整较困难。

2. 非功能型光纤传感器

非功能型光纤传感器是在光纤的端面或在两根光纤中间放置机械式或光学式的敏感元件来感受被测物理量的变化，从而使透射光或反射光强度随之发生变化。在这种情况下，光纤只是作为光的传输回路，如图 9-17(b)、图 9-17(c)所示。为了得到较大的受光量和传输的光功率。使用的光纤主要是数值孔径和芯径大的阶跃型多模光纤。这类光纤传感器的特点是结构简单、可靠，技术上易实现，但其灵敏度、测量精度一般低于功能型光纤传感器。

在非功能型光纤传感器中，也有并不需要外加敏感元件的情况，光纤把测量对象所辐射、反射的光信号传输到光电元件(如图 9-17(d)所示)。这种光纤传感器也叫探针型光纤传感器。典型的例子有光纤激光多普勒速度传感器、光纤辐射温度传感器和光纤液位传感器等，其特点是非接触式测量，而且具有较高的精度。

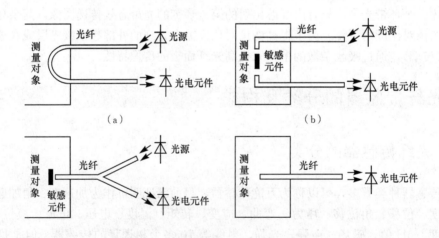

图 9-17　光纤传感器的基本结构原理示意图

9.3.2　光纤传感器的基本构成

光纤传感器的基本组成除光纤以外，还有光源和光电元件。

1. 光源

在实际应用中，人们希望能研制出一种适合于各种系统的光源。激光二极管(LD)和发光二极管(LED)的发射波段分别是 $0.8 \sim 0.9\ \mu m$ 和 $0.3 \sim 1.1\ \mu m$，在这一波段石英光纤的损耗最小。特别是激光二极管具有亮度高、易于进行吉赫兹的直接调制、尺寸小等优点，一直受到人们的注意。

除了上述光源外，还可采用白炽灯等作光源。一般选择光源时，根据系统的用途和所用光纤的类型，对光源还要提出功率和调制的要求。

2. 光电元件

光纤传感器常用如下 4 种光电元件作探测器：普通光电二极管、雪崩光电二极管、肖特基光电二极管、光电晶体管，有时也用电荷耦合器件、光电导体和光电倍增管等。

9.3.3　光纤传感器的优点

与传统的电测量传感器相比较，光纤传感器有许多优点。

① 光纤传感器的电绝缘性能好，表面耐压可达 $4\ kV/cm$，且不受周围电磁场的干扰。

② 光纤传感器的几何形状适应性强。由于光纤所具有的柔性，使用及放置均较为方便。

③ 光纤传感器的传输频带宽，带宽与距离之积可达 $30\ MHz \cdot km \sim 10\ GHz \cdot km$ 之多。

④ 光纤传感器无电源，可视为无源系统，因此使用安全，特别是在易燃易爆的场合更为适用。

⑤ 光纤传感器通常既是信息探测器件，又是信息传递器件。

⑥ 光纤传感器的材料决定了它有强的耐水性和强的抗腐蚀性。

⑦ 由于光纤传感器体积小，因此对测量场的分布特性影响较小。

⑧ 光纤传感器的最大优点在于它们探测信息的灵敏度很高。

9.4　功能型光纤传感器

9.4.1　相位调制型光纤传感器

1. 相位调制的原理

波长为 λ 的相干光在光纤中传播时，光波的相位角与光纤的长度 L、纤芯折射率 n_1 和纤芯直径 d 有关。光纤受到物理量的作用时，这 3 个参数就会发生不同程度的变化，从而引起光的相位角的变化。一般来说，光纤纤芯直径引起光相位的变化很小，可以忽略。由普通物理学知道，在一长为 L、纤芯折射率为 n_1 的单模光纤中，波长为 λ 的输出光相对输入端来说，其相角 ϕ 为

$$\phi = \frac{2\pi n_1 L}{\lambda} \tag{9-19}$$

当光纤受到物理量的作用时，则相位角变化为

$$\Delta\phi = \frac{2\pi}{\lambda}(n_1 \Delta L + L\Delta n_1) = \frac{2\pi L}{\lambda}(n_1 \varepsilon_L + \Delta n_1) \tag{9-20}$$

式中：$\Delta\phi$——光波相位角的变化量；

$\quad\quad\Delta L$——光纤长度的变化量；

$\quad\quad\Delta n_1$——光纤纤芯折射率的变化量；

$\quad\quad\varepsilon_L$——光纤轴向应变（$\varepsilon_L = \Delta L/L$）。

于是，就可以应用光的相位检测技术测量出温度、压力、加速度、电流等物理量。

　　由于光的频率很高（约为 10^{14} Hz），光电探测器不能跟踪以这样高的频率进行变化的瞬时值，因此光波的相位变化是不能够直接被检测到的。为此，应用干涉技术将相位调制转换成振幅（强度）调制。在光纤传感器中常采用马赫－泽德（Mach-Zehnder）干涉仪等几种不同的干涉测量仪。

2. 相位调制型光纤压力和温度传感器

　　利用马赫－泽德干涉仪测量压力或温度的相位调制型光纤传感器组成原理，如图 9-18 所示，激光器发出的一束相干光经过扩束以后，被分束器分成两束光，分别耦合到传感光纤和参考光纤中。传感光纤被置于被测对象的环境中，感受压力（或温度）信号；参考光纤不感受被测物理量。这两根单模光纤构成干涉仪的两个臂，再通过光纤耦合器组合起来，以便产生相互干涉，形成一系列明暗相间的干涉条纹。

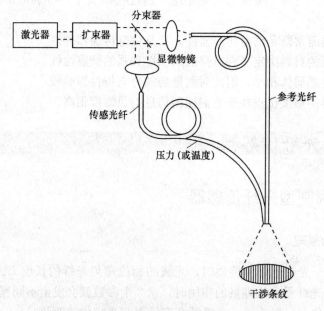

图 9-18　相位调制型光纤传感器组成原理图

　　当传感光纤感受到温度变化时，光纤的折射率会发生变化，而且因光纤的热胀冷缩使其长度发生改变。由式（9-20）知，光纤的长度和折射率的变化，将会引起传播光的相位角变化。这样，传感光纤和参考光纤的两束输出光的相位也发生了变化，从而使合成光强的强弱随着相位的变化而变化。通过光电探测器就可以将合成光强的强弱变化转换成电信号大小的变化，图 9-19 所示为一相位调制实例。由图 9-19 可以看出，在初始情况（室温 26 ℃）下，传感光纤中的传播光与参考光纤中的传播光同相，输出光电流最大。随着 T 的上升，相位增加，光电流逐渐减小。T 上升到 26.03℃，相移增加 π，光电流达到最小值；T 上升到 26.06℃，相移增加到 2π，光电流又上升到最大值。这样，光的相位调制便转换成电流信号的幅值调制。T 上升了 0.06℃，相位变化了 2π，干涉条纹移动了一根。如果在两光纤的输出端用光电元件来扫描干涉条纹的移动，并变换成电信号，放大后输入记录仪，从记录的移动条纹数就可以检测出温度信号。

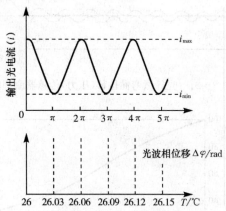

图 9-19　相位调制实例（光相位变化、输出电流与温度的关系）

9.4.2　光强调制型光纤传感器

光纤微弯曲位移和压力传感器是光强调制型光纤传感器的一个典型例子。它是基于光纤微弯而产生的弯曲损耗原理制成的，损耗的机理可用图 9-20 中光纤微弯对传播光的影响来说明。

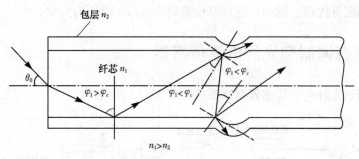

图 9-20　光纤微弯对传播光的影响

假如光线在光纤的直线段以大于临界角入界面（$\varphi_1 > \varphi_c$），则光线在界面上产生全反射。当光线射入微弯曲段的界面上时，入射角将小于临界角（$\varphi_1 < \varphi_c$）。这时，全反射被破坏，一部分光在纤芯和包层的界面上反射；另一部分光则透射进入包层，从而导致光能的损耗。光纤微弯曲传感器（如图 9-21 所示）就基于这一原理而研制的。该传感器由两块波形板（变形器）构成，其中一块是活动板，另一块是固定板，光纤从一对波形板之间通过。当活动板受到微扰（如位移或压力）作用时，光纤就会发生周期性微弯曲，引起传播光的散射损耗，使光在芯模中重新分配：一部分光从纤芯进入包层，另一部分光反射回纤芯。当活动板的位移（或压力）增

加时，泄漏到包层的散射光随之增大，光纤芯模的输出光强度就减小(参见图 9-22)，于是光强就受到了调制。通过检测光纤输出光的强度就能测出位移(或压力)信号。

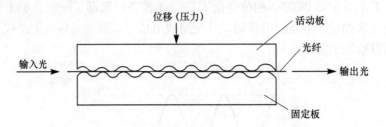

图 9-21　光纤微弯曲位移(压力)传感器原理图

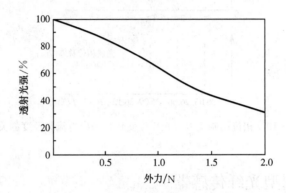

图 9-22　光纤芯透射光强度与外力的关系

　　光纤微弯曲传感器的一个突出优点是光功率维持在光纤内部，因此可以免除周围环境污染的影响，适宜在恶劣环境中使用。另外，这种传感器还具有灵敏度较高、结构简单、动态范围宽、性能稳定等优点。例如，它可以检测到 $100\ \mu\text{Pa}$ 的压力变化。

9.4.3　偏振态调制型光纤电流传感器

偏振态调制型光纤电流传感器测试原理如图 9-23 所示。

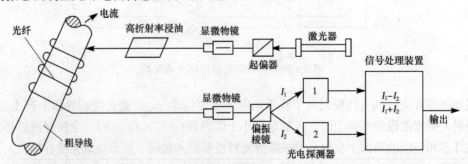

图 9-23　偏振态调制型光纤电流传感器测试原理

　　根据法拉第旋光效应，由电流所形成的磁场会引起光纤中线偏振光的偏转。通过检测偏转角的大小，就可得到相应的电流值。如图 9-23 所示，从激光器发出的激光经起偏器变成线偏振光，由显微物镜聚焦耦合到单模光纤中。为了消除光纤中的包层模，可把光纤浸在折射率高于包层的油中，再将单模光纤以半径 R 绕在高压载流导线上。设通过其中的电流为 I，由此产生的磁场 H 满足安培环路定律。对于无限长直导线，则有

$$H = \frac{I}{2\pi R} \tag{9-21}$$

由法拉第旋光效应引起光纤中线偏振光的偏转角为

$$\theta = \frac{VLI}{2\pi R} = VLH \tag{9-22}$$

式中：V——费尔德常量（对于石英，$V=3.7 \times 10^{-4}$ rad/A）；

　　　L——受磁场作用的光纤长度。

　　受磁场作用的光束由光纤输出端经显微物镜耦合到偏振棱镜，此处的偏振棱镜采用渥拉斯顿棱镜，并分解成振动方向相互垂直的两束线偏振光。制作传感器时使渥拉斯顿棱镜的光轴与起偏器的偏振方向成 45°角，则可得到两束线偏振光的强度，分别为

$$I_1 = I_0 \sin^2(45° + \theta) \tag{9-23}$$
$$I_2 = I_0 \cos^2(45° + \theta) \tag{9-24}$$

I_1 和 I_2 这两束光，分别进入光电探测器 1 和 2，再经信号处理后得到输出信号为

$$P = \frac{I_1 - I_2}{I_1 + I_2} = \sin 2\theta \approx \frac{VLI}{\pi R} = 2VNI \tag{9-25}$$

$$I = \frac{P}{2VN} \tag{9-26}$$

式中，N 为绕在输电线上光纤的匝数。由此可见，只要测试系统的 V 和 N 确定，就可通过输出信号的大小，获得被测输电线上的电流值。

　　另外，应注意到光纤中双折射现象的影响（例如，光纤中的应力、光纤在输电线上环绕的弯曲和光纤横截面具有一定的椭圆度等因素都会造成双折射现象），并尽量予以减小。

　　偏振态调制光纤电流传感器测量范围大、灵敏度高、可实现无中断检测等优点，适用于高压输电线大电流的测量，目前，在 15～40 kV 的高压输电线上，测量范围为 0.5～2 000 A，测量精度优于 1%。

9.5　非功能型光纤传感器

　　光纤本身不是敏感元件的非功能型光纤传感器，主要依据敏感元件对光强的调制这一原理进行工作。非功能型光纤传感器又可分为传输光强调制型和反射光强调制型两种。

9.5.1　传输光强调制型光纤传感器

　　传输光强调制型光纤传感器，一般是在输入光纤与输出光纤之间放置机械式或光学式的

敏感元件。敏感元件在物理量的作用下对传输的光强进行调制,如吸收光的能量、遮断光路及改变光纤之间的相对位置等。

图 9-24 为半导体吸收式传输光强调制型光纤传感器测温系统原理图。

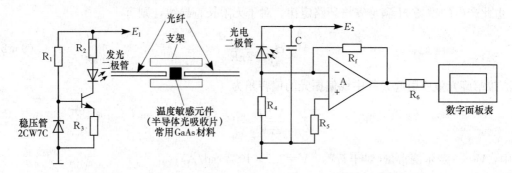

图 9-24　半导体吸收式传输光强调制型光纤传感器测温系统原理图

在图 9-24 中,输入光纤和输出光纤两端面间夹一片厚度约零点几毫米的半导体光吸收片,并用不锈钢管加以固定,使半导体与光纤成为一体。它的关键部件是半导体光吸收片,其半导体的本征吸收长波限 λ_g 随温度增加而向长波长的方向位移。由图 9-25 可以看出,半导体对光的吸收随长波限 λ_g 的变短而急剧增加(在温度 T 一定时),即透过率急剧下降;反之,随着长波限 λ_g 的变长,半导体的透光率增大。由此可见,在光源 λ 一定的情况下,通过半导体的透射光强随温度 T 的增加而减小。

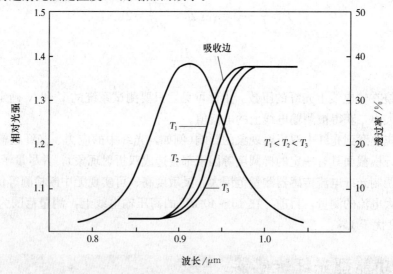

图 9-25　半导体的透射光强与温度的关系

图 9-24 所示系统光源中所用的发光二极管,其发光光谱应与半导体的吸收光谱互相匹配。敏感材料的夹入可看成是在光纤耦合器的中部切断的置入。系统组成并通过调试后,光源发出的稳定光强通过输入光纤传到半导体薄片,透射光强受到所测温度的调制,并由输出光纤传到光电探测器,转换成电信号输出从而达到测温的目的。该系统的温度测量范围为 $-20\sim300\ ℃$ 。精确度约为 $\pm3\ ℃$ 。响应时间常数约 $2\ s$,能在强电场环境中工作。

9.5.2 反射光强调制型光纤传感器

图 9-26 光纤动态压力传感器是一个反射光强调制型的光纤传感器。整个系统由光源、压力膜片、光接收电路、光敏二极管、Y 形光纤束和放大器等组成。压力敏感元件——压力膜片一方面用以感受压力流场的平均压力和脉动压力，另一方面用以反射光。它是用不锈钢材料制成的圆形平膜片，膜片的内表面抛光后镀一层反射膜，以提高反射率。Y 形光纤束约由 3 000 根直径为 50 μm 的阶跃型光纤（NA＝0.603）集束而成。它被分成纤维数目大致相等、长度相同的两束：发送光纤束和接收光纤束。为了补偿光源光功率的波动及减少光敏二极管的噪声，系统增加了一根补偿光纤束。

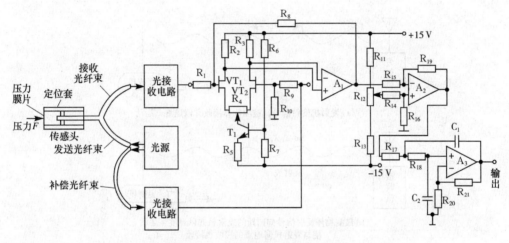

图 9-26 光纤动态压力传感原理图

由膜片的挠度理论知，周边固定的圆形平膜片，其中心位移与压力成正比。当压力变化时，膜片与光纤端面之间的距离将线性地变化。因此，光纤接收的反射光强度将随压力变化而线性变化。此光信号被光敏二极管变成相应的微弱光电流。经放大、滤波后输出与压力成正比的电压信号。

该系统的优点是：频率响应范围宽，脉动压力的频率在 0～18 kHz 的范围内变化；灵敏度高；输出幅度大，放大后的输出信号可达几伏。此外，该系统还具有结构简单、容易实现的优点。

9.5.3 频率调制型光纤传感器

频率调制型光纤传感器属于非功能型光纤传感器，调制原理是光学多普勒效应。

如果有一台发射机和一台接收机相对静止，则接收机收到的信号频率等于发射机发射的信号频率；假若发射机与接收机之间的距离在不断变化，则发射机发射的信号频率与接收机收到的信号频率就不同。这一现象称为多普勒效应。

当发射机和接收机在同一地点且两者无相对运动，而被测物体以速度 v 向发射机和接收机运动时，可以把被测物体对信号的反射现象看成是有一个运动着的发射机在发射信号。这样，接收机和被测物体之间因有相对运动，所以就产生了多普勒效应。

如图 9-27(a)所示，发射机发射出的电磁波向被测物体传输，以速度 v 向发射机运动的被测物体接收到的信号频率为

$$f_1 = f_0 + \frac{v}{\lambda_0} \tag{9-27}$$

式中：f_0——发射机发射信号频率；

$\quad v$——被测物体的运动速度；

$\quad \lambda_0$——发射信号的波长，$\lambda_0 = c/f_0$；

$\quad c$——电磁波的传播速度。

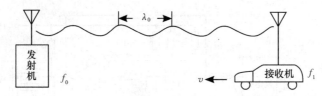

(a) 发射机发射信号，被测物体接收并以速度 v 运动

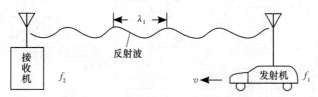

(b) 被测物体反射信号如同新的发射机并以速度 v 运动
使与发射机同地点的接收机接收

图 9-27　多普勒效应产生过程示意图

若把 f_1 看成新的发射机向与发射机同地点的接收机发射的信号（如图 9-27(b)所示），则接收机接收到的信号频率为

$$f_2 = f_1 + \frac{v}{\lambda_1} = f_0 + \frac{v}{\lambda_0} + \frac{v}{\lambda_1} \tag{9-28}$$

由于被测物体的运动速度远小于电磁波的传播速度，则可认为 $\lambda_0 = \lambda_1$，于是有

$$f_2 = f_0 + 2\frac{v}{\lambda_0} \tag{9-29}$$

由多普勒效应产生的频率之差称为多普勒频率，即

$$f_d = f_2 - f_0 = 2\frac{v}{\lambda_0} \tag{9-30}$$

式(9-30)说明，被测物体的运动速度 v 可以用多普勒频率来描述。

一般情况下，光学多普勒效应可用图 9-28 加以说明。图中，S 为光源，P 为运动物体，Q 是观察者所处的位置。如果物体 P 的运动速度为 v，P 的运动方向与 PS 的夹角为 θ_1，P 的运动方向与 PQ 的夹角为 θ_2。则从 S 射出的频率为 f_1 的光，经过运动物体 P 散射，观

察者在 Q 处观察到的频率为 f_2。根据多普勒原理可得

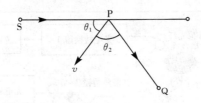

图 9 - 28　光学多普勒效应示意图

$$f_2 = f_1 \left[1 + \frac{v}{c}(\cos\theta_1 + \cos\theta_2) \right]$$

式中，c 为真空中的光速。

知道了发射频率和接收频率，从它们之差就可以求得物体的运动速度。

采用光纤多普勒测量系统，对研究流体流动特别有效。尤其是对微小流量的测量，希望测量系统不干扰流体的流动，而光纤正好具有能做成微型探头的优点。

如图 9 - 29 所示是一个典型的激光多普勒光纤测速系统。当激光沿着光纤投射到测速点 A 时，被测物体的散射光与光纤端面的反射光（起参考光作用）一起沿着光纤返回。为消除从透镜反射回来的光，在光电探测器前边装一块偏振片 R，使光电探测器只能检测出与原来光束偏振方向相垂直的偏振光。这样，频率不同的信号光与参考光共同作用在光电探测器上，并产生差拍。形成的光电流经频谱分析处理求出频率的变化，进一步可算出物体的速度。

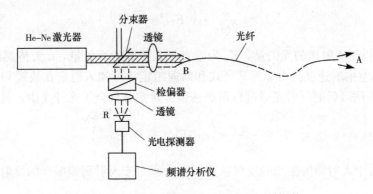

图 9 - 29　典型的激光多普勒光纤测速系统

9.5.4　光纤液体折射率传感器

光纤液体折射率传感器是一个反射光强调制型的光纤传感器，其原理示意图如图 9 - 30 所示。

整个系统由半导体激光器、1×2 光开关、Y 形光纤耦合器（分光比为 50∶50）、传感棱镜、自聚焦透镜 1、光电转换器和放大处理电路（I/V）组成。激光器发出的连续光通过光纤注入受计算机控制的光开关中进行低频光调制而变为低频光波。被调制的光波由光纤 1 进入由三根光纤组成的 Y 形光纤耦合器中，在耦合区被分离的两光束分别进入光纤 2 和光纤 3

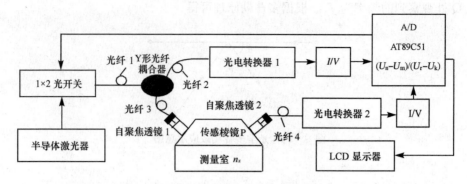

图 9-30　光纤液体折射率传感器原理示意图

中，光纤 2 中的光用来校正因光强变化而引起的误差，光纤 3 中的光用来探测溶液的浓度信息。两个光电转换器 1、2 的型号和特性基本一致，其光谱响应与光源波长相匹配。根据被测溶液的浓度范围，可以确定传感棱镜 P 的两底角；1×2 光开关受 AT89C51 控制，用于产生调制光波。作为扩束耦合光学系统的自聚焦透镜 1、2 用加拿大树胶粘于传感棱镜 P 的两个斜面上。图 9-30 中两个自聚焦透镜 1、2 严格处于对称位置。传感棱镜 P 由 K9 玻璃组成，其折射率为 1.516 3。通过自聚焦透镜 1 准直的光束在传感棱镜 P 与待测溶液的界面拾取溶液浓度信息后被自聚焦透镜 2 聚焦并耦合于光纤 4 中。

假设进入光纤 2 的光强为 I_0，由自聚焦透镜 1 进入传感棱镜 P 中的光强为

$$I_1 = \frac{n}{2c\mu_0} \cdot \left(|E_P|^2 + |E_S|^2 \right) \tag{9-31}$$

式中，E_P 为平行于入射面的光矢量，E_S 为垂直于入射面的光矢量，n 为传感棱镜 P 的折射率，c 为光在真空中的速度。由菲涅耳公式和斯涅尔定律可知入射光在棱镜与测量室内溶液的界面与溶液作用以后的反射光通过自聚焦透镜 2 聚焦并耦合于光纤 4 中，其光强为

$$I_2 = \frac{n}{2c\mu_0} \cdot \left(r_P^2 |E_P|^2 + r_S^2 |E_S|^2 \right) \tag{9-32}$$

式中，r_P 为平行于入射面偏振光的反射系数，r_S 为垂直于入射面偏振光的反射系数，由菲涅耳公式可知

$$r_P^2 \propto \frac{\tan^2[\alpha - \arcsin(n\sin\alpha/n_x)]}{\tan^2[\alpha + \arcsin(n\sin\alpha/n_x)]}$$

$$r_S^2 \propto \frac{\sin^2[\arcsin(n\sin\alpha/n_x) - \alpha]}{\sin^2[\arcsin(n\sin\alpha/n_x) + \alpha]}$$

由于测量光为调制光波，假设用 U_r、U_k 分别表示调制的参考光在一个调制周期内有光和无光时的电压值；K_1 表示光电转换器 1 的光电转换系数和放大器放大倍数之积；用 U_n、U_m 分别表示传感光在一个调制周期内有光和无光时的电压值；K_2 表示光电转换器 2 的光电转换系数和放大器放大倍数之积，输出信号压差比为

$$R = \frac{U_n - U_m}{U_r - U_k} = \frac{K_2 \cdot I_2}{K_1 \cdot I_0} \tag{9-33}$$

将式(9-32)代入式(9-33)得

$$R = \frac{n}{2c\mu_0} \frac{K_2}{K_1 I_0}(r_P^2 |E_P|^2 + r_S^2 |E_S|^2) \tag{9-34}$$

此式说明，输出信号压差比只与待测信号有关而与光源强度、光探测器的暗电流及放大器的零漂值无关。

应当注意的是，光强调制型的光纤传感器虽然具有成本低、结构简单、设计灵活等优点，但它同时也存在一个致命的缺点，即由于它采用光强作为信息的载体，因此不可避免地要受到光源功率波动、光电探测器特性漂移等因素的影响，而光源功率波动是导致测量精度降低的主要原因。因此，要想获得高精度和高稳定性的测量，必须采取有效措施克服这种影响。

这里需要强调的是，光纤液体折射率传感器不适合于在线监测容易黏附在测头表面的污浊、黏稠溶液的浓度。

9-1　试述光纤的结构和传光原理。

9-2　什么是单模光纤和多模光纤？

9-3　光纤传感器有哪两种类型？它们之间有何区别？

9-4　如图9-31所示，某生产线上的一传送带上有工件运行，现要求用光纤传感器实现对工件的自动控制计数。试给出设计方案，画出原理图，并加以说明。（传送带与工件材料不同）

图 9-31　放有工件的传送带

9-5　图9-32为光纤多普勒血液流量计原理示意图。它是专门用来测量人体血管中血液流量的装置，试述其结构特点。

9-6　光纤有哪些用途？光纤锥和光纤倒像器各有哪些用途？

9-7　什么是光纤面板？光纤面板有哪些用途？

9-8　试证明当光从折射率为 n_0 的介质进入光纤时，其数值孔径为

$$NA = \frac{1}{n_0}\sqrt{n_1^2 - n_2^2}$$

其中，n_1 和 n_2 分别为光纤纤芯和包层的折射率。

9-9　光纤面板的传像原理是什么？

9-10　什么是OFP的三环效应？其对传像有什么影响？试导出三环所对应的出射角 β_0

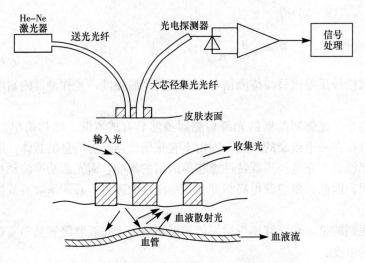

图 9 - 32　光纤多普勒血液流量计原理示意图

与入射角 β_i 及孔径角的关系。

9 - 11　偏振态调制光纤电流传感器中用到哪些物理效应？高折射率浸油有什么作用？

9 - 12　简述渥拉斯顿棱镜的工作原理。

第10章 光外差检测技术

光外差检测是有别于直接检测的另一种检测技术。它是利用光的相干性对光载波所携带的信息进行检测和处理，其检测原理与微波及无线电外差检测原理相似。光外差检测与光直接检测比较，其测量精度要高7～8个数量级。从光检测观点来看，光外差检测具有很多重要优点，如测量速度快、抗干扰能力强及检测灵敏度可达到量子噪声限，其NEP值可达10^{-20} W，可以检测单个光子，进行光子计数。显然，用光外差检测目标或外差通信的作用距离比直接检测远得多；但遗憾的是，光外差检测对信号光和本振光的频率稳定性、偏振状态和空间相位有着非常严格的要求。

在光电检测技术中，当光波频率很高时（如频率$\geqslant 10^{16}$ Hz），每个光子的能量很大，很容易被检测出来，这时光外差检测技术并不显得特别有用。相反，由于直接检测不需要稳定激光频率，在光路上不需要精确的准直，因此，在这种情况下直接检测更为可取。在波长较长的情况下，如在近红外（0.76～1.5 μm）和中红外（1.5～20 μm）波段，已经有了效率高、功率大的激光光源，波长为10.6 μm的CO_2激光器和波长为1.30 μm及1.55 μm的半导体激光器可供使用。但在这个波段缺少像在可见光（0.38～0.76 μm）波段那样高灵敏度的光电检测器。因此，用一般的直接检测方法无法实现接近量子噪声极限的检测，此时光外差检测技术就显示了它的优越性。

10.1 光外差检测原理

在可见光到近红外波段，光外差检测与直接检测相比较有许多优点，在直接检测中由于光的振动频率很高，如可见光为10^{14}量级，因而能流密度的大小随时间的变化很快。而相比较而言，目前光电探测器的响应时间都较慢，如响应最快的光电二极管仅为$10^{-10} \sim 10^{-8}$ s，远远跟不上光能量的瞬时变化，只能响应其平均能量（或平均功率）。在直接检测中，假设光振动的圆频率为ω，振幅为E_0，则光波$E(t)$写成

$$E(t) = E_0 \cos \omega t$$

那么，能流密度的时间平均值，即光强度I为

$$I = \frac{1}{T} \int_0^T \alpha E_0^2 \cos^2 \omega t \, dt = \frac{1}{2} \alpha E_0^2$$

式中，T为光电探测器的响应时间，$\alpha = \sqrt{\varepsilon / \mu_0}$，是比例系数。显然，光波直接检测只能测量到振幅值。下面讨论光外差检测原理。

光外差检测系统是利用光波的振幅、频率和相位携带信息，两束相干光入射到光探测器的光敏面进行混频，形成相干光场，其原理框图如图10-1所示。

图中，f_S为信号光束，f_L为本机振荡（本振）光束。这两束平面平行的相干光，经过分

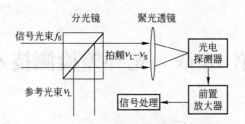

图 10-1　光外差检测系统原理示意图

光镜及聚光透镜入射到光电检测器的光敏面，在光敏面上进行叠加，形成相干光场。经光电检测器变换后，输出信号中包含 $f_c = \nu_S - \nu_L$ 的拍频信号，故又称之为相干检测。

光外差微振动测量实验装置如图 10-2 所示。

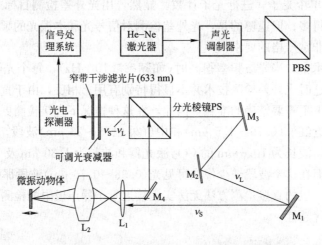

图 10-2　光外差微振动测量实验装置

图 10-2 中的光源是 s 偏振光的 He-Ne 激光器。s 偏振光通过声光调制器（工作在布拉格方式下）后分为两束光：① 频率不变的 0 级光；② 频率改变了的 1 级衍射光。0 级光和 1 级衍射光经过 PBS 反射后到达全反镜 M_1，在全反镜 M_1 处 1 级衍射光被反射到全反镜 M_2，其频率为 ν_L；0 级衍射光被反射到透镜 L_1，其频率 ν_S。0 级衍射光偏离短焦距透镜 L_1 和相机透镜 L_2 的中心，被聚焦在微振动物体的表面，表面反射光通过透镜 L_2 和 L_1 后被全反射镜 M_4 反射到分光棱镜 PS，再经过分光棱镜 PS 的反射通过窄带干涉滤光片和可调光衰减器进入光电探测器。1 级衍射光通过全反射镜 M_2 和 M_3 后通过分光棱镜 PS、窄带干涉滤光片和可调光衰减器进入光电探测器，在光敏面处和振动物体的表面反射光相叠加，发生干涉。为了获得最大的差拍信号，分光棱镜 PS 安装在一个可调整的支架上，以调整两相干光束波前的平行度。窄带干涉滤光片仅让波长为 633 nm 的 He-Ne 激光通过，以提高干涉信号的信噪比。光电探测器采用带前置放大器的高速硅光电转换器，其上升时间为 2～3 ns，信号处理系统采用锁相环作为调相信号解调装置。下面用经典光电磁理论来分析两光束叠加后干涉结果。

假设信号光和本振光具有相同的线性偏振场，它们分别表示为

$$e_S(t, r) = \frac{1}{2}(E_S e^{i(\omega_s t - k_s \cdot r)} + C.C) \tag{10-1}$$

$$e_{\mathrm{L}}(t,\ r)=\frac{1}{2}(E_{\mathrm{L}}\mathrm{e}^{\mathrm{i}(\omega_{\mathrm{L}}t-k_{\mathrm{L}}\cdot r)}+\mathrm{C.\,C}) \tag{10-2}$$

由电磁场理论中的能流密度知道，合成光入射到光电检测器上的光功率为

$$P=\int_{S}\mathrm{d}S\frac{1}{2}\sqrt{\frac{\varepsilon_0}{\mu_0}}\,|E_{\mathrm{S}}\mathrm{e}^{\mathrm{i}(\omega_{\mathrm{S}}t-k_{\mathrm{S}}\cdot r)}+E_{\mathrm{L}}\mathrm{e}^{\mathrm{i}(\omega_{\mathrm{L}}t-k_{\mathrm{L}}\cdot r)}|^2 \tag{10-3}$$

式中，S 为光电检测器的光敏区域，光电检测器上产生的光电流为

$$i=i_{\mathrm{S}}+i_{\mathrm{L}}=e\eta\frac{P}{h\nu}=\frac{e\eta}{h\nu}\int_{S}\mathrm{d}S\frac{1}{2}\sqrt{\frac{\varepsilon_0}{\mu_0}}\,|E_{\mathrm{S}}\mathrm{e}^{\mathrm{i}(\omega_{\mathrm{S}}t-k_{\mathrm{S}}\cdot r)}+E_{\mathrm{L}}\mathrm{e}^{\mathrm{i}(\omega_{\mathrm{L}}t-k_{\mathrm{L}}\cdot r)}|^2$$

$$=\frac{e\eta}{h\nu}\sqrt{\frac{\varepsilon_0}{\mu_0}}\int_{S}\mathrm{d}S\left\{\frac{|E_{\mathrm{S}}|^2}{2}+\frac{|E_{\mathrm{L}}|^2}{2}+\frac{|E_{\mathrm{S}}|^2}{2}\cos^2(\omega_{\mathrm{S}}t+\varphi_{\mathrm{S}})+\right.$$

$$\frac{|E_{\mathrm{L}}|^2}{2}\cos^2(\omega_{\mathrm{L}}t+\varphi_{\mathrm{L}})+E_{\mathrm{L}}\cdot E_{\mathrm{S}}\cos[(\omega_{\mathrm{L}}+\omega_{\mathrm{S}})t+(\varphi_{\mathrm{L}}+\varphi_{\mathrm{S}})]+$$

$$\left.E_{\mathrm{L}}\cdot E_{\mathrm{S}}\cos[(\omega_{\mathrm{L}}-\omega_{\mathrm{S}})t+(\varphi_{\mathrm{L}}-\varphi_{\mathrm{S}})]\right\} \tag{10-4}$$

式中，η 为量子效率；$h\nu$ 为一个光子能量；$\omega_{\mathrm{c}}=\omega_{\mathrm{L}}-\omega_{\mathrm{S}}$ 称为"拍"频。上式中第一、二项是直流项；第三、四、五项是光频项，其频率太高，光电检测器响应不过来；而第六项，即"拍"频项相对光频而言，频率要低得多，其值包含信号光的信息。当"拍"频 $f_{\mathrm{c}}=(\omega_{\mathrm{L}}-\omega_{\mathrm{S}})/2\pi$ 低于光电检测器的截止频率时，光电检测器就有频率为 $\omega_{\mathrm{c}}/2\pi$ 的光电流输出。

如果把信号的测量限制在"拍"频的通常范围内，则可以得到通过以 ω_{c} 为中心频率的带通滤波器的瞬时中频电流为

$$i_{\mathrm{c}}=\frac{e\eta}{h\nu}\sqrt{\frac{\varepsilon_0}{\mu_0}}\int_{S}\mathrm{d}S\{E_{\mathrm{L}}\cdot E_{\mathrm{S}}\cos[(\omega_{\mathrm{L}}-\omega_{\mathrm{S}})t+(\varphi_{\mathrm{L}}-\varphi_{\mathrm{S}})]\} \tag{10-5}$$

从式(10-5)可以看出，中频信号电流的振幅、频率($\omega_{\mathrm{L}}-\omega_{\mathrm{S}}$)和相位($\varphi_{\mathrm{L}}-\varphi_{\mathrm{S}}$)都随信号光波的振幅、频率和相位成比例地变化。在中频滤波器输出端，瞬时中频信号电压可写为

$$U_{\mathrm{c}}=\frac{e\eta}{h\nu}\sqrt{\frac{\varepsilon_0}{\mu_0}}R_{\mathrm{L}}\int_{S}\mathrm{d}S\{E_{\mathrm{L}}\cdot E_{\mathrm{S}}\cos[(\omega_{\mathrm{L}}-\omega_{\mathrm{S}})t+(\varphi_{\mathrm{L}}-\varphi_{\mathrm{S}})]\} \tag{10-6}$$

式中，R_{L} 为负载电阻。光电检测器上均方中频信号电流为

$$|\bar{i}_{\mathrm{c}}|^2=\left(\frac{e\eta}{h\nu}\right)^2\left(\frac{1}{2}\sqrt{\frac{\varepsilon_0}{\mu_0}}\right)^2\frac{1}{2}\left|\int_{S}\mathrm{d}S\cdot 2E_{\mathrm{L}}\cdot E_{\mathrm{S}}^*\right|^2=2\left(\frac{e\eta}{h\nu}\right)^2P_{\mathrm{L}}P_{\mathrm{S}}\cos^2\theta \tag{10-7}$$

式中，$P_{\mathrm{S}}=E_{\mathrm{S}}^2/2$ 为信号光的平均功率，$P_{\mathrm{L}}=E_{\mathrm{L}}^2/2$ 为本振光的平均功率；θ 是本振光和信号光偏振之间的夹角。由此，可以得到中频输出有效信号功率，当本振光和信号光偏振一致时，其值就是瞬时中频功率在中频周期内的平均值，即

$$P_{\mathrm{C}}=2\left(\frac{e\eta}{h\nu}\right)^2P_{\mathrm{S}}P_{\mathrm{L}}R_{\mathrm{L}} \tag{10-8}$$

特别是当 $\omega_{\mathrm{L}}=\omega_{\mathrm{S}}$，即信号光频率等于本振光频率时，则瞬时中频光电流为

$$i_{\mathrm{c}}=\frac{e\eta}{h\nu}\sqrt{\frac{\varepsilon_0}{\mu_0}}\int_{S}\mathrm{d}S\{E_{\mathrm{L}}\cdot E_{\mathrm{S}}\cos(\varphi_{\mathrm{L}}-\varphi_{\mathrm{S}})\}$$

这是光外差检测的一种特殊形式，称为零差(或零拍)检测，也有广泛应用。

若样品表面有微振动位移 $u(t)$，则来自样品表面反射的信号光将发生 $(4\pi/\lambda)u(t)$ 的相移，这时中频光电流的表达式为

$$i_c(t) = \frac{e\eta}{h\nu}\sqrt{\frac{\varepsilon_0}{\mu_0}}\int_S \mathrm{d}S\{E_L \cdot E_S\cos[(\omega_L - \omega_S)t + (4\pi/\lambda)u(t) + (\varphi_L - \varphi_S)]\} \quad (10-9)$$

显然，中频光电流是一个载频为 $(\omega_L - \omega_S)/2\pi$ 的相位调制信号，经解调后即可得到微振动位移 $u(t)$。

当声光调制器的驱动源频率为 80 MHz 时，光外差干涉信号与驱动源信号比较如图 10-3 所示，图中信号幅度低的为光外差干涉信号，幅度高的为驱动源信号。

通过上述讨论可以看到，光外差干涉信号是由具有恒定频率(近于单频)和恒定相位的相干光混频得到的。如果频率、相位不恒定，将无法得到确定的拍频光。这就是为什么只有激光才能实现外差检测的原因。

这里需要强调的是，由于光外差检测系统中采用了布拉格频移技术，即使光源频率发生变化，式(10-9)中的拍频不会改变，因此仍能进行正确测量，从而也提高了系统的稳定性。

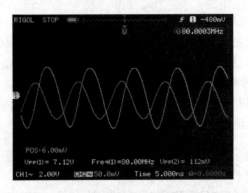

图 10-3　光外差干涉信号与驱动源信号比较图

10.2　光外差检测调相信号的解调方法

10.2.1　用频谱分析仪测量微振动位移的幅值

假设微振动位移为 $u(t) = U\sin \omega_u t$，其中微振动频率为 $f_u = \omega_u/2\pi$，U 为微振动振幅，那么经过光外差后的输出光电流为

$$i(t) = \frac{e\eta}{h\nu}\sqrt{\frac{\varepsilon_0}{\mu_0}}\int_S \mathrm{d}S\left\{\frac{|E_L|^2}{2} + \frac{|E_S|^2}{2} + E_L \cdot E_S\cos\left[2\pi f_c t + \frac{4\pi U}{\lambda}\sin(2\pi f_u t) + (\varphi_L - \varphi_S)\right]\right\}$$

$$= I_L + I_S + 2\sqrt{I_L I_S}\cos\left[2\pi f_c t + \frac{4\pi U}{\lambda}\sin(2\pi f_u t) + (\varphi_L - \varphi_S)\right] \quad (10-10)$$

式中，I_L、I_S 分别为参考光波和信号光波产生的直流分量，对于振幅 U 远小于光波波长 λ

的情况，即 $\frac{4\pi U}{\lambda}<1$，式(10-10)可以近似为

$$i(t)=I_L+I_S+2\sqrt{I_L I_S}\cos\left[2\pi f_c t+\frac{2\pi U}{\lambda}\cos 2\pi(f_c+f_u)t-\frac{2\pi U}{\lambda}\cos 2\pi(f_c-f_u)t\right]$$

$$(10-11)$$

由式(10-11)可知，相位调制信号这时变成具有一个频谱为中心频率 f_c 和两个边频 (f_c+f_u) 及 (f_c-f_u) 的信号。其中，心频率峰值和边频峰值的比为 $K=\lambda/2\pi U$。因此，只要用频谱分析仪测得中心频率与边频峰值之比 K，就可以得到微振动位移的峰值。图 10-4 为 1 MHz 的连续微振动波加载在 80 MHz 差频上的频谱信号曲线示意图。对于 He-Ne 激光器其波长 $\lambda=632.8$ nm，则连续微振动的幅值为 $U=\lambda/2\pi K=100.76/K$ (nm)。如果微振动不是连续的谐振动，而是一串不连续的脉冲位移，则输出信号为具有一个中心频率 f_c 和两个边频 $(f_c\pm\Delta f)$ 的频谱信号。

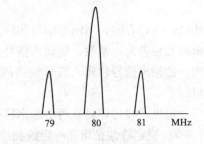

图 10-4　频谱信号曲线

10.2.2　锁相环解调方法

1. 锁相环的基本组成和基本特殊性能

锁相环(PLL)原理在数学理论方面，早在 20 世纪 30 年代无线电技术发展初期就已出现。早期的锁相环路采用电子管，且价格昂贵，只能在实验装置中运用，不能广泛运用。锁

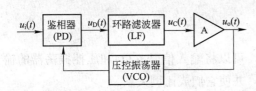

图 10-5　锁相环的基本原理图

相环是一个能自动跟踪信号相位的闭环自动控制系统，其输出信号的频率跟踪输入信号的频率。当输出信号频率与输入信号频率相等时，输出电压与输入电压保持固定的相位差值，故称为锁相环路，简称锁相环。锁相环的基本原理图如图 10-5 所示，它包括 3 个基本部件：鉴相器(PD)、环路滤波器(LF)和压控振荡器(VCO)。

鉴相器也称为相位比较器，它能将输入信号和输出信号(即反馈信号)的相位差检测出来，并将其转换为电压信号 $u_D(t)$，称为误差电压，因而鉴相器是一个相位差-电压转换电路。环路滤波器一般为低通滤波器，用于滤除鉴相器输出电压 $u_D(t)$ 中的高频分量和干扰信号，从而获得压控振荡器的输入控制电压 $u_C(t)$。压控振荡器是电压-频率转换电路，其振荡频率决定于鉴相器的 $u_C(t)$，即决定于鉴相器的输出电压信号 $u_D(t)$。

假设振荡角频率为 $\omega(t)$，瞬时相位为 $\theta(t)$，则有

$$\omega(t)=\frac{d\theta(t)}{dt}\tag{10-12}$$

即

$$\theta(t)=\int\omega(t)dt+\theta_0\tag{10-13}$$

设输出信号 $u_o(t)$ 的角频率为 ω_o，输入信号 $u_i(t)$ 的角频率为 ω_i，则 $u_o(t)$ 和 $u_i(t)$ 的角频

率差为

$$\Delta\omega(t) = \omega_o - \omega_i$$

其瞬时相位差为

$$\theta_D(t) = \int \Delta\omega(t)\mathrm{d}t + \theta_0$$

如果 $\omega_o = \omega_i$，则有

$$\theta_D(t) = \theta_0 \tag{10 - 14}$$

式(10 - 14)表明，当输出信号和输入信号频率相等时，它们的瞬时相位差为一常数，而且若瞬时相位差为一常数，则输入信号和输出信号频率相等。因此，锁相环能够在一定频率范围内，使输出信号和输入信号保持固定相位差，从而达到输出信号频率跟踪输入信号频率的目的。

可见，锁相环具有两个基本特殊功能：锁定特性和跟踪特性。

① 锁定特性是指在一定的频率范围内，锁相环可以通过"频率牵引"捕捉输入信号频率，使锁相环进入锁定状态。锁相环对输入的固定基准频率锁定后，压控振荡器的振荡频率与输入信号频率的频差为零，而且有同样的频率稳定性。它们之间仅存在相位差，而不存在频率差。基于这一特性，锁相环可广泛用于自动频率控制及频率合成技术等方面。

② 跟踪特性是指锁相环一旦进入锁定状态，就能对输入信号一定范围频率的变化具有良好的跟踪特性。基于这一特性，锁相环可广泛用于信号的跟踪、提取、提纯、调制和解调等。

基于上述基本特性可以实现其他功能，如当锁相环的环路滤波器通频带较窄且捕捉带也较窄时，利用锁相环的跟踪特性，可以实现高频率输入信号的窄带滤波。例如，可以在几十兆赫的频率上实现几十赫兹甚至几赫兹的滤波，从而将混入输入信号的噪声和干扰信号滤掉。其他各种滤波器是难以做到这一点的。

2. 锁相环的基本工作原理

在锁相环中，若利用模拟乘法器作为鉴相器，可以将输入信号 $u_i(t)$ 和压控振荡器的输出信号 $u_o(t)$ 之间的相位差转换成误差电压 $u_D(t)$，并使它们成比例关系。

设输入电压为

$$u_i(t) = U_{im}\sin[\omega_i(t) + \theta_i(t)] \tag{10 - 15}$$

输出电压为

$$u_o(t) = U_{om}\cos[\omega_o(t) + \theta_o(t)] \tag{10 - 16}$$

式中，ω_o 为压控振荡器在输入控制电压为零或直流电压时的振荡角频率，称为固有振荡角频率。则模拟乘法器即鉴相器输出电压中的有用的误差电压为

$$\begin{aligned}
u_D'(t) &= K_d u_I(t) u_o(t) \\
&= K_d U_{im} U_{om}\sin[\omega_i t + \theta_i(t)]\cos[\omega_o t + \theta_o(t)] \\
&= \frac{1}{2} K_d U_{im} U_{om}\{\sin[\omega_i t + \theta_i(t) + \omega_o t + \theta_o(t)] + \\
&\quad \sin[\omega_i t + \theta_i(t) - \omega_o t - \theta_o(t)]\}
\end{aligned}$$

经低通滤波器滤去上式中的和频项，可以得到有用的误差电压 $u_D(t)$，即上式中的差频项。这部分也就是压控振荡器的输入控制电压 $u_C(t)$，为

$$u_C(t) = u_D(t) = U_{dm}\sin[\Delta\omega_o t + \theta_i(t) - \theta_o(t)] \tag{10-17}$$

这是一个无直流分量的正弦差拍信号，其中 $U_{dm} = \dfrac{1}{2}K_d U_{im} U_{om}$，$\Delta\omega_o = \omega_i(t) - \omega_o(t)$，$K_d$ 为乘积增益（或称乘积系数）。

压控振荡器在环中作为被控振荡器，其振荡频率应随输入控制电压 $u_C(t)$ 线性地变化，应当满足

$$\omega_u(t) = \omega_o + K_o u_C(t) \tag{10-18}$$

式中，$\omega_u(t)$ 是压控振荡器的瞬时角频率，K_o 为压控增益（或称压控灵敏度），单位为 $[(\text{rad/s}) \cdot \text{V}]$。$u_C(t)$ 不为纯直流量时，起调频作用，此时，压控振荡器的振荡频率 $\omega_u(t)$ 以 ω_o 为中心频率而发生变化，$\omega_u(t)$ 与 $u_C(t)$ 应当在较大范围内具有线性关系，如图 10-6 所示。

由式（10-17）可有

$$\theta_e(t) = \Delta\omega_o t + \theta_i(t) - \theta_o(t)$$

对两边求微分，可得到

$$\frac{d\theta_e(t)}{dt} = \Delta\omega_o + \frac{d\theta_i(t)}{dt} - \frac{d\theta_o(t)}{dt} \tag{10-19}$$

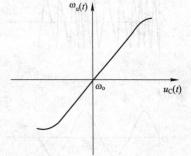

图 10-6　$\omega_u(t)$ 与 $u_C(t)$ 的关系曲线

当输入电压为一个固定的频率时，式（10-19）中 $d\theta_i(t)/dt = 0$，由此可以得出

$$\Delta\omega_e = \Delta\omega_o - \Delta\omega_u$$

即

$$\Delta\omega_o = \Delta\omega_e + \Delta\omega_u \tag{10-20}$$

式中，$\Delta\omega_o = \omega_i - \omega_o$ 为信号频率与环路自由振荡频率之差，称为环路的固有频差；$\Delta\omega_e = d\theta_e(t)/dt$ 称为瞬时频差；$\Delta\omega_u = \omega_u - \omega_o$ 为控制作用所引起的频差，称为控制频差。式（10-20）在环路动作的始终都是成立的。

在环路开始工作的瞬间，控制作用尚未建立起来，控制频差等于零，由式（10-20）可知，环路此刻的瞬时频差就等于输入的固有频差。在捕获过程中，控制作用逐渐增强，控制频差逐渐增大。在输入为固定频率的条件下，由于固有频差是不变的，因此瞬时频差逐渐减小。最后环路便进入锁定状态，环路的控制作用已迫使振荡频率 $\omega_u(t)$ 与输入频率 ω_i 趋于一致，即形成了 $\omega_u(t) = \omega_o + \Delta\omega_o = \omega_i$，控制频差与输入的固有频差相互抵消，最终使得环路的瞬时频差等于零，环路锁定。由此可见，锁相环锁定的条件是

$$\frac{d\theta_e(t)}{dt} = 0 \tag{10-21}$$

此时 $\theta_e(t)$ 是一个不随时间变化的常量，因此环路滤波器的输出为一直流电压。

若 $\Delta\omega_o(t)$ 大于低通滤波器的上限频率，则正弦差拍信号就会被滤掉，因而不可能形成压控振荡器的输入控制电压 $u_C(t)$，从而使得压控振荡器维持原振荡频率，此时电路处于失锁状态。

若 $\Delta\omega_o(t)$ 低于低通滤波器的上限频率，则正弦差拍信号在通频带内，且可以形成压控振荡器的输入控制电压 $u_C(t)$，压控振荡器的频率随 $u_C(t)$ 幅值的变化而变化，从而输出以 ω_o 为中心频率的调频信号，并被反馈到鉴相器。鉴相器则输出正弦波 $u_i(t)$ 和调频波 $u_o(t)$ 的

差拍波，其正负半周不对称，可分解为直流分量、基波和各次谐波。$u_i(t)$、$u_o(t)$ 和 $u_D(t)$ 的波形如图 10-7 所示。

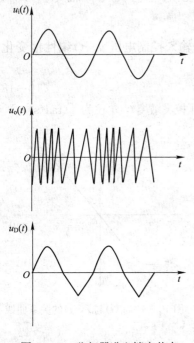

图 10-7　鉴相器进入锁定状态
前其输入和输出波形

低通滤波器滤去种谐波，其直流分量和基波将作为 $u_C(t)$ 作用于压控振荡器，直流分量使其中心频率向 ω_i 偏移，而基波分量使压控振荡器输出中心频率已向 ω_i 偏移的调频波。由式（10-17）可知，压控振荡器中心频率向 ω_i 偏移，使得 $u_D(t)$ 的频率愈来愈低，其波形的不对称程度愈来愈大，从而直流分量也就愈来愈大，使得压控振荡器角频率以更快的速度趋向 ω_i。上述过程循环往返，直到 $\omega_o = \omega_i$ 时鉴相器的输出才由差拍波变为直流电压，此时环路进入锁定状态，称为同步状态。

通过上述分析可知，通过"频率牵引"环路进入锁定状态，这个过程称为"捕捉过程"。假设通过"频率牵引"而能进入锁定状态所允许的最大固定频差为 $\pm\Delta\omega_{o,max}$，则锁相环的捕捉带为

$$\Delta\omega_p = 2\Delta\omega_{o,max}$$

当锁相环进入锁相状态时，只要 ω_i 的变化范围在捕捉带内时，锁相环通过"捕捉"都能够使 ω_o 始终跟踪 ω_i 的变化而保持 $\omega_o = \omega_i$。

3. 锁相环解调方法

在实验过程中发现，外差测量系统测得的信号信噪比较低，而且光电信号相位不稳定。为此，信号处理电路主要采用锁相环电路，一方面可以准确跟踪载波；另一方面也能够提高信号的信噪比。把调相信号放大后，通过锁相环将微振动位移解调出来，这种方法制作方便，成本低，非常实用。

图 10-2 中信号处理系统主要由锁相环和积分器组成，两者组成了调相信号的解调器。图 10-8 是调相信号的锁相环解调原理框图。

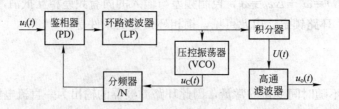

图 10-8　调相信号的锁相环解调原理框图

图 10-8 中，锁相环由鉴相器、环路滤波器、压控振荡器和分频器组成。分频器是在需要获得 N 倍输入频率的情况下才添加的，此时 VCO 的输出信号频率为 $f_o = f_S \cdot N$。积分器后面的高通滤波器的作用是将解调输出中因环境振动引起的低频干扰，以及一些低频电路噪声滤除，以便得到一个稳定的输出信号。

　　锁相环能够准确跟踪输入信号频率，其基本原理也是基于相位跟踪，且锁相环具有窄带跟踪特性，使得系统能够精确自动地实时与载波保持相位同步，并且能够处理信噪比极低的信号。

　　光电流经过高频放大后进入锁相环，经过环路的自动反馈控制后，压控振荡器输出信号的频率等于输入信号的频率，两者的相位差达到一个相当小的稳定值，称为稳态相位差 θ_e，环路即达到"锁定"，并保持相位同步。当输入信号的频率低于环路的自然频率（严格地说是截止频率），那么环路就可以良好地传递相位调制信号，压控振荡器的输出电压 $u_C(t)$ 跟踪了输入电压的相位调制，这种跟踪称为调制跟踪。在调制跟踪状态，误差相位比较小，这时，锁相环和积分器就可以作为调频和调相信号的解调器。

　　假设输入调相信号即式（10-10）中的交流部分，可以写为

$$u_i(t) = U_o \cos\left[2\pi f_c t + \frac{4\pi U}{\lambda}\sin(2\pi f_u t) + (\varphi_L - \varphi_S)\right] \tag{10-22}$$

输入信号的相位为

$$\theta_i(t) = \frac{4\pi U}{\lambda}\sin(2\pi f_u t) + (\varphi_L - \varphi_S) \tag{10-23}$$

对于设计性能良好的调制跟踪锁相环的闭环传递函数，其模值 $|H(j\Omega)| = 1$，相移 $\mathrm{Arg}(H(j\Omega)) = 0$，因而压控振荡器的输出信号的相位为

$$\theta_C(t) \approx \theta_i(t) = \frac{4\pi U}{\lambda}\sin(2\pi f_u t) + (\varphi_L - \varphi_S) \tag{10-24}$$

根据压控振荡器的控制特性

$$u_C(t) = \frac{1}{K_0}\frac{d\theta_C(t)}{dt} \tag{10-25}$$

积分器的解调输出电压为

$$U(t) = \frac{1}{RC}\int u_C(t)\,dt = \frac{1}{K_0}\frac{1}{RC}\frac{4\pi U}{\lambda}\sin(2\pi f_u t) \tag{10-26}$$

由式（10-26）看出，解调输出信号 $U(t)$ 与微振动位移 $U\sin(2\pi f_u t)$ 成正比，而与参考光和信号光之间的相位差 $(\varphi_L - \varphi_S)$ 无关，即测量结果与干涉仪的工作点无关。也就是说，外差干涉仪两光束的光程差的取值，对外差检测的灵敏度不会产生影响，这一点是光外差检测技术采用锁相环解调的重要优点之一。

10.3　光外差检测特性

10.3.1　光外差检测可获得全部信息

　　光直接检测是将被测物理量载入光电流的振幅中，形成与时间无关的干涉条纹。而在光外差检测中，包含两种不同频率的干涉光束，其中一束中加了载频，光电检测器接收到的干涉信号是载频信号，载频信号中的幅值、频率和相位包含被测物理量的变化信息，经过适当的电信号处理可以复现被测物理量信息。因此，光外差检测不仅可检测振幅和强度调制的光

信号，还可检测频率调制及相位调制的光信号。这种在光检测器输出电流中包含信号光的振幅、频率和相位的全部信息，是直接检测所不可能有的。

10.3.2 光外差检测具有高的转换增益

从光电检测的物理过程的观点来看，直接检测是光功率包络变换的检波过程；而光外差检测的光电转换过程却不是一种检波过程，而是一种"转换"过程。这种"转换"过程是把以 ω_L 为载频的光频信息转换到以 ω_{IF} 为载频的中频电流上，由式（10-5）可知，正是由于本振光的作用，使得光外差检测具有一种天然的转换增益。由式（10-8）可知，光外差检测中频输出有效信号功率为

$$P_C = 2\left(\frac{e\eta}{h\nu}\right)^2 P_S P_L R_L$$

由此可得到光外差检测系统的转换增益为

$$G_{\text{外}} = \frac{P_C}{P_S} = 2\left(\frac{e\eta}{h\nu}\right)^2 P_L R_L$$

在直接检测中，光电检测器输出的电功率为

$$P_o = \left(\frac{e\eta}{h\nu}\right)^2 P_S^2 R_L$$

在两种情况下，若都假定负载电阻为 R_L，在同样信号光功率 P_S 下，为了衡量转换增益的量值，可以以直接检测为基准予以描述。为此令

$$G = \frac{P_C}{P_o} = \frac{2P_L}{P_S} \tag{10-27}$$

通常来说，$P_L \gg P_S$，因此 $G \gg 1$。很明显，G 的大小与 P_S 的量值有较大的关系。例如，假定 $P_L = 0.5$ mW，那么在不同的 P_S 值下，G 值将发生明显变化，如表 10-1 所示。

表 10-1 $P_L = 0.5$ mW 时 P_S 与 G 的关系

P_S/W	10^{-3}	10^{-4}	10^{-5}	10^{-6}	10^{-7}	10^{-8}	10^{-9}	10^{-10}	10^{-11}
G	1	10	10^2	10^3	10^4	10^5	10^6	10^7	10^8

从表 10-1 所列举的数据可以看出，在强光信号下，光外差检测并没有显现出太多的优点；而在微弱光信号下，光外差检测却显现出十分高的转换增益。例如，当信号光功率 $P_S = 10^{-11} \sim 10^{-9}$ W 的量级时，$G = 10^6 \sim 10^8$，也就是说，光外差检测技术具有检测微弱信号的能力。

10.3.3 良好的滤波性能

在直接检测中，抑制杂散背景光干扰的方法，一般是在光电探测器之前放置一窄带滤光片。比如，一性能十分优良的对波长为 632.8 nm 的干涉滤光片，若其带宽为 $\Delta\lambda = 1$ nm，则其相应的频带宽度为

$$\Delta\nu \approx \frac{c}{\lambda^2}\Delta\lambda = 7.5 \times 10^{11} \text{ Hz} \tag{10-28}$$

在外差检测中，如果取拍频信号的宽度为信息处理器的通频带 $\Delta\nu$，即

$$\Delta\nu=\frac{\omega_{\mathrm{L}}-\omega_{\mathrm{S}}}{2\pi}=\nu_{\mathrm{L}}-\nu_{\mathrm{S}} \tag{10-29}$$

那么只有与本机振荡光束混频后，仍在此频带内的杂散背景光才可以进入系统，而其他杂散光所形成的噪声均被信号处理器滤掉。因此，在光外差检测系统中，不需要加光谱滤光片，其效果甚至比加滤光片的直接检测系统还好得多。例如，在 He-Ne 激光外差测速系统中，当运动目标沿光束方向的运动速度 $v=10$ m/s 时，经目标反射后回波信号的多普勒频率 ν_{S} 为

$$\nu_{\mathrm{S}}=\nu_{\mathrm{L}}\left(1\pm\frac{2v}{c}\right) \tag{10-30}$$

式中，c 为光在真空中的速度，ν_{L} 为本机振荡频率。回波信号频率与本机振荡光束频率之频差（即频移）为

$$\Delta\nu_1=\nu_{\mathrm{S}}-\nu_{\mathrm{L}}=\pm\frac{2v}{\lambda_1} \tag{10-31}$$

当运动目标沿着光的方向运动时，有

$$\Delta\nu_1=\frac{2v}{\lambda_1}=31.6\times10^6\,(\mathrm{Hz})$$

所以，可取前置放大器的带宽 $\Delta\nu_1=31.6$ MHz。上述两种情况的频带宽度之比为

$$\frac{\Delta\nu}{\Delta\nu_1}\approx2.4\times10^4$$

可见，光外差检测对背景光有强的滤波作用。

10.3.4　信噪比的损失较小

与直接检测相比较，光外差检测因具有本振参考光，因此会引入本振散粒噪声。在这里，假设本振参考光是一个纯的正弦振荡，不会引入本振噪声。

假设输入端信号场、噪声场和本振场分别为 s_{i}、n_{i} 和 s_{L}，那么入射到光电检测器光敏面上的总的输入场可以表示为

$$e_{\mathrm{i}}=s_{\mathrm{i}}+n_{\mathrm{i}}+s_{\mathrm{L}} \tag{10-32}$$

根据光电检测器的平方律特性，可知其输出信号为

$$e_{\mathrm{o}}=s_{\mathrm{o}}+n_{\mathrm{o}}=ke_{\mathrm{i}}^2=k(s_{\mathrm{i}}+n_{\mathrm{i}})^2+2ks_{\mathrm{L}}(s_{\mathrm{i}}+n_{\mathrm{i}})+ks_{\mathrm{L}}^2 \tag{10-33}$$

式中，ks_{L}^2 是功率项，具有直流特性，可通过中频放大器滤掉；由于 $s_{\mathrm{L}}\gg(s_{\mathrm{i}}+n_{\mathrm{i}})$，所以，$k(s_{\mathrm{i}}+n_{\mathrm{i}})^2$ 相对于 $2ks_{\mathrm{L}}(s_{\mathrm{i}}+n_{\mathrm{i}})$ 可以忽略，而 $2ks_{\mathrm{L}}(s_{\mathrm{i}}+n_{\mathrm{i}})$ 可以通过中频放大器，因此式(10-33)变为

$$e_{\mathrm{o}}=s_{\mathrm{o}}+n_{\mathrm{o}}\approx2ks_{\mathrm{L}}(s_{\mathrm{i}}+n_{\mathrm{i}}) \tag{10-34}$$

由信号和噪声的独立性，可知 $s_{\mathrm{o}}=2ks_{\mathrm{L}}s_{\mathrm{i}}$，$n_{\mathrm{o}}=2ks_{\mathrm{L}}n_{\mathrm{i}}$，根据信噪比定义，输出信噪比为

$$\frac{S}{N}=\frac{s_{\mathrm{o}}}{n_{\mathrm{o}}}=\frac{s_{\mathrm{i}}}{n_{\mathrm{i}}} \tag{10-35}$$

式(10-35)说明，在本振参考光是一个纯的正弦振荡的理想条件下，光外差检测输入信噪比等于输出信噪比，因此，输出信噪比没有任何损失。这里需要强调的是，对于微弱信号检测，即在 $(s_{\mathrm{i}}/n_{\mathrm{i}})\ll1$ 时，对于直接检测有 $s_{\mathrm{o}}/n_{\mathrm{o}}=(s_{\mathrm{i}}/n_{\mathrm{i}})^2$，与式(10-35)相比较可知，光外差检测具有高得多的灵敏度，因此，直接检测不适宜微弱信号检测；对于强信号检测，即

在$(s_i/n_i)\gg 1$时，对于直接探测有$s_o/n_o=(s_i/n_i)/2$，与式(10-35)相比较可知，此时，光外差检测的信噪比仅比直接检测的信噪比高一倍。考虑到检测系统的复杂性，在强信号条件下，更适合采用光直接检测。

如果本振参考光不是一个纯的正弦振荡，将会引入本振噪声n_L，故有

$$e_o=s_o+n_o=ke_i^2=k(s_i+n_i+s_L+n_L)^2 \tag{10-36}$$

将上式展开，考虑到ks_L^2和ks_i^2具有直流特性及$s_L\gg(s_i+n_i)$，$s_L\gg n_L$，式(10-36)可近似为

$$e_o=s_o+n_o=2k(s_in_i+s_is_L+n_is_L) \tag{10-37}$$

考虑到信号和噪声的独立，应有$s_o=2ks_is_L$，$n_o=2k(n_is_L+s_Ln_L)$，因此有

$$\frac{S}{N}=\frac{s_o}{n_o}=\frac{2ks_is_L}{2k(n_is_L+s_Ln_L)}=\frac{s_i}{n_i+n_L} \tag{10-38}$$

式(10-38)说明，如果本振光含有噪声，输出信噪比将要变低。因此制作出质量高的本振激光器对于光外差检测是十分重要的。从转换增益角度考虑，希望本振光越强越好，但是强的本振光又带来了较大的本振散粒噪声，从而使得输出信噪比降低。另外，从光电检测器的损坏阈值的角度考虑，过强的本振光还会使光电检测器受到损坏。由此可见，转换增益对本振光的功率提出了最低的要求，而光电检测器的损坏阈值和输出信噪比限制了本振光功率的上限。

10.3.5　最小可检测功率

式(10-7)给出了光电检测器的均方中频信号电流。如果本振功率很高，则可以得到很大的信号电流。因此，高本振功率可以产生高增益，这是光外差检测的一大优点。由此产生的不利因素是本振产生的直流电流散粒噪声也将变大。

$$|\bar{i}_n|^2=2e\bar{I}_L\Delta f=2e^2\eta\left(\frac{P_L}{h\nu}\right)\Delta f \tag{10-39}$$

式中，Δf为前置放大器的带宽。

如果本振功率足够强，忽略信号光的散粒噪声和放大器的噪声，则信噪比为

$$\frac{S}{N}=\frac{|\bar{i}_c|^2}{|\bar{i}_n|^2}=\eta\frac{P_S\cos^2\theta}{h\nu\Delta f} \tag{10-40}$$

如果本振光和信号光的偏振方向相同，即$\theta=0°$，则可得到光外差检测的量子极限

$$\frac{S}{N}=\frac{\eta P_S}{h\nu\Delta f} \tag{10-41}$$

式(10-41)就是光外差检测系统中所能达到的最大信噪比极限，一般称为光外差检测的量子检测极限或量子噪声限。当$S/N=1$时，信号光功率即为最小可测信号。

综上所述，为了克服由信号光引起的噪声以外的所有其他噪声，从而获得高的转换增益，增大本振光的功率是十分有利的，但也不是越大越好。当本振光功率足够大时，本振光产生的散粒噪声远大于热噪声及其他散粒噪声，本振光功率继续增大时，由本振光所产生的散粒噪声也随之增大，从而会使光外差检测系统的信噪比降低。所以，在设计光外差检测系

统时，要合理选择本振光功率的大小，这样既可以得到最佳信噪比，同时也可获得较大的中频转换增益。

根据等效噪声功率（NEP）的定义，可以得到光外差检测的理论极限灵敏度为

$$\text{NEP} = \frac{h\nu\Delta f}{\eta} \tag{10-42}$$

在直接检测中，信号噪声极限下的 NEP 为

$$(\text{NEP})_{直接} = \frac{2h\nu\Delta f}{\eta} \tag{10-43}$$

比较式（10-42）和式（10-43）可以发现，在前置放大器带宽相同的条件下，光外差检测的量子极限是直接检测的量子极限的 2 倍。但应特别注意的是，式（10-43）表示一个理想光检测器在光检测系统不存在噪声时所能达到的最大信噪比，而式（10-42）则是在本振光足够强的情况下导出的（并没有把光检测器看成是理想光检测器），两者有着本质的区别。

在式（10-42）中，如果光电检测器的量子效率 $\eta = 1$，前置放大器的带宽 $\Delta\nu = 1$ Hz，则光外差检测灵敏度的极限是一个光子。当然，实际上达不到这样高的检测灵敏度，但光外差检测方法十分有利于检测微弱的光信号是无疑的。检测灵敏度高及可达到光检测的量子极限是光外差检测十分重要的优点。

10.4　光外差检测系统对光电转换器性能的要求

光外差检测系统的性能，在很大程度上取决于光电转换器的性能。因此，光外差检测系统对光电转换器性能的要求，主要包括响应频带和光电性能的均匀性。

1. 响应频带

光外差检测系统要求光电转换器的频率响应范围能满足接收信号所要求的频率范围。例如，当光电转换器的最高响应频率为 50 MHz 时，外差信号的频率为 30～40 MHz。

2. 光电性能的均匀性

在光外差检测系统中，光电转换器即为混频器，信号光束和本振光束直接在转换器的光敏面上发生相干而产生拍频信号。为了使信号光和本振光在光敏面上的每一处都能得到相同的外差效果，必须保证光电转换器的光电性能在整个光敏面上都是一致的。

10.5　光外差检测的空间匹配条件及频率条件

由光外差的基本关系式（10-5）不难发现，光外差检测是通过本振光波和信号光波的匹配混频来获得信息。这种匹配过程可以分解为 3 个技术分支，即相位匹配、振幅匹配和偏振匹配。其中，振幅匹配容易实现，如通过选择适当的本振光波功率即可达到较好的效果；偏振匹配也不困难，如采用"多层膜堆+λ/4 波片"收发隔离光开关完成对返回信号光偏振态的校正，使本振光与信号光具有完全相同的偏振态；相对而言，相位匹配是最困难的，其对

信噪比的影响也是最大的。因为光波波长通常比光电检测器光混频面积小得多，光混频的中频电流等于混频面上每一微分面元所产生的中频微分电流之和。显然，只有当这些中频微分电流保持相同的相位关系时，总的中频电流才达到最大。另外，从物理光学的观点来看，光外差检测是本振光波与信号光波叠加后产生干涉的结果，很明显，这种干涉效果取决于信号光波和本振光波的单色性。

10.5.1　光外差检测的空间匹配条件

在前面讨论的外差公式是在理想条件下得到的，认为信号光波与本振光波的波阵面完全是平行的并垂直入射到光电转换器光敏面上，即信号光和本振光的波前在光电转换器光敏面

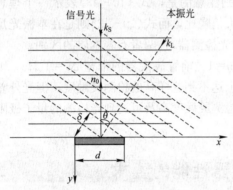

图 10-9　两束光不平行分析示意图

上保持相同的相位关系。光外差检测系统中的相位匹配受到 5 个方面的影响：①本振光与信号光的光程差；②光电转换器的相对位置；③光电转换器光敏面相对于激光光斑的大小；④聚焦透镜的焦距；⑤本振光与信号光的准直失配角。

为了研究两光束波前不重合对光外差检测系统的影响，假设信号光和本振光都是平面波，现在考虑信号光波与本振光波的波矢间有一微小夹角 θ，且信号光波的波阵面平行于光电转换器的光敏面，如图 10-9 所示。

图 10-9 中，d 为圆形光电转换器光敏面的直径，假设信号光与本振光的振幅具有对称分布的特点，且光波在 z 方向上均匀，$r = ix + jy$，则在光电转换器表面上的信号光波和本振光波的光矢量可表示为

$$\begin{cases} e_S(t) = E_S \cos(\omega_S t - k_S \cdot r + \varphi_S) \\ e_L(t) = E_L \cos(\omega_L t - k_L \cdot r + \varphi_L) \end{cases} \tag{10-44}$$

式中，E_S、E_L 分别为信号光、本振光矢量的振幅，i 和 j 为 x 和 y 方向的单位矢量。在光电转换器光敏面上 $y = 0$，故式(10-44)可写为

$$\begin{cases} e_S(t) = E_S \cos(\omega_S t + \varphi_S) \\ e_L(t) = E_L \cos(\omega_L t - k_L x \sin\theta + \varphi_L) \end{cases} \tag{10-45}$$

将式(10-45)代入式(10-5)，可得到光电转换器光敏面上总的光电流

$$\begin{aligned} i_c &= \frac{\eta E_L E_S}{d h\nu} \sqrt{\frac{\varepsilon_0}{\mu_0}} \int_{-d/2}^{d/2} \cos\left[(\omega_L - \omega_S)t + k_L x \sin\theta + (\varphi_L - \varphi_S)\right] \mathrm{d}x \\ &= \frac{\eta E_L E_S}{h\nu d k_L \sin\theta} \sqrt{\frac{\varepsilon_0}{\mu_0}} \left\{ \sin\left[(\omega_L - \omega_S)t + \frac{k_L d \sin\theta}{2} + (\varphi_L - \varphi_S)\right] - \right. \\ &\quad \left. \sin\left[(\omega_L - \omega_S)t - \frac{k_L d \sin\theta}{2} + (\varphi_L - \varphi_S)\right] \right\} \end{aligned} \tag{10-46}$$

利用三角函数和差化积公式

$$i_c = \frac{e\eta E_L E_S}{h\nu}\sqrt{\frac{\varepsilon_0}{\mu_0}}\cos[(\omega_L - \omega_S)t + (\varphi_L - \varphi_S)]\ \frac{\sin\left(\frac{k_L d\sin\theta}{2}\right)}{\frac{k_L d\sin\theta}{2}}$$

$$= \frac{e\eta E_L E_S}{h\nu}\sqrt{\frac{\varepsilon_0}{\mu_0}}\cos[(\omega_L - \omega_S)t + (\varphi_L - \varphi_S)]\ \frac{\sin\left(\frac{\beta d}{2}\right)}{\frac{\beta d}{2}} \tag{10-47}$$

式中，$\beta = k_L\sin\theta = \frac{2\pi}{\lambda_L}\sin\theta$。这个结果说明，中频电流的大小与本振光和信号光的波矢间角度偏差 θ 有很大的关系。从上式可以看出，当 $\beta\dfrac{d}{2} = \pi$ 时，中频电流为 0，满足此式的 $\theta = \theta_{max}$，称为最大允许的偏差角，由 $\beta = k_L\sin\theta = \frac{2\pi}{\lambda_L}\sin\theta$ 可得到

$$\theta \approx \sin\theta = \frac{\lambda_L}{d}$$

式中，λ_L 是本振光的波长，d 是光电转换器的混频孔径。此时，可计算出两光波到达光敏面的光程差为 $\delta = d\sin\theta$。当 $\theta = \theta_{max}$，$\delta \approx \lambda_L$，说明两光波到达光敏面的相位为 π，故中频电流为 0。因此，为了保证有一定的中频电流输出，两光波波矢间角度偏差 θ 必须满足：$\theta < \lambda_L/d$。

当 $\dfrac{\sin\left(\beta\dfrac{d}{2}\right)}{\beta\dfrac{d}{2}} = 1$ 时，中频电流达到最大，为满足此关系，应有

$$\theta \approx \sin\theta \ll \frac{\lambda_L}{\pi d} \tag{10-48}$$

式(10-48)为光外差检测的空间相位条件，即要求本振光和信号光波阵面的相位 $\theta \ll \arcsin\dfrac{\lambda_L}{\pi d}$。显然，波长长的红外光比波长短的可见光更容易实现光频外差探测。例如，当 $d = 1$ mm，$\lambda = 1.06\ \mu$m 时，为获得最大的中频电流应有 $\theta \ll 0.32$ mrad。可见，光外差检测对光波的角准直要求是很严的。但正因为这一高要求，才使光外差检测具有良好的空间鉴别能力，即具有很好的空间滤波性能，这一优点有利于抑制有害的背景杂散光。

如果本振光波和信号光波相互平行，但是两束光不是垂直而是以与光敏面法线夹 β 的角度到达光电转换器的光敏面上，如图 10-10 所示。此时，本振光波和信号光波可以描述为

$$\begin{cases} e_S(t) = E_S\cos(\omega_S t + k_S x\sin\beta + k_S y\cos\beta + \varphi_S) \\ e_L(t) = E_L\cos(\omega_L t + k_L x\sin\beta + k_L y\cos\beta + \varphi_L) \end{cases} \tag{10-49}$$

在光电转换器的光敏面上，有

$$\begin{cases} e_S(t) = E_S\cos(\omega_S t + k_S x\sin\beta + \varphi_S) \\ e_L(t) = E_L\cos(\omega_L t + k_L x\sin\beta + \varphi_L) \end{cases} \tag{10-50}$$

考虑到 $\sin\beta \approx \beta$，光敏面上 y 点产生的光电流为

$$i(y,\ t) = \frac{e\eta E_L E_S}{h\nu}\cos[(\omega_S - \omega_L)t + (k_S - k_L)x\sin\beta + \varphi_S - \varphi_L] \tag{10-51}$$

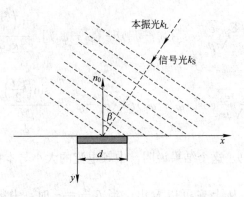

图 10-10　两束光平行但不垂直光敏面示意图

则整个光敏面上的光电流为

$$i(t) = \frac{1}{d}\int_{-d/2}^{d/2} i(y,t)\,\mathrm{d}x = \frac{e\eta E_{\mathrm{L}}E_{\mathrm{S}}}{dh\nu}\cos\left[(\omega_{\mathrm{S}}-\omega_{\mathrm{L}})t + (\varphi_{\mathrm{S}}-\varphi_{\mathrm{L}})\right] \cdot \frac{\sin\left[\dfrac{(k_{\mathrm{S}}-k_{\mathrm{L}})d\beta}{2}\right]}{\dfrac{(k_{\mathrm{S}}-k_{\mathrm{L}})d\beta}{2}}$$

$$(10-52)$$

由式(10-52)可以看出，当 $\left[(k_{\mathrm{S}}-k_{\mathrm{L}})d\beta\right]/2 = \pi$ 时，中频电流为 0，于是有

$$\beta_{\max} = \frac{\lambda_{\mathrm{IF}}}{d} \qquad\qquad (10-53)$$

一般来说，波长 λ_{IF} 很大，因此很容易满足要求。这也说明，在实现光外差的检测中，最为重要的是要保证本振光和信号光的平行度满足要求。

为降低光外差检测对空间准直条件的要求，一种行之有效的方法是用聚焦透镜降低空间准直要求，其结构如图 10-11 所示。这种结构其实质是把不同传播方向的信号光波集中在一起。理论分析表明，如果用聚焦透镜聚焦到衍射限，那么这时的失配角可由系统的视场角 θ_{v} 来决定。在图 10-11 中，本振光波被发散，以便使本振光束均匀地覆盖光检测器的光敏面。

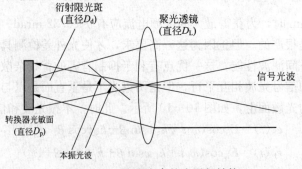

图 10-11　聚焦光束的光混频结构

在这种结构中，视场角 θ_{v} 为

$$\theta_{\mathrm{v}} = \frac{D_{\mathrm{p}}}{f} \qquad\qquad (10-54)$$

式中，f 是聚光透镜的焦距，D_{p} 是光电转换器的光敏面直径。这样一来，可通过增大聚光透镜的孔径 D_{L} 来增大有效孔径 D_{eff}。但是，聚光透镜孔径 D_{L} 与衍射限光斑直径 D_{d} 有关，

因而 D_L 的增大将受到限制。对于理想光学系统，衍射限光斑直径 D_d 为

$$D_d = \frac{2.44\lambda f}{D_L} \qquad (10-55)$$

而有效孔径 D_{eff} 与透镜孔径 D_L 的关系式为

$$D_{eff} = \left(\frac{D_d}{D_p}\right)D_L \qquad (10-56)$$

因此有

$$D_{eff} \cdot \theta_v = \left(\frac{D_d}{D_p}\right)D_L \cdot \theta_v = \left(\frac{D_d}{D_p}\right)D_L \cdot \frac{D_p}{f} = 2.44\lambda$$

由此可求得

$$\theta_v = 2.44\lambda \frac{D_p}{D_d D_L} \qquad (10-57)$$

下面通过举例来说明聚焦透镜的作用。假设 $\lambda = 1.06\ \mu m$，检测器的直径 $d = 1\ mm$，为获得最大的中频电流，未采用会聚透镜时，由式(10-48)可得到 $\theta \approx 0.32\ mrad$；采用会聚透镜时，假设其孔径 $D_L = 10\ cm$，焦距 $f = 100\ cm$，因此，可得到衍射限光斑直径 $D_d = 2.59 \times 10^{-3}\ cm$，将这些参数代入式(10-57)中，可求得

$$\theta_v \approx 1\ mrad$$

由此可见，它比未加透镜时失配角放宽了约 3 倍。这意味着光外差检测系统中，作为接收天线的会聚透镜的瞄准精度可以低得多。

10.5.2　光外差检测的频率条件

为了获得高灵敏度的光外差检测，还要求信号光和本振光具有高度的单色性与频率稳定度，以保证式(10-5)中的 $(\omega_L - \omega_S)$ 不会改变。从物理光学的观点来看，光外差检测是两束光波叠加后产生干涉的结果。显然，这种干涉取决于信号光束和本振光束的单色性。激光的重要特性之一就是具有高度的单色性，由于原子激发态的能级总有一定的宽度，因此激光谱线总有一定的宽度 $\Delta\nu$。例如，对于采取最严格的稳频措施的 He-Ne 激光器，其谱线宽度可达到 2 Hz(理论极限为 5×10^{-4} Hz)。一般来说，$\Delta\nu$ 越窄，光的单色性就越好。为了获得单色性好的激光输出，必须选用单纵模运转的激光器作为光外差检测的光源。

如果在光外差检测系统中，采用布拉格频移技术，即使光源频率发生变化，信号光和本振光的频率之差却不会变化，这样就可以提高系统的稳定性。

10.6　共线光外差干涉系统的相位调制

利用双声光调制器构成的共线光外差干涉系统，其参考光路与信号光路具有空间对称性，同时，单光束中正交偏振的两束光具有很好的共线性。这些特点极大地减弱了外界环境产生的共模噪声对测量结果的影响。对构建高灵敏度相位调制表面等离子体共振传感器具有重要意义。

10.6.1 索列尔-巴比涅相位补偿器

索列尔-巴比涅相位补偿器是一种相位延迟量连续可调的宽带零级相位器件,能够对振动方向互相垂直的两束线偏振光产生可控相位差,可以获得 $0\sim2\pi$ 之间任意的相位延迟。其原理结构如图 10-12 所示。

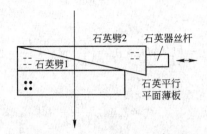

图 10-12 索列尔-巴比涅相位补偿器原理结构示意图

索列尔-巴比涅相位补偿器是由两个光轴平行、劈尖顶角相等、长度不同的石英劈以及一个石英平行平面薄板组成的,石英薄板的光轴与石英劈的光轴互相垂直,且它们的光轴都与光传播方向垂直。沿如图 10-12 所示的水平方向移动石英劈 2,可以使得光路中两个石英劈的总厚度连续变化,从而获得连续的相位延迟量。

10.6.2 共线光外差干涉系统

共线光外差干涉系统的实验装置主要由光源、2 个偏振分束器(PBS)、4 个直角边镀有增透膜的直角棱镜(R)、2 个具有不同驱动频率的声光调制器(AOM)、1 个光分束器(BS)、2 个检偏器(AL)、索列尔-巴比涅相位补偿器(BSC)、2 个带放大的硅光电探测器(PD)、2 个中心频率为 30 MHz 的带通滤波器(图中未画出)、锁相放大器及示波器组成(图中未画出),其实验装置原理图如图 10-13 所示。

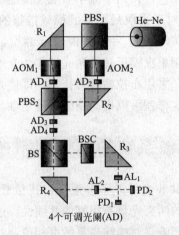

图 10-13 共线光外差干涉系统

　　He‐Ne 激光器发出的光束，通过偏振分束器 PBS₁ 后，分成两束线偏振光：一束为 p 光，另一束为 s 光。p 光通过声光调制器 AOM₁、s 光通过声光调制器 AOM₂ 后，分别产生两个 0 级衍射光和两个＋1 级衍射光，其中两个＋1 级衍射光进入偏振分束器 PBS₂ 后合成一束光，通过光分束器 BS 之后分成两对光，其中的水平光束与垂直光束分别经过直角棱镜 R₃ 和 R₄ 的全反射，形成对称的两对光。由图 10‐13 可见，对称的两对光均为包含有 p 光与 s 光的合成光。垂直光束通过检偏器 AL₂ 之后在硅光电探测器 PD₂ 的光敏面上发生干涉，并转换为拍频为 30.12 MHz 的电信号，本实验中该信号作为系统的参考信号。水平光束经过相位补偿器 BSC 后携带变化的相位信息，通过检偏器 AL₁ 之后在硅光电探测器 PD₁ 的光敏面上发生干涉，并转换为拍频为 30.12 MHz 的电信号，本实验中该信号作为系统的测量信号。测量光路中相位补偿器延迟量为 0 时，30.12 MHz 外差拍频信号如图 10‐14 所示。其中，CH1 通道为参考信号，CH2 通道为测量信号。

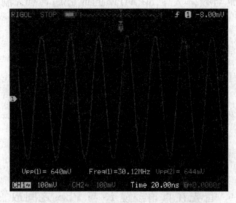

图 10‐14　30.12 MHz 外差拍频信号

　　从图 10‐14 可以看出，参考信号与测量信号的振幅相等，两个信号之间的相位差为 0，说明共线光外差干涉系统的参考光路与信号光路具有较好的对称性。

10.6.3　相位调制原理

　　假设声光调制器 AOM₁ 和 AOM₂ 的入射光束是一个单位振幅光束，其＋1 级衍射光的光强调制幅度分别为 a_s 和 a_p。由图 10‐13 可以看出，通过分束器 BS 之后的垂直光束（参考光路）所包含的 p 光与 s 光的电场可分别表示为

$$E_{rp}(t) = \frac{\sqrt{2}}{2}\sqrt{1+b_p\cos\omega_1 t}\,\cos\left[(\omega_0+\omega_1)t+\phi_1+\varphi_{1r}\right] \qquad (10-58)$$

$$E_{rs}(t) = \frac{\sqrt{2}}{2}\sqrt{1+b_s\cos\omega_2 t}\,\cos\left[(\omega_0+\omega_2)t+\phi_2+\varphi_{2r}\right] \qquad (10-59)$$

式中，ω_0 为激光束的角频率，ω_1 与 ω_2 分别为 AOM₁ 和 AOM₂ 的＋1 级衍射光的频移，ϕ_1 与 ϕ_2 分别为 AOM₁ 和 AOM₂ 的初始相位，φ_{1r} 与 φ_{2r} 为参考光路中 AOM₁ 和 AOM₂ 的＋1 级衍射光到达 PD₂ 的相位。参考光路中的 p 光与 s 光在通过 AL₂ 之后，在 PD₂ 的光敏面上发生干涉，并转换为电信号。经过带通滤波器滤除该信号中的直流与频率大于 30 MHz 的成分后，PD₂

输出的电信号可以表示为

$$I_r \propto \cos(\Delta\omega t + \Delta\varphi + \Delta\varphi_r) \qquad (10-60)$$

由图 10-13 可以看出，通过分束器之后的水平光束（测量光路）所包含的 p 光与 s 光的电场可分别表示为

$$E_{rp}(t) = \frac{\sqrt{2}}{2}\sqrt{1+b_p\cos\omega_1 t}\,\cos\left[(\omega_0+\omega_1)t+\phi_1+\varphi_{1m}\right] \qquad (10-61)$$

$$E_{rs}(t) = \frac{\sqrt{2}}{2}\sqrt{1+b_s\cos\omega_2 t}\,\cos\left[(\omega_0+\omega_2)t+\phi_2+\varphi_{2m}\right] \qquad (10-62)$$

式中，φ_{1m} 与 φ_{2m} 为测量光路中，AOM_1 和 AOM_2 的 +1 级衍射光到达 PD_1 的相位。测量光路中的 p 光与 s 光在通过 AL_1 之后，在 PD_1 的光敏面上发生干涉，并转换为电信号。经过带通滤波器滤除该信号中的直流与频率大于 30 MHz 的成分后，PD_1 输出的电信号可以表示为

$$I_m \propto \cos(\Delta\omega t + \Delta\phi + \Delta\varphi_m) \qquad (10-63)$$

式中，$\Delta\varphi_m = \varphi_{1m} - \varphi_{2m}$，$\Delta\varphi_m$ 的表达式为

$$\Delta\varphi_m = \frac{2\pi}{13.192}\Delta d \qquad (10-64)$$

式中，$\Delta d = d - d_0$，d_0 与 d 分别为 0 延迟量与任意延迟量对应补偿器的测微丝杆位移。

10.6.4　实验过程与结果

如图 10-13 的光路中，首先在直角棱镜 R_1 与 PBS_1 之间放置一个可调光阑（图中未画出），用于遮挡 p 光。此时，旋转 AL_1 使得 PD_1 输出的电信号为最小值，然后在 BS 与直角棱镜 R_3 之间放置一个起偏器（图中未画出），在有光通过起偏器的状态下旋转起偏器，当 PD_1 输出的电信号为最小值时，起偏器与 AL_1 处于正交状态。将索列尔-巴比涅相位补偿器 BSC 放置于起偏器与 R_3 之间，使入射光线垂直通过 BSC 的光学表面。此时，PD_1 输出的电信号不一定为最小值。绕光线传播的方向旋转 BSC，使得 PD_1 输出的电信号为最小值，此时，BSC 晶轴方向与 s 光偏振方向重合。再将 BSC 旋转 45°，拧紧两个锁紧螺钉以防止器件转动。

当旋转 BSC 45°之后，PD_1 输出的电信号不再是最小值。调节 BSC 的测微丝杆，使该信号变为最小值，此时，测微丝杆的位置 $d_0 = 5.25$ mm，即 BSC 延迟量为 0 的位置；继续调节测微丝杆，PD_1 输出的电信号逐渐变大，然后逐渐减小，直到再次为最小值，此时，测微丝杆的位置 $d_1 = 18.25$ mm，即 BSC 延迟量为 λ（一个波长）的位置。确定好 0 和 λ 的位置之后，松开两个锁紧螺钉，再次将 BSC 旋转 45°，然后再次拧紧两个锁紧螺钉。去掉遮挡 p 光的可调光阑和放置于 BS 之后的起偏器，此时，得到延迟量为 λ 的拍频信号如图 10-15 所示。其中 CH1 通道为参考信号，CH2 通道为测量信号。

从图 10-15 可以看出，当延迟量为 λ 时，参考信号光束的振幅与测量信号光束的振幅相等，两个信号之间的相位差为 2π。调节 BSC 的测微丝杆，测量 0~π 之间的延迟量，其相位延迟量与振幅变化可以通过锁相放大器（SR844）测得，延迟量为 $\lambda/2$ 的拍频信号如图 10-16 所示。其中 CH1 通道为参考信号，CH2 通道为测量信号。

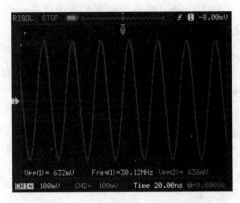

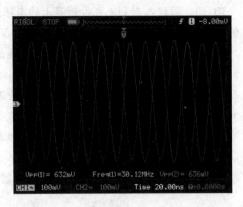

图 10-15　延迟量为 λ 的拍频信号　　　　　　　图 10-16　延迟量为 λ/2 的拍频信号

从图 10-16 可以看出，当延迟量为 λ/2 时，参考信号光束与测量信号光束之间的相位差为 π，说明共线外差干涉系统具有很好的线性相位特性。

丝杆的位移量和相位延迟量的关系曲线如图 10-17 所示。

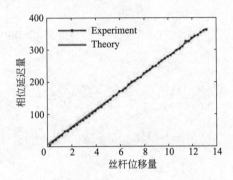

图 10-17　丝杆位移量和相位延迟量的关系曲线

从图 10-17 可以看出，实验测得的丝杆位移量与相位延迟量的关系曲线与 BSC 生产公司产品出厂前测试的关系曲线相互平行。实验系统的相位灵敏度为 27.386°/mm，与生产公司产品出厂前测试的相位灵敏度 27.289°/mm 基本吻合，证明了共线光外差干涉系统具有很好的线性相位特性。

在图 10-13 所示的共线光外差干涉系统中，测量光路和参考光路具有对称性，对称的两个光路相距较近。因此，环境因素产生的噪声所引起的相位就会同时出现在式(10-60)与式(10-63)的相位中。比较这两个光电信号的相位，信号的初始相位以及环境噪声所引起的相位被减掉。所以，该系统可以极大地减弱外界环境产生的噪声对测量结果的影响，从而提高系统测量的精确度。

练 习 题

10-1　试从工作原理和系统性能两个方面说明光外差检测系统所具有的特点。

10-2　锁相环有什么特点？如何利用锁相环实现调制和解调？

10-3 假设入射到光电检测器上的本振光功率 $P_L=10$ mW，光电检测器的量子效率 $\eta=0.5$，入射的信号光波长 $\lambda=1$ μm，负载电阻 $R_L=50$ Ω。试求该光外差检测系统的转换增益。

10-4 试述实现光外差检测必须满足的条件。

10-5 假设光电检测器的量子效率 $\eta=0.5$，入射的信号光波长 $\lambda=1$ μm，光电检测器后面的放大器的 $\Delta\nu=1$ Hz，求该光外差检测系统的最小可测信号是多少？

10-6 求光零拍相干检测在输出负载 R_L 端的峰值信号功率。

10-7 试述激光外差检测技术采用锁相环解调的原理。

10-8 简述偏振光分束器的组成及工作原理。

10-9 简述索列尔-巴比涅相位补偿器的组成及工作原理。

第11章　光电探测器实验

光电探测器件的功能是将一定的光辐射转换为电信号，它是光电检测系统的核心组成部分，其性能直接影响着光电系统的性能。因此，无论是设计还是应用光电检测系统，深入了解光电探测器件的性能参数都是很必要的。

光电探测器的光电转换特性用响应度表示。响应特性用来表征光电探测器在确定入射光照下输出信号和入射光辐射之间的关系。主要的响应特性包括响应度、光谱响应、时间响应特性和探测度等参数。

实验 1　光电探测器光谱响应度的测量

光谱响应度是光电探测器的基本性能参数之一，它表征了光电探测器对不同波长入射辐射的响应。一般来说，热探测器的光谱响应较平坦，而光探测器的光谱响应具有明显的选择性。以波长为横坐标，以探测器接收到的等能量单色辐射所产生的电信号的相对大小为纵坐标，绘出光电探测器的相对光谱响应曲线。典型的光电探测器的光谱响应曲线如图 11-1 所示。

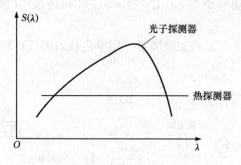

图 11-1　典型的光电探测器的光谱响应曲线

一、实验目的

(1) 加深对光谱响应概念的理解；

(2) 掌握 LWD30 光栅单色仪的工作原理和使用方法；

(3) 掌握选频放大器的工作原理；

(4) 掌握光谱响应的测试方法；

(5) 熟悉热释电探测器和硅光电二极管的使用方法。

二、实验内容

(1) 用热释电探测器测量钨丝灯的光谱辐射特性曲线；

（2）用比较法测量硅光电二极管的光谱响应曲线。

三、基本原理

光谱响应度是光电探测器对单色入射辐射的响应能力。电压光谱响应度 $S_\mathrm{u}(\lambda)$ 定义为在波长为 λ 的单位入射辐射功率的照射下，光电探测器输出的信号电压，用公式表示为

$$S_\mathrm{u}(\lambda) = \frac{U_\mathrm{s}(\lambda)}{\varPhi_\mathrm{e}(\lambda)} \tag{11-1}$$

而光电探测器在波长为 λ 的单位入射辐射功率的作用下，其所输出的光电流叫作探测器的电流光谱响应度，用公式表示为

$$S_\mathrm{i}(\lambda) = \frac{I_\mathrm{s}(\lambda)}{\varPhi_\mathrm{e}(\lambda)} \tag{11-2}$$

式中，$\varPhi_\mathrm{e}(\lambda)$ 为波长为 λ 时的入射光功率；$U_\mathrm{s}(\lambda)$ 为光电探测器在入射光功率 $\varPhi_\mathrm{e}(\lambda)$ 作用下的输出信号电压；$I_\mathrm{s}(\lambda)$ 则为输出用电流表示的输出信号电流。为简写起见，$S_\mathrm{u}(\lambda)$ 和 $S_\mathrm{i}(\lambda)$ 均可以用 $S(\lambda)$ 表示。但在具体计算时应区分 $S_\mathrm{u}(\lambda)$ 和 $S_\mathrm{i}(\lambda)$，显然，二者具有不同的单位。

通常，测量光电探测器的光谱响应多用单色仪对辐射源的辐射功率进行分光来得到不同波长的单色辐射，然后测量在各种波长的辐射照射下光电探测器输出的电信号 $U_\mathrm{s}(\lambda)$。然而由于实际光源的辐射功率是波长的函数，因此在相对测量中要确定单色辐射功率 $\varPhi_\mathrm{e}(\lambda)$ 需要利用参考探测器（基准探测器）。即使用一个光谱响应度为 $\varPhi_\mathrm{f}(\lambda)$ 的探测器为基准，用同一波长的单色辐射分别照射待测探测器和参考探测器。由参考探测器的电信号输出（如为电压信号 $U_\mathrm{f}(\lambda)$ 可得单色辐射功率 $\varPhi_\mathrm{e}(\lambda) = U_\mathrm{f}(\lambda) \cdot S(\lambda)$，再通过式（11-1）计算即可得到待测探测器的光谱响应度。

本实验采用如图 11-2 所示的实验装置。用单色仪对钨丝灯辐射进行分光，得到单色光功率 $\varPhi_\mathrm{e}(\lambda)$。

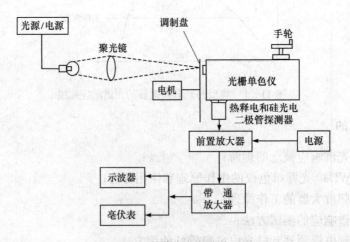

图 11-2　光谱响应实验装置图

这里用响应度和波长无关的热释电探测器作参考探测器，测得 $\varPhi_\mathrm{e}(\lambda)$ 入射时的输出电压为 $U_\mathrm{f}(\lambda)$。若用 $\varPhi_\mathrm{f}(\lambda)$ 表示热释电探测器的响应度，则显然有

$$\Phi_e(\lambda) = \frac{U_f(\lambda)}{S_f(\lambda)K_f} \tag{11-3}$$

式中，K_f 为热释电探测器前放和主放放大倍数的乘积，即总的放大倍数。在本实验中，$K_f = 100 \times 300$。$S_f(\lambda)$ 为热释电探测器的响应度，实验中在所用的 25 Hz 调制频率下，$S_f(\lambda) = 900$ V/W。

然后在相同的光功率 $\Phi_e(\lambda)$ 下，用硅光电二极管测量相应的单色光，得到输出电压 $U_f(\lambda)$，从而得到光电二极管的光谱响应度。

$$S_u(\lambda) = \frac{U_s(\lambda)}{\Phi_e(\lambda)} = \frac{U_b(\lambda)/K_b}{U_f(\lambda)/S_f(\lambda)K_f} \tag{11-4}$$

式中，K_b 为硅光电二极管测量时总的放大倍数，这里 $K_b = 150 \times 300$。

四、实验装置

实验装置示如图 11-2 所示。用钨丝灯作光源，用直流稳压电源对钨丝灯供电，光源发出的光由聚光镜会聚于单色仪的入射狭缝上，并在狭缝前用同步电机(电压 220 V)带动的调制盘对入射光束进行调制。光栅单色仪(LWD30)把入射光分解成单色光并从出射狭缝射出。转动单色仪的波长手轮可以改变出射光的波长(参见附录 A)。在出射狭缝后分别用热释电探测器(钽酸锂)和硅光电二极管进行测量，所得光电信号经放大后由毫伏表指示。LWD30 光栅单色仪及实验装置的其他部分说明，见附录 A。

五、实验步骤

(1) 参照附录 A 中图 A-1，打开光源开关，调整光源位置，使灯丝通过聚光镜成像在单色仪入射狭缝 S_1 上，S_1 的缝宽调整在 0.2 mm。把出射狭缝 S_2 开到 1 mm 左右，人眼通过 S_2 能看到与波长读数相应的光，然后逐渐关小 S_2，最后开到 $S_2 = 0.2$ mm。

(注意：狭缝开大时不能超过 3 mm；关小时不能超过零位，否则将损坏仪器!)

(2) 在光路中靠近 S_1 的位置放入调制盘，并接通电机电源。

(3) 把热释电器件光敏面对准出射狭缝 S_2，并连接好放大器和毫伏表，然后为探测器加上电池电压 +12 V。

(4) 转动光谱手轮，记下探测器的入射波长及毫伏表上相应波长的输出电压值，并填入表 11-1。

表 11-1　光谱响应测试实验数据

入射光波长 $\lambda/\mu m$	用热释电时毫伏表输出 U_f	硅光电二极管经放大后输出 U_b	光谱功率 $\Phi(\lambda)$	响应度 $S(\lambda)$
0.5				
1.2				

(5) 用光电二极管换下热释电器件，给光电二极管加上 +12 V 电压，重复步骤(4)，将

数据记入表 11 - 1。

六、实验报告

(1) 画出光源的光谱辐射分布曲线；

(2) 画出硅光电二极管的光辐响应曲线；

(3) 分析实验结果，并确定硅光电二极管的峰值响应波长 λ_p 和截止波长 λ_c。

七、思考题

(1) 单色仪入射狭缝和出射狭缝的宽度分别控制着哪些物理量？测量时开大些好还是开小些好？

(2) 如果在测量过程中，用热释电器件和光电二极管测量时，二者光源光强度不一致是否仍能保证结果的正确性？如果二者的调制频率不同呢？

(3) 在测量光谱响应度 $S(\lambda)$ 时，如果实验室没有参考（基准）探测器，能否想办法测得 $S(\lambda)$？

(4) 如何改进实验装置，以提高测量精度和速度？

实验 2　光电探测器响应时间的测试

通常，光电探测器输出的电信号都要在时间上落后于作用在其上的光信号，即光电探测器的输出相对于输入的光信号要发生沿时间轴的扩展。扩展的程序可由响应时间来描述。光电探测器的这种响应落后于作用信号的特性称为惰性。惰性的存在，会使先后作用的信号在输出端相互交叠，从而降低了信号的调制度。如果探测器观测的是随时间快速变化的物理量，则由于惰性的影响会造成输出严重畸变。因此，深入了解探测器的时间响应特性是十分必要的。

一、实验目的

(1) 了解光电探测器的响应度不仅与信号光的波长有关，而且与信号光的调制频率有关；

(2) 掌握示波器的外触发工作方式和 10% 到 90% 的上升响应时间的测试方法；

(3) 掌握发光二极管的电流调制法；

(4) 熟悉测量探测器响应时间的方法。

二、实验内容

(1) 用探测器的脉冲响应特性测量响应时间；

(2) 利用探测器的幅频特性确定其响应时间。

三、基本原理

表示时间响应特性的方法主要有两种：一种是脉冲响应特性法；另一种是幅频特性法。

1. 脉冲响应

响应落后于作用信号的现象称为弛豫。对于信号开始作用时的弛豫称为上升弛豫或起始弛豫；信号停止作用时的弛豫称为衰减弛豫。

弛豫时间的具体定义如下。

如用阶跃信号作用于铸件，则起始弛豫定义为探测器的响应从零上升为稳定值的$(1-1/e)$（即 63%）时所需的时间；衰减弛豫定义为信号撤去后，探测器的响应下降到稳定值的$1/e$（即 37%）所需的时间。这类探测器有光电池、光敏电阻及热电探测器等。另一种定义弛豫时间的方法是：起始弛豫为响应值从稳态值的 10% 上升到 90% 所用的时间；衰减弛豫为响应从稳态值的 90% 下降到 10% 所用的时间。这种定义多用于响应速度很快的器件，如光电二极管、雪崩光电二极管和光电倍增管等。

若光电探测器在单位阶跃信号作用下的起始阶跃响应函数为$[1-\exp(-t/\tau_1)]$，衰减响应函数为$\exp(-t/\tau_2)$，则根据第一种定义，起始弛豫时间为τ_1，衰减弛豫时间为τ_2。

此外，如果测出了光电探测器的单位冲激响应函数，则可直接用其半值宽度来表示时间特性。为了得到具有单位冲激函数形式的信号光源，即 δ 函数光源，可以采用脉冲式发光二极管、锁模激光器及火花源等光源来近似。在通常测试中，更方便的是采用具有单位阶跃函数形式亮度分布的光源，从而得到单位阶跃响应函数，进而确定响应时间。

2. 幅频特性

由于光电探测器惰性的存在，使得其响应度不仅与入射辐射的波长有关，而且还是入射辐射调制频率的函数。这种函数关系还与入射光强信号的波形有关。通常定义光电探测器对正弦光信号的响应幅值同调制频率间的关系为它的幅频特性。许多光电探测器的幅频特性具有如下形式。

$$A(\omega) = \frac{1}{(1+\omega^2\tau^2)^{1/2}} \tag{11-5}$$

式中，$A(\omega)$ 表示归一化后的幅频特性；$\omega=2\pi f$ 为调制圆频率；f 为调制频率；τ 为响应时间。

在实验中可以测得探测器的输出电压 $U(\omega)$ 为

$$U(\omega) = \frac{U_0}{(1+\omega^2\tau^2)^{1/2}} \tag{11-6}$$

式中，U_0 为探测器在入射光调制频率为零时的输出电压。这样，如果测得调制频率为 f_1 时的输出信号电压 U_1 和调制频率为 f_2 时的输出信号电压 U_2，就可由下式确定响应时间：

$$\tau = \frac{1}{2\pi}\sqrt{\frac{U_1^2-U_2^2}{(U_2 f_2)^2-(U_1 f_1)^2}} \tag{11-7}$$

为减小误差，U_1 与 U_2 的取值应相差 10% 以上。

由于许多光电探测器的幅频特性都可由式(11-5)描述，人们为了更方便地表示这种特性，引出截止频率 f_c。它的定义是：当输出信号功率降至超低频一半时，即信号电压降至超低频信号电压的 70.7% 时的调制频率。所以，f_c 频率点又称为三分贝点或拐点。

由式(11-5)可知

$$f_c = \frac{1}{2\pi\tau} \tag{11-8}$$

实际上，用截止频率描述时间特性是由式(11-5)定义的 τ 参数的另一种形式。

在实际测量中，对入射辐射调制的方式可以是内调制，也可以是外调制。外调制是用机械调制盘在光源外进行调制，因这种方法在使用时需要采取稳频措施，而且很难达到很高的调制频率，因此不适用于响应速度很快的光子探测器，所以具有很大的局限性。内调制通常采用快速响应的电致发光元件作辐射源。采取电调制的方法可以克服机械调制的不足，得到稳定度高的快速调制。

四、实验仪器

GCS-GDTC 光电探测器时间常数实验仪；20 MHz 双踪示波器(注意事项见附录 B)；毫伏表。

在光电探测器时间常数实验箱中，提供了需测试的两个光电器件：峰值波长为 900 nm 的光电二极管和可见光波段的光敏电阻。所需的光源分别由峰值波长为 900 nm 的红外发光管和可见光(红)发光管来提供。光电二极管的偏压与负载都是可调的，偏压分 5 V、10 V、15 V 三挡，负载分 100 Ω、1 kΩ、10 kΩ、50 kΩ 和 100 kΩ 五挡。根据需要，光源的驱动电源有脉冲和正弦波两种，并且频率可调。

五、实验步骤

1. 用脉冲法测量光电二极管的响应时间

(1) 首先要将本实验箱面板上"偏压"挡和"负载"挡分别选通一组。

(2) 将"波形选择"开关拨至脉冲挡，"探测器选择"开关拨至光电二极管挡，此时由"输入波形"的二极管处应可观察到方波，由"输出"处引出的输出线(红线)即可得到光电二极管的输出波形，其频率可通过"频率调节"处的方波旋钮来调节。

(3) 调节示波器的扫描时间和触发同步，使光电二极管对光脉冲的响应在示波器上得到清晰的显示。

(4) 选定负载为 10 kΩ，改变其偏压。观察并记录在零偏(不选偏压即可)及不同反偏下光电二极管的响应时间，并填入表 11-2。

表 11-2　硅光电二极管的响应时间与偏置电压的关系

偏置电压 U/V	0	5	10	15
响应时间 t_r/s				

(5) 在反向偏压为 15 V 时，改变探测器的偏置电阻，观察探测器在不同偏置电阻时的脉冲响应时间。记录填入表 11-3。

表 11-3　硅光电二极管的响应时间与负载电阻的关系

负载电阻 R_l/Ω	51	100	1 k	10 k	100 k
响应时间 t_r/s					

2. 用脉冲法测量光敏电阻的响应时间

光敏电阻所加偏压为 15 V，负载是 10 kΩ，是不可调的。故"偏压"挡和"负载"挡在此时不起作用。

将实验箱面板上"波形选择"开关拨至脉冲挡,"探测器选择"开关拨至光敏电阻挡,此时由"输入波形"的光敏电阻处应可观测到方波,由"输出"处引出的输出线(蓝线)即可得到光敏电阻的输出波形,调节"频率调节"旋钮使频率为 20 Hz,测出其响应时间并记录。

3. 用幅频特性法测量 CdSe 光敏电阻的响应时间

(1) 将本实验箱面板上"波形选择"开关拨至正弦挡,"探测器选择"开关拨至光敏电阻挡,此时由"输入波形"的光敏电阻处应可观测到正弦波形,由"输出"处引出的输出线(蓝线)即可得到光敏电阻的输出波形,其频率可通过改变"频率调节"处的正弦旋钮来调节。

(2) 改变光波信号频率,测出不同频率下 CdSe 的输出电压(至少测 3 个频率点)并记录。

(3) 根据式(11 - 7)计算出其响应时间。

4. 用截止频率测量 CdSe 光敏电阻的响应时间

改变正弦波的频率,可以发现随着调制频率的提高,CdSe 负载电阻两端的信号电压将减小;测出其衰减到超低频的 70.7% 时的调制频率 f_c,并由式(11 - 8)确定响应时间 τ。

六、实验报告

(1) 列出表 11 - 2、表 11 - 3 并解释光电二极管的响应时间与负载电阻和偏置电压的关系。

(2) 列出用脉冲响应法测得的 CdSe 光敏电阻的响应时间;并与用幅频特性法测出的响应时间相比较。

(3) 写出截止频率测得的 CdSe 的响应时间,并比较这 3 种方式的特点。

七、思考题

(1) CdSe 光敏电阻在弱光和强光照射下的响应时间是否相同?为什么?

(2) 如欲测量响应速度更快的光电探测器的响应时间,则必须提高光源的调制频率,试想还有哪些方法?

实验 3　光电探测器探测度的测量

探测度是测量光电探测器对于微弱信号的极限探测能力的一个重要指标。这一性能指标对光电探测器在弱光探测和军事方面的应用具有重要意义。

探测度这一参数是从噪声等效功率 NEP 引出的,NEP 的定义见第 1 章有关内容。噪声等效功率又称为最小可测功率,因此光电探测器的 NEP 值越小,其探测本领越强,这不符合人们的心理习惯。人们习惯上认为探测器的性能越好,表征它性能的参数应越大。因此,通常由 NEP 的倒数定义探测度 D,用公式表示为

$$D = \frac{1}{NEP} = \frac{U_s/U_n}{P_n} \tag{11 - 9}$$

探测度 D 可以理解为每单位(瓦)辐射功率照射在探测器上得到的信噪比。D 越大，表明探测器的探测能力越强。D 的单位为 W^{-1}。

理论与实验均表明，噪声等效功率与探测器的光敏面积 A_d 和测量系统的带宽 Δf 乘积的平方根成正比，即

$$NEP \propto (A_d \Delta f)^{\frac{1}{2}} \tag{11-10}$$

式中，A_d 为探测器的光敏面积，单位为 cm^2；Δf 为测量系统的带宽，单位为 Hz。为了消除光敏面积和测量带宽的影响，便于对不同类别的探测器进行比较，人们引入归一化探测度 D^*（又称为比探测度）。D^* 被定义为 D 与 $(A_d \Delta f)^{1/2}$ 的乘积，即

$$D^* = D \cdot (A_d \Delta f)^{\frac{1}{2}} = \frac{(A_d \Delta f)^{\frac{1}{2}}}{NEP} = \frac{U_s/U_n}{P_n}(A_d \Delta f)^{\frac{1}{2}} \tag{11-11}$$

D^* 的单位是 $cm \cdot Hz^{1/2} \cdot W^{-1}$。它表示探测器接收面积为 $1\,cm^2$，工作带宽为 $1\,Hz$ 时，在单位入射辐射功率照射下所输出的信噪比。为简化起见，通常也把 D^* 叫作归一化探测度。

一、实验目的

(1) 掌握光电探测器探测度的测试方法；
(2) 深入了解光导探测器的探测度与调制频率的关系(见本书第 1、第 4 章有关内容)。

二、实验内容

(1) 利用黑体辐射测量 PbS 光导探测器的积分响应度、最小可探测功率及探测度；
(2) 测量响应度和探测度与调制频率的关系。

三、基本原理

根据定义，探测度可表示为

$$D^* = \frac{U_s/U_n}{P_n}(A_d \Delta f)^{\frac{1}{2}} \tag{11-12}$$

式中，探测器的光敏面积 A_d 和测量系统的工作带宽 Δf 在一定的测量系统中为定值，因此，只要测得探测器输出信噪比 U_s/U_n，便可根据计算得到的 P_n 求出 D^*。

本实验用 $500\,K$ 黑体作辐射源。

根据普朗克公式，黑体在单位面积上在单位波长间隔内发射的辐射功率为

$$M_{eB}(\lambda,\ T) = \frac{2\pi hc^2}{\lambda^5} \cdot \frac{1}{e^{hc/\lambda kT} - 1} \tag{11-13}$$

式中，普朗克常量 $h = 6.625 \times 10^{-34}\,J \cdot s$；玻耳兹曼常量 $k = 1.38 \times 10^{-23}\,J \cdot K^{-1}$；光速 $c = 3 \times 10^8\,m/s$；λ 为辐射波长；T 为热力学温度。

黑体在 $\lambda_1 \sim \lambda_2$ 波段范围内的辐射功率为

$$M_{eB}(T) = \int_{\lambda_1}^{\lambda_2} M_{eB}(\lambda,\ T)\,d\lambda \tag{11-14}$$

PbS 光敏元件的响应波段为 $1\sim3\ \mu m$，在此波段内的辐射功率为

$$M_{\mathrm{PbSeB}}(T) = \int_1^3 \frac{2\pi hc^2}{\lambda^5} \cdot \frac{1}{e^{hc/\lambda kT} - 1} d\lambda$$

经数值积分计算得

$$M_{\mathrm{PbSeB}} = 6.439 \times 10^{-3}\ \mathrm{W/(cm^2 \cdot sr)}$$

探测器接收到的功率 P_n 为

$$P_\mathrm{n} = M_{\mathrm{PbSeB}} \frac{A_\mathrm{d}}{\pi r^2} A_\mathrm{b} \varepsilon m$$

式中，A_d 为探测器面积；A_d/r^2 为接收视场立体角；A_b 为黑体光阑孔径面积；r 为黑体光阑孔径至探测器灵敏面的距离；ε 为辐射系数，取 0.99；m 为调制转换系数，这里取 0.28（三角波调制）。

当黑体辐射炉和探测器确定后，上述参量就是一些常数。故探测器的接收功率是确定的，而相应的探测器的输出信号电压和噪声电压可以测出，因此可计算出探测器的响应度和探测度。

光电探测器的响应度为

$$S_\mathrm{U} = \frac{U_\mathrm{s}}{P_\mathrm{s}}$$

在本实验中 P_s 为 $1\sim3\ \mu m$ 波长范围内的积分功率，因而 S_U 为积分响应度。

四、实验步骤

实验装置如图 11-3 所示。

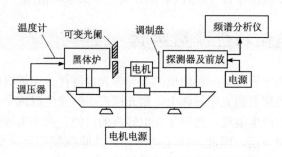

图 11-3　探测度测试实验装置图

（1）接通黑体辐射炉电源，并使黑体温度维持在 227 ℃，即绝对温度 500 K。

（2）接通探测器的偏置电源（+50 V）及放大器供电电源（+12 V）。

（3）把频谱分析仪的旋钮放在适当位置。

（4）把放大器的输出端和频谱分析仪的输入相连接，并接通频谱分析仪的电源开关。

（5）接通调制盘电机电源。

（6）用频谱分析仪测量输出信号电压。

（7）测量噪声电压 U_n，用黑纸遮挡住黑体辐射源窗口，测量与调制频率 f 相应的噪声

电压。

（8）改变电机电压（即改变调制频率），测量不同调制频率下的输出信号电压和噪声电压。并将测量结果填入表 11 - 4。

表 11 - 4　实验数据

f/Hz							
U/mV							
U_n/mV							

五、使用仪器及元件

① 频谱分析仪；② 晶体管稳压电源；③ 黑体辐射源；④ PbS 元件及放大器。

六、实验报告

（1）根据实验结果，计算 PbS 光导探测器的响应度、最小可探测功率及探测度，将它们与调制频率的关系列表，作图。

计算时取实验参数如下：$A_d = 0.4 \times 0.4$（cm^2）；$A_b = 0.3^2 \pi$（cm^2）；$r = 16$ cm 或自测。

频谱分析仪的 Q 值为 $Q = f/\Delta f = 10$。在计算时，对不同测量频率 f 可由 Q 值算得对应的频谱分析仪带宽 Δf。

（2）找出与最佳响应度、NEP 和探测度 D^* 对应的频率值。

七、思考题

（1）光电探测器的探测度与哪些因素有关？为什么称 D^* 为归一化探测度？

（2）如果希望在实验中实现等效正弦波调制，则应满足哪些条件？

（3）如欲减小背景辐射对 D^* 测量的影响，可以采取哪些措施？

实验 4　光敏电阻特性测量实验

光敏电阻又称为光导管，是一种均质的半导体光电器件。光敏电阻是在均匀的光电导体两端加上电极后，当光照射到光电导体上，由光照产生的光生载流子在外加电场作用下沿一定方向运动，在电路中产生电流，达到了光电转换的目的。由于半导体在光照的作用下，电导率的变化只限于表面薄层，因此将掺杂的半导体薄膜沉积在绝缘体表面就制成了光敏电阻。不同材料制成的光敏电阻具有不同的光谱特性。

一、实验目的

（1）学习和掌握光敏电阻的工作原理（见第 4 章有关内容）；

（2）掌握使用 CSY10G 型光电传感器系统实验仪测定光敏电阻伏安特性；

（3）了解光敏电阻的基本特性，掌握光敏电阻的基本概念。

二、实验内容

（1）光敏电阻的暗电阻、亮电阻、光电阻；

(2) 光敏电阻的暗电流、亮电流、光电流；

(3) 光敏电阻的光谱特性；

(4) 伏安特性(光敏电阻两端所加的电压与光电流之间的关系)；

(5) 温度特性；

(6) 光敏电阻的光电特性。

三、实验原理

在光照作用下能使物体的电导率改变的现象称为内光电效应。本实验所用的光敏电阻就是基于内光电效应的光电元件。当内光电效应发生时，固体材料吸收的能量使部分价带电子迁移到导带，同时在价带中留下空穴，这样由于材料中载流子个数增加，使材料的电导率增加。当光敏电阻两端加上电压 U 后，光电流为

$$I_{\mathrm{ph}} = \frac{A}{d}\Delta\sigma U$$

式中，A 为与电流垂直的截面积，d 为电极间的距离。

四、实验所需仪器设备

(1) 实验仪器：CSY10G 型光电传感器系统实验仪。

(2) 实验所需部件：稳压电源、光敏电阻、负载电阻(选配单元)、电压表、各种光源、遮光罩、激光器、光照度计(由用户选配)。

五、实验步骤

1. 测试光敏电阻的暗电阻、亮电阻、光电阻

观察光敏电阻的结构，用遮光罩将光敏电阻完全掩盖，用万用表测得的电阻值为暗电阻，移开遮光罩，在环境光照下测得的光敏电阻的阻值为亮电阻，暗电阻与亮电阻之差为光电阻。光电阻越大，则灵敏度越高。

在光电器件模板的试件插座上接入另一光敏电阻，试作性能比较分析。

2. 光敏电阻的暗电流、亮电流、光电流

按照图 11-4 接线，电源可从 +2～+8 V 选用，分别在暗光和正常环境光照下测出输出电压 $U_暗$ 和 $U_亮$，则暗电流 $I_暗 = U_暗/R_{\mathrm{L}}$，亮电流 $I_亮 = U_亮/R_{\mathrm{L}}$。亮电流与暗电流之差称为光电流，光电流越大则灵敏度越高。

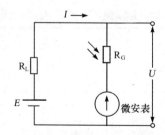

图 11-4 光敏电组的测量电路

分别测出两种光敏电阻的亮电流，并作性能比较。

3. 光敏电阻的光谱特性

用不同的材料制成的光敏电阻有着不同的光谱特性。当不同波长的入射光照到光敏电阻的光敏面上，光敏电阻就有不同的灵敏度。按照图 11-4 接线，电源电压可采用直流稳压电源的负电源。用高亮度 LED(红、黄、绿、蓝、白)作为光源，其工作电源可选用直流稳压电源的正电源。发光二极管的电路可参照图 11-5。

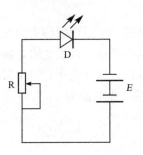

图 11-5　发光二极管电路

限流电阻用选配单元上的 1~100 k 挡电位器，首先应置电位器阻值为最大，打开电源后缓慢调小阻值，使发光二极管逐步发光并至最亮，当发光二极管达到最高亮度时不应再减小限流电阻阻值，确定限流电阻阻值后不再改变。依次将各发光二极管接入光电器件模板上的发光二极管插座(各种光源的发光亮度可用照度计测得并可调节发光二极管电路使之光照度一致)。发光二极管与光敏电阻顶端可用附件中的黑色软管连接。分别测出光敏电阻在各种光源照射下的光电流，再用激光教鞭、固体激光器作为光源，测得光电流，将测得的数据记入表 11-5。

表 11-5　不同光源下不同光敏电阻对应的光电流测试数据

光源	激光	红	黄	绿	蓝	白
光电阻 I						
光电阻 II						

根据表 11-5 的测试结果，作出两种光电阻大致的光谱特性曲线。

4. 伏安特性

按照图 11-4 分别测得偏压为 2 V、4 V、6 V、8 V、10 V、12 V 时的光电流，并尝试提高照射光源的光强，测得给定偏压时光强度的提高与光电流增大的情况。将所测得的结果填入表 11-6，并作出 U/I 曲线。

表 11-6　不同光敏电阻不同偏压对应的光电流测试数据

偏压	2 V	4 V	6 V	8 V	10 V	12 V
光电阻 I						
光电阻 II						

5. 温度特性

光敏电阻与其他半导体器件一样，性能受温度影响较大。随着温度的升高电阻值增大，灵敏度下降。按图 11-4 测试电路，分别测出常温下和加温(可用电烙铁靠近加温或用电吹风加温，电烙铁切不可直接接触器件)后的伏安特性曲线。

6. 光敏电阻的光电特性

在一定的电压作用下，光敏电阻的光电流与照射光通量的关系为光电特性，如图 11-6 所示。

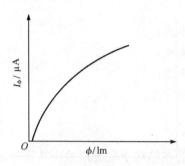

图 11-6　光敏电阻的光电特性

图 11-4 的实验电路，电源可选用 +12 V 稳压电源，适当串入一选配单元上的可变电阻，阻值在 10 k 左右。发光 LED 接直流稳压电源的 2～10 V 电压挡，调节电路使发光管刚好发光，将发光管与光敏电阻顶端相连接，盖上遮光罩，测得光电流大小，然后依次将发光管工作电压提高到 4 V、6 V、8 V、10 V，用照度计依次测得光强，并测得光电流。将所测数据记入表 11-7。

表 11-7　不同光敏电阻不同偏压对应的光电流测试数据

偏压	4 V	6 V	8 V	10V
光电阻 I				
光电阻 II				

或置于暗光条件下，打开高亮度光源灯光，调节光源与光敏电阻的距离和照射角度，改变光敏电阻上入射光的光通量，观察光电流的变化。

注意事项如下。

(1) 开始把变阻器，调节到最大值处，以免微安表满偏而损坏。连通电路后可，逐渐调节阻值，以便于观察读数。

(2) 不要开启与实验无关的设备，如热源、调速电机等。

(3) 把光纤保护好，切忌弯折。

(4) 光源照射时灯胆及灯杯温度均很高，请勿用手触摸，以免烫伤。

(5) 实验时各种不同波长的光源的获取也可以采用在仪器上的光源灯泡前加装各色滤色片的办法，同时也须考虑到环境光照的影响。

实验 5　光敏二极管特性测试

一、实验目的

(1) 学习和掌握光敏二极管的工作原理(见第 3 章有关内容)；

（2）学习和掌握光敏二极管的基本特性；

（3）掌握使用 CSY10G 型光电传感器系统实验仪测定光敏二极管伏安特性方法；

（4）学习和掌握光敏二极管的基本应用。

二、实验内容

（1）测试光敏二极管的暗电流；

（2）测试光敏二极管的光电流；

（3）测试光敏二极管的灵敏度；

（4）测试光敏二极管的光谱特性。

三、实验原理

光敏二极管与半导体二极管在结构上是类似的，其管芯是一个具有光敏特征的 PN 结，具有单向导电性，因此工作时需加上反向电压。无光照时，有很小的饱和反向漏电流，即暗电流，此时光敏二极管截止。当受到光照时，饱和反向漏电流大大增加，形成光电流，它随入射光强度的变化而变化。光敏二极管结构见图 11-7。

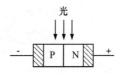

图 11-7　光敏二极管结构图

光敏二极管是基于 PN 结的光电效应而工作的，它主要用于可见光及红外光谱区。光敏二极管通常在反偏置条件下工作，即光电导工作模式。这样可以减小光生载流子渡越时间及结电容，可获得较宽的线性输出和较高的响应频率，适用于测量甚高频调制的光信号。光敏二极管也可用在零偏执状态，即光伏工作模式，这种工作模式突出优点是暗电流等于零。后继线路采用电流电压变换电路，线形区范围扩大，得到广泛应用。

四、实验所需仪器设备

（1）实验仪器：CSY10G 型光电传感器系统实验仪。

（2）实验所需部件：光敏二极管、稳压电源、负载电阻、遮光罩、光源、电压表（自备四位半万用表）、微安表、（照度计）。

五、实验步骤

按图 11-8 接线，注意光敏二极管是工作在反偏状态。由于硅光敏二极管的反向工作电流非常小，所以应视实验情况适当提高工作电压，必要时可用稳压电源上的±10 V 或±12 V 串接。

1. 暗电流测试

用遮光罩盖住光电器件模板，电路中反向工作电压接±12 V，选择适当的负载电阻。打开电源，调节负载电阻值，微安表显示的电流值即为暗电流，或用四位半万用表 200 mV 挡

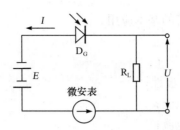

图 11-8　光敏二极管测试电路

测得负载电阻 R_L 上的压降 $U_暗$，则暗电流 $I_暗 = U_暗/R_L$。一般锗光敏二极管的暗电流要大于硅光敏二极管暗电流数十倍。可在试件插座上更换其他光敏二极管进行测试作性能比较。

2. 光电流测试

缓慢揭开遮光罩，观察微安表上的电流值的变化，（也可将照度计探头置于光敏二极管同一感光处，观察当光照强度变化时光敏二极管光电流的变化）或者用四位半万用表200 mV挡测得 R_L 上的压降 $U_光$，光电流 $I_光 = U_光/R_L$。如光电流较大，可减小工作电压或调节加大负载电阻。

3. 灵敏度测试

改变仪器照射光源强度及相对于光敏器件的距离，观察光电流的变化情况。

4. 光谱特性测试（需要照度计）

不同材料制成的光敏二极管对不同波长的入射光反应灵敏度是不同的（参见第 3 章图 3-9），硅光敏二极管的响应值为 0.4～1.0 μm，锗光敏二极管的响应值为 0.6～1.80 μm。试用附件中的红外发射管、各色发光 LED 光源光、激光光源照射光敏二极管，测得光电流并将测试数据填入表 11-8。

表 11-8　不同颜色光在不同照度下的光电流实验数据

光源	红外	红	黄	绿	蓝	白
照度 1						
照度 2						
照度 3						

注意事项：本实验中暗电流测试最高反向工作电压受仪器电压条件限制定为 ±12 V（24 V），硅光敏二极管暗电流很小，有可能不易测得。测试光电流时要缓慢地改变光照度，以免测试电路中的微安表指针打表。

实验 6　光敏三极管特性测试

一、实验目的

(1) 学习和掌握光敏三极管的工作原理（见第 3 章有关内容）；

(2) 学习和掌握光敏三极管的基本特性；

(3) 掌握使用 CSY10G 型光电传感器系统实验仪测定光敏二极管伏安特性方法；

(4) 学习和掌握光敏三极管的基本应用。

二、实验内容

(1) 判断光敏三极管 C、E 极性;
(2) 测试光敏三极管的暗电流;
(3) 测试光敏三极管的光电流;
(4) 测试光敏三极管的伏安特征;
(5) 测试光敏三极管的光谱特性;
(6) 测试光敏三极管的光电特性;
(7) 测试光敏三极管的温度特性。

三、实验原理

光敏三极管是具有 NPN 或 PNP 结构的半导体管,结构与普通三极管类似。但它的引出电极通常只有两个,入射光主要被面积做得较大的基区所吸收。光敏三极管的测试电路如图 11-9 所示。集电极接正电压,发射极接负电压。

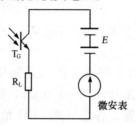

图 11-9　光敏三极管测试电路

四、实验所需仪器设备

(1) 实验仪器:CSY10G 型光电传感器系统实验仪。
(2) 实验所需部件:光敏三极管、稳压电源、各类光源、电压表(自备四位半万用表)、微安表、负载电阻(实验选配单元)、照度计(用户选配)。

五、实验步骤

1. 判断光敏三极管 C、E 极性

方法是用万用表 20 M 电阻测试挡,测得管阻小的时候红表棒端触脚为 C 极,黑表棒为 E 极。

2. 暗电流测试

按图 11-9 接线,稳压电源用±12 V,调整负载电阻 R_L 阻值,使光敏器件模板被遮光罩盖住时微安表显示有电流,即为光敏三极管的暗电流,或测得负载电阻 R_L 上的压降 $U_暗$,暗电流

$$I_暗 = U_暗 / R_L$$

3. 光电流测试

缓慢地移开遮光罩，观察不同颜色光随光照度变化的光电流的变化情况，并将所测数据填入表 11 - 9。

表 11 - 9　不同颜色光在不同照度下的光电流实验数据

光源	红外	红	黄	绿	蓝	白
照度 1						
照度 2						
照度 3						

通过实验比较可以看出，光敏三极管与光敏二极管相比能把光电流放大的倍数，因此，光敏三极管具有更高的灵敏度。

4. 伏安特征测试

光敏三极管在给定的光照强度与工作电压下，将所测得的工作电压 U_{ce} 与工作电流记录下来，工作电压可从 $\pm 4 \sim \pm 12$ V 变换，并作出一组 U/I 曲线。

5. 光谱特性测试

对于一定材料和工艺制成的光敏管，必须对应一定波长的入射光才有响应。按图 11 - 9 接好光敏三极管测试电路，参照光敏二极管的光谱特性测试方法，用各种光源照射光敏三极管，测得光电流，并作出定性的结论。

6. 光电特性测试

在外加工作电压恒定的情况下，照射光通量与光电流的关系见第 3 章图 3 - 15，用各种光源照射光敏三极管，记录光电流的变化。

7. 温度特性测试

光敏三极管的温度特性曲线见第 3 章图 3 - 17，在图 11 - 9 的电路中加热光敏三极管，观察光电流随温度升高的变化情况。

六、思考题

光敏三极管工作原理与半导体三极管相似，为什么光敏三极管有两根引出电极就可以正常工作？

实验 7　光电位置传感器(PSD)实验

光电位置传感器(PSD)，自 20 世纪 70 年代研制成功后，1985 年前后日本和美国相继运用 PSD 研制了各种仪器与装置。UDT 开发出了这种结构的产品，用于探测可见光、红外以及高能射线的一维物理实验和测距。由于 PSD 器件具有体积小、灵敏度高、线性范围大、噪声低、响应速度快等优点，所以广泛应用于光电位置测量、光学遥控、位移和振动的检测和监控、方向探测、光学边界判别、医用器械、三维位置测量系统及机器人视觉等方面。

半导体光电位置传感器是一种对入射到光敏面上的光点或暗斑位置敏感的光电器件，其输出信号与光点或暗斑在光敏面上的位置有关。其特点是：① 它对光斑的形状无严格要求，即输出信号与光的聚焦无关，只与光的能量中心位置有关，这给测量带来很大方便；② 光敏面上无须分割，消除了死区，可连续测量光斑位置，位置分辨率高；③ 可同时检测位置和光强——PSD 器件输出总光电流与入射光强有关，而各信号电极输出光电流之和等于总光电流，所以从总光电流可求得相应的入射光强。

一、实验目的

（1）掌握光电位置敏感元件的组成和工作机理（见第 3 章有关内容）；
（2）了解光电位置敏感元件的静态特性；
（3）掌握采用光电位置敏感元件测量微小位移的原理与方法。

二、实验内容

利用 PSD 测量微小位移。

三、实验原理

PSD 是一种独特的半导体光电器件，它的 PN 结结构、工作状态、光电转换原理等与普通光电二极管类似，但其工作原理与普通光电二极管完全不同，后者基于 PN 结或肖特基结的纵向光电效应，事实上是纵向光电效应和横向光电效应的综合。光电位置敏感元件是一种对入射到光敏面上的光点位置敏感的光电器件，其输出信号与光点在光敏面上的位置有关，且与光的聚焦无关，只与光的重心有关。利用这一点，当被测目标上的光斑随着被测目标前后移动而移动时，PSD 光敏面上的光斑像（由被测目标上的光斑通过成像物镜所成）也相应移动。这样，通过检测 PSD 两极输出的电流的变化可反推出被测目标的位移（具体讨论见第 3 章 3.5.2 内容）。

四、实验所需仪器设备

（1）实验仪器：CSY10G 型光电传感器系统实验仪。
（2）实验所需器件：PSD 基座（器件已装在基座上）、固体激光器、反射体、PSD 处理电路单元、电压表。

五、实验过程及数据分析

PSD 测试系统的基本组成：本测试系统主要由 PSD 基座、半导体激光器、反射屏、PSD 及处理电路单元组成，其结构框图如图 11 - 10 所示。

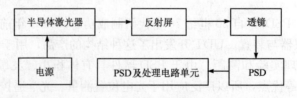

图 11 - 10　PSD 测试系统结构框图

半导体激光器能输出频率单一、能量集中、功率稳定性好的光信号，具有体积小、亮度高、重量轻、方向性好、寿命长、抗冲击性能好等优点。所以，采用半导体激光器作为光电测试系统的光源。

由于 PSD 器件对光点位置的变化非常敏感而对光斑的形状无严格要求，即输出信号与光的聚焦无关，只与光的能量中心有关，所以让反射屏连接在一个带有螺旋测微仪的平台上，通过旋转螺旋测微仪来改变反射体离激光器的距离从而改变光线照在聚光透镜上的位置，最终达到改变光点离 PSD 中心的距离。其光路图如图 11-11 所示。

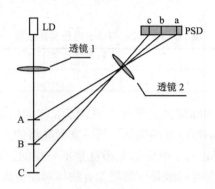

图 11-11 PSD 测试系统的光路图

由 PSD 的工作原理及其探测位置线性度的讨论可知，从 PSD 电极输出的电信号并不直接是位置信号，必须对这些电信号进一步处理才能得到光斑的入射位置。当允许将 PSD 封装起来使用而且入射光比较强时，可以忽略背景光电流和暗电流，即采用恒定连续光源，光电流为直流信号，处理电路的框图如图 11-12 所示（即 PSD 处理电路单元），前置处理部分将从 PSD 两电极输出的微弱电流转换成电压并放大，运算处理部分按照位置公式将两路电压信号相加、相减和相除，最终输出位置信号。

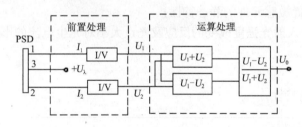

图 11-12 PSD 处理电路单元

六、实验步骤

（1）通过基座上端圆形观察孔观察 PSD 器件及在基座上的安装位置，连接好 PSD 器件与处理电路，开启仪器电源，输出端 U_0 接电压表，此时因无光源照射，PSD 前聚焦透镜也无因光照射而形成的光点照射在 PSD 器件上，U_0 输出的为环境光的噪声电压。试用一块遮光片将观察圆孔盖上，观察光噪声对输出电压的变化。

（2）将激光器插头插入"激光电源"插口，激光器安装在基座圆孔中并固定。注意激光束照射到反射面上时的情况，光束应与反射面垂直。旋转激光器角度，调节激光光点（必要时也可调节 PSD 前的透镜）使光点尽可能集中在器件上。

（3）仔细调节位移平台，用电压表观察输出电压 U_0 的变化。当输出为零时，再分别测两路信号电压输出端 U_{o1}、U_{o2} 的电压值，此时两个信号电压应是基本一致的。

（4）从原点开始，位移平台分别向前和向后位移 10 mm。因为 PSD 器件对光点位置的变化非常敏感，所以每次螺旋测微仪旋转 5 格（1/10 mm），并将位移值（mm）与输出电压（V）记录于表 11-10 中，作出 U-x 曲线，求出灵敏度 S，$S=\Delta U/\Delta x$。根据曲线分析其线性。

表 11-10 位移与输出电压实验数据

位移/mm											
电压/V											

注意事项：实验中所用的固体激光器光点可调节，实验时请注意光束不要直接照射眼睛，否则有可能对视力造成不可恢复的损伤。每一支激光器的光点和光强都略有差异，所以对同一 PSD 器件，光源不同时光生电流的大小也是不一样的。实验时背景光的影响也不可忽视，尤其是采用日光灯照明时，或是仪器周围有物体移动造成光线反射发生变化时，都会造成 PSD 光生电流改变，致使输出端电压 U_o 产生跳变，这不是仪器的毛病。如实验时电压信号输出较小，则可调节一下激光器照射角度，使输出达到最大。

实验 8 光电位置传感器（PSD）光电特性实验

一、实验目的

（1）掌握光电位置敏感元件的组成和工作机理（见第 3 章有关内容）；
（2）了解光电位置敏感元件的静态特性；
（3）了解 PSD 对入射光强度改变的反应及光点大小对光生电流的影响。

二、实验内容

测试 PSD 的光电特性。

三、实验所需仪器设备

（1）实验仪器：CSY10G 型光电传感器系统实验仪。
（2）激光器、激光教鞭、小型聚焦灯泡（自备）、PSD 器件及放大变换电路、电压表、示波器。

四、实验步骤

（1）在实验 7 的基础上调整位移平台前后位置，使光点在平台位移时均能照在 PSD 器件的光敏面上，如位移范围不够则可将激光器在激光器座中的位置前后做些调整。
（2）开启激光电源，记录下光点位移时 U_o 端的最大输出值。
（3）保持单元电路增益不变，将光源更换成激光教鞭或聚光小灯泡，记录下不同光源照射时输出端的最大 U_o 值。
（4）调节 PSD 入射光聚焦透镜（或激光器调焦透镜），使光斑放大，依次重复步骤（1）、

（2），观察输出电压的变化。

（5）根据实验结果作出 PSD 器件光电特性的定性结论。

实验 9　线阵 CCD 原理及驱动实验

线阵 CCD 像传感器具有结构精细、体积小、工作电压低、噪声低、响应度高等优点。它已应用于运动图像的传感、机械量的非接触自动检测和高温场中数据的自动获取等许多方面。线阵 CCD 器件有 256 元像素到 5 000 元像素的多种规格，可被选择使用于不同场合。使用线阵 CCD 必须配合以合适的驱动电路。

一、实验目的

（1）掌握本实验仪的基本操作和功能；

（2）掌握用双踪迹示波器观测二相线阵 CCD 驱动脉冲的频率、幅度、周期和各路驱动脉冲之间的相位关系等的测量方法；

（3）通过对典型线阵 CCD 驱动脉冲的时序和相位关系观测，掌握二相线阵 CCD 的基本工作原理，尤其是复位脉冲 CCD 输出电路中的作用，转移脉冲与驱动脉冲间的相位关系；掌握电荷转移的过程。

二、实验所需仪器设备

（1）双踪迹同步示波器（带宽 50 MHz 以上）1 台。

（2）彩色线阵 CCD 多功能实验仪 YHLCCD-IV 1 台。

三、实验前准备内容

（1）学习线阵 CCD 的基本工作原理（参考第 7 章相关内容），阅读双踪迹示波器的使用说明书。

（2）学习 TCD2252D 线阵 CCD 基本工作原理与驱动波形图（参考附录 C）。

（3）掌握双踪迹示波器的基本操作方法，尤其是其同步、幅度、频率、时间与相位的测量方法。

（4）根据线阵 CCD 的基本工作原理，观测转移脉冲 SH 与 F1（CR1）、F2（CR2）的相位关系，理解线阵 CCD 的并行转移过程。观测 F1 与 F2 及 F1 与 CP、SP、RS 间的相位关系，理解线阵 CCD 的串行传输过程和复位脉冲 RS 的作用。

（5）测量 CCD 在不同驱动频率的情况下的 F1 与 F2、F1、RS 的周期与频率值，以及其行周期（FC）值。

四、实验内容及步骤

1. 实验预备

（1）首先将示波器地线与实验仪上的地线连接良好，并确认示波器和实验仪的电源插头均已插入交流 220 V 的电源插座上。

（2）取出双踪迹同步示波器，将电源线插入交流 220 V 的电源插座上，测试笔（或称探头)分别接入测试输入端口；打开示波器的电源开关，选择自动测试方式，调整显示屏上出现的扫描线使之处于便于观察的位置。

（3）将示波器的两个测试笔分别接到示波器的标准输出信号端子上进行校准。

（4）打开 YHLCCD-IV 的电源开关，观察仪器面板显示窗口，数字闪烁表示仪器初始化，闪烁结束后显示为"000"字样，前两位数表示积分时间挡次值，末位数表示 CCD 的驱动频率挡位值。积分时间共分为 32 挡，显示数值范围为"00"～"31"，数值越大表示积分时间越长。积分时间的设置由仪器数值显示板下方的 4 个按键开关控制，分为十位键与个位键控制，按标有"＋"号的键将使对应的显示积分时间的挡位加一操作，按标有"－"号的键将使对应的显示积分时间的挡位减一操作；CCD 的驱动频率挡位值共有 4 挡，分别显示数值为"0""1""2""3"，"0"挡位下的驱动频率最高，"1"挡位数下的驱动频率是"0"挡位下的驱动频率的一半，显然，"3"挡位数下的驱动频率是"0"挡位下的驱动频率的 1/8。

2. 驱动脉冲相位的测量

（1）将示波器测试笔 CH1 和 CH2 的扫描线调整至适当位置后，用 CH1 为同步信号输入端。对照附录 C 中 TCD 2252D 的驱动波形进行下面的实验。

（2）用测试笔 CH1 接到仪器表面上（转移脉冲）上，仔细调节触发脉冲电平旋钮使显示波形稳定（同步），使 SH 脉冲宽度适当（将示波器的扫描频率调至 2 μs 左右）以便于观察。用测试笔 CH2 分别接到仪器表面标有"F1"与"F2"（驱动脉冲）字样的测试端口，观测 SH 与 F1、F2 的相位关系。

（3）再用测试笔 CH1 测量 F1 信号，CH2 探头分别测量 F2、RS、CP、SP 信号，观测 F1 与 F2、RS、CP、SP 信号之间的相位关系。

（4）用测试笔 CH1 探头测量 CP 信号，CH2 探头分别测量 RS、SP，观测 CP 与 RS、SP 信号之间的相位关系。

（5）将以上所测的波形与相位关系与"附录 C"所示 TCD 2252D 的驱动波形相对照。

3. 驱动频率和积分时间测量

（1）用示波器分别测量 4 挡位下的驱动脉冲 F1、F2、复位 RS 信号的周期、幅度，并计算出它们的频率，填入表 11-11。

表 11-11　驱动频率与周期

驱动频率	项目	F1	F2	RS
0 挡	周期/μs			
	频率/kHz			
1 挡	周期/μs			
	频率/kHz			
2 挡	周期/μs			
	频率/kHz			
3 挡	周期/μs			
	频率/kHz			

（2）将 CCD 的驱动频率设置为"0"挡，积分时间也设置为"00"挡。用测试笔 CH1 测 FC（以它作同步），用测试笔 CH2 测量 SH，观察两者的周期是否相同，记录 FC 信号的

周期。通过实验仪面板上的积分时间和驱动频率的调整按钮进行调节，并将不同驱动频率挡和积分时间挡次下的 FC 周期填入表 11-12 中。表 11-12 只列出 16 挡，其余挡次可以自行添加测量。

4. CCD 输出信号的测量

（1）将实验仪积分时间设置为"00"挡，驱动频率设置在"0"挡。

（2）用示波器 CH1 探头测量 FC 信号，调节示波器显示至少 2 个 FC 周期；CH2 探头测量实验仪的 UG 输出端子，打开实验仪顶部盖板，调节镜头光圈。观察 UG 输出是否有变化（如没有任何变化，请通知实验指导教师调整）。

（3）逐步缩小镜头光圈，观测 UG 的波形变化，当 UG 的输出在小于 3 V 时停止调整镜头光圈，盖上仪器盖板。

（4）保持 CH1 探头不变，增加积分时间，用 CH2 探头分别测量 UG、UR 和 UB 信号，观测这 3 个信号在积分时间改变时的信号变化。

（5）调节示波器扫描速度，展开 SH 信号，观测 SH 波形和 CCD 输出波形之间的相位关系。重复上述步骤，观测 FC 波形和 CCD 输出波形之间的相位关系。

（6）打开实验仪上盖板，将测量片夹 B 插入到后端片夹夹具中，适当开大镜头光圈，通过示波器观测 CCD 输出波形的变化。

表 11-12　积分时间的测量

驱动频率 0 挡		驱动频率 1 挡		驱动频率 2 挡		驱动频率 3 挡	
积分时间/挡	FC 周期/ms	积分时间/挡	FC 周期/ms	积分时间/挡	FC 周期/ms	积分时间/挡	FC 周期/ms
00		00		00		00	
01		01		01		01	
02		02		02		02	
03		03		03		03	
04		04		04		04	
05		05		05		05	
06		06		06		06	
07		07		07		07	
08		08		08		08	
09		09		09		09	
10		10		10		10	
11		11		11		11	
12		12		12		12	
13		13		13		13	
14		14		14		14	
15		15		15		15	

5. 关机结束

（1）关闭实验仪；

（2）关闭示波器；

（3）关闭电源。

五、实验总结

（1）写出实验总结报告，注意说明 TCD 2252D 的基本工作原理。

（2）说明 RS 脉冲、SP 脉冲和 CP 脉冲的作用，输出信号与 F1、F2 周期的关系。

（3）解释为何在同样的光源亮度下会出现 U_R、U_G、U_B 信号的幅度差异。

实验 10　线阵 CCD 基本特性的测量实验

一、实验目的

通过对典型线阵 CCD 在不同驱动频率和不同积分时间下输出信号的测量，进一步掌握线阵 CCD 的基本特性，加深积分时间对 CCD 输出信号的影响，掌握驱动频率和积分时间设置与改变的意义。正确理解线阵 CCD 器件的光照灵敏度的概念与饱和"溢出"的效应。

二、实验准备内容

（1）学习掌握线阵 CCD 的基本工作原理（参考第 7 章相关内容）。

（2）学习掌握 TCD 2252D 线阵 CCD 基本工作原理（参考附录 C）。

（3）通过对典型线阵 CCD 的输出信号和驱动脉冲相位关系的测量，掌握线阵 CCD 的基本特性。特别注意对积分时间、驱动频率、输出信号幅度等的测量结果的分析。找出积分时间、驱动频率、输出信号幅度间的关系，FC 脉冲与输出信号的相位关系，说明 FC 脉冲的作用。

三、实验所需仪器设备

（1）双踪迹同步示波器（带宽 50 MHz 以上）1 台。

（2）彩色线阵 CCD 多功能实验仪 YHLCCD-IV 1 台。

四、实验内容及步骤

1. 实验预备

（1）首先将示波器的地线与多功能实验仪上的地线连接好，并确认示波器和多功能实验仪的电源插头均插入交流 220 V 插座上。

（2）打开示波器电源开关，调整好示波器。

（3）打开 YHLCCD-IV 的电源开关，测量 F1、F2、FC、RS、SP、CP 各路驱动脉冲信号的波形，并与"附录 C"中所示波形对比。与图 C - 3 所示的波形基本相符，表明仪器工作正常，继续进行下面实验；否则，应请指导教师检查。

2. 驱动频率变化对 CCD 输出波形影响的测量

（1）将示波器 CH1 和 CH2 的扫描线调整至适当位置，设置 CH1 所测信号为同步信号。

（2）将实验仪 CCD 的驱动频率设置为"0"挡，积分时间设置为"00"挡。

（3）用 CH1 探头测量 FC 脉冲，仔细调节使之同步稳定，调节示波器使示波器显示至少两个稳定的 FC 周期,用测试笔 CH2 测量 U_o(泛指 U_R、U_G、U_B)信号。

(4) 调整 CCD 成像物镜镜头的光圈,观测 U_o 信号幅度的变化,将光圈调整至 U_G 信号接近"0 V"位置处停止调整光圈,将测量片夹 B 插入后端片夹夹具中,盖上盖板。

(5) 维持示波器探头不动,使 FC 脉冲始终保持显示至少两个周期,改变驱动频率,设置为"1"挡,观测 CCD 输出信号的变化。

(6) 继续调节驱动频率至"2"挡和"3"挡,观测输出信号 U_G 的变化,并做相应记录。

3. 积分时间与输出信号测量

(1) 保持实验仪其他设置不变,只将实验仪驱动频率设置恢复为"0"挡,并确认积分时间设置处于"00"挡。

(2) 用 CH1 探头测量 FC 脉冲,调节示波器使之同步稳定,并至少显示两个周期。用 CH2 探头测量 U_o 信号。

(3) 调节积分时间设置按钮逐步增加积分时间,测出输出信号 U_o 的幅度(VH 是高电平,VL 是低电平)值,填入表 11 - 13。表 11 - 13 填满后,以积分时间为横坐标,以输出信号 U_o 的幅度为纵坐标,画出输出特性曲线,观察 CCD 的输出信号与积分时间的关系,当 CCD 出现饱和后,积分时间与输出的信号又为如何?

表 11 - 13 输出信号幅度与积分时间的关系

驱动频率 0 挡		输出信号 U_o		驱动频率 1 挡		输出信号 U_o	
积分时间/挡	FC 周期/ms	输出幅度/VH	输出幅度/VL	积分时间/挡	FC 周期/ms	输出幅度/VH	输出幅度/VL
00				00			
02				02			
04				04			
06				06			
08				08			
10				10			
12				12			
14				14			
驱动频率 2 挡		输出信号 U_o		驱动频率 3 挡		输出信号 U_o	
积分时间/挡	FC 周期/ms	输出幅度/VH	输出幅度/VL	积分时间/挡	FC 周期/ms	输出幅度/VH	输出幅度/VL
00				00			
02				02			
04				04			
06				06			
08				08			
10				10			
12				12			
14				14			

(4) 驱动频率(即调节驱动频率设置按钮,从"0"至"3"),重复上述实验,观测波形变化情况并做相应记录。

(5) 写出实验报告,说明 CCD 输出信号与积分时间的关系,并解释之。

4. 关机结束

（1）关闭实验仪。

（2）关闭示波器。

（3）关闭电源。

五、实验总结

（1）解释为什么驱动频率对积分时间会有影响。

（2）解释为什么在入射光不变的情况下积分时间的变化会对输出信号有影响。这对 CCD 的应用有何指导意义？进一步增加积分时间以后，输出信号的宽度会变宽吗？为什么？这对 CCD 的应用又有何指导意义？

实验 11　利用线阵 CCD 进行物体角度的测量

一、实验目的

应用线阵 CCD 可以进行物体位置或角度的测量，学习利用线阵 CCD 测量被测物体角度的方法能够帮助学生进一步掌握线阵 CCD 的应用问题，使学生充分发挥想象力，增强创新设计能力。

二、实验准备内容

（1）学习利用彩色线阵 CCD 测量被测物体角度的基本原理；

（2）掌握利用 CCD 进行角度测量的方法。

三、实验所需仪器设备

（1）YHLCCD-IV 型彩色线阵 CCD 多功能实验仪 1 台。

（2）装有 VC++软件及相关实验软件的 PC 计算机 1 台。

（3）带宽 50MHz 以上的双踪迹同步示波器 1 台。

四、测量原理

利用线阵 CCD 测量被测物体角度的方法有很多，其实质都属于尺寸测量和位移量测量的类型。常用的测量方法有两种。第一种方法如图 11－13 所示，图中水平粗线表征线阵 CCD 的像敏单元阵列，假设待测物体的轴线与 CCD 像元排列方向垂直，线阵 CCD 将测出它的宽度为 D；当该物体旋转了角度 α 后，CCD 测量出来的宽度值也发生变化，变为 S。

从图 11－13 可以推导出被测物的倾斜角度 $\alpha = \arcsin(D/S)$。

这种测量角度的方法比较简单，适用于低精度测量较大尺寸物体的倾斜角。这种方法要求预先知道被测物体垂直放置时的宽度，且光学系统的放大倍数不能太高。当被测物体本身的宽度尺寸 D 有显著变化时，会直接影响角度的测量精度。

测量角度的第二种方法实际上是两条具有水平刻度尺的平行线切割被测物体而对其倾角敏感的测量原理。由于彩色线阵 CCD 由 3 条相互平行的像敏单元阵列构成，且制造 CCD 的

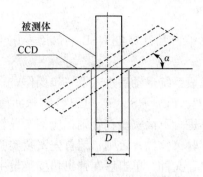

图 11-13　CCD测量角度方法之一

工艺保证了 3 条平行的光敏单元阵列的首尾及像元尺寸的高精度一致性，使得其中的任意两行光敏单元阵列能够构成两条具有水平刻度的尺，其像元尺寸可视为尺的分度，像元总长可视为测量范围（当然要考虑光学系统的放大倍率），当被测物体与线阵 CCD 像敏单元阵列成角度 α 时，可以利用彩色线阵 CCD 两条平行的阵列传感器进行角度测量。

　　如图 11-14 所示，假设被测物体在 CCD 像面上的投影如灰色部分所示，R、B、G 分别为彩色线阵 CCD 的 R、B、G 3 条单元阵列（阵列传感器）。由图中可以看出，3 条阵列传感器对待测物体成像后的边界是相互错开的，用分离最远的 R、G 阵列传感器做测量尺，通过对 R、G 阵列传感器的边界信息的提取测量，便可以测得图中的 S。而相邻感光线的间距为 $64~\mu m$，为已知量（见器件手册），则 R、G 阵列传感器的边界间隔距离 $L_0 = 128~\mu m$。

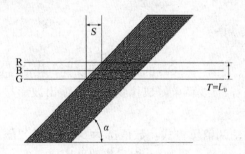

图 11-14　彩色线阵 CCD 测量角度方法

　　由此可以推导出待测物体的倾斜角度为

$$\alpha = \mathrm{artan}(T/S) \qquad\qquad (11-15)$$

　　由于彩色线阵 CCD 的相邻阵列传感器的距离 L_0 较宽，而同列像元的中心距 l_0 很小，因此用这种方法测角可以获得较高的精度。这种方法测角的角度分辨率为

$$\alpha_{\min} = \arctan(l_0/L_0) \qquad\qquad (11-16)$$

五、实验内容及步骤

1. 实验内容
（1）用单色线阵 CCD 测量物体的角度；
（2）用彩色线阵 CCD 测量物体的角度。

2. 实验步骤

（1）首先将实验仪的数据端口和计算机 USB 端口用专用 USB 数据线缆连接好并合上 YHLCCD-IV 的主电源开关。

（2）打开计算机电源，完成系统启动后进入下一步操作。

（3）用示波器测量 F1、F2、FC、RS、SP、CP 各路脉冲信号的波形是否正确。如果与附图 3 所示的波形相符，继续进行下面实验；否则，应请指导教师检查。

（4）确认已经正确安装实验仪软件；否则，请首先安装实验仪软件。

（5）选择"角度测量实验"文件，单击后在弹出角度测量主界面上按界面提示进行下面的操作。

1）角度测量方法之一

（1）打开实验仪上盖板，将测量角度样片 D、E 分别插入测量片夹夹具中。

（2）运行"角度测量实验"软件，在如图 11-15 所示的界面工具条上选择算法，单击"算法 1"按钮，便可以算法 1 的测量方法测出"物体"（样片 D）的倾角，测量结果显示在如图 11-16 所示的测量框内，例如测得角度为 44.54°。

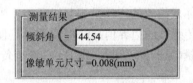

图 11-15　算法选择　　　　　　　　图 11-16　实验结果的显示

（3）调节镜头的光圈、焦距和 CCD 的积分时间设置，使信号达到测量要求（接近饱和状态，但不能进入饱和状态），且要调整好成像物镜，使输出波形尽量陡直，以便获得更高的测量精度。

（4）设置阈值为"浮动阈值"方式，数值选为 50。选择"压缩"显示，数据采集间隔设为 0 s，设置采集次数为 10 次，得到 10 次采集的平均值。

（5）运行测量软件，并将所显示的测量结果记录在实验报告中。

2）角度测量方法之二

选择工具条上的"算法 2"按钮，实验仪将自动转换为用 TCD 2252D 的 U_R、U_G 两输出信号进行方法 2 测量。将测量角度样片 D、E 图形代替被测物体分别插入测量片夹的夹槽中。其他实验步骤如同角度测量方法一的步骤。测量结果也同样显示于如图 11-16 所示的界面中。

3. 结束与关机

（1）先退出实验程序，再关闭实验仪的电源；

（2）关闭计算机系统；

（3）关闭示波器电源；

（4）关掉总电源；

（5）整理好所有的实验器材与工具。

六、实验总结

（1）写出实验总结报告。

（2）假设本实验测量物体宽度为 4 mm，CCD 像面的测量精度为±2（CCD 像素点），根据光学放大倍数，分析本实验测量角度的精度情况。

（3）同上条件，假设被测物体本身的宽度变化为 8 mm±0.2 mm，再分析测量角度的精度情况。

（4）试比较两种测量方法的测量精度，彩色线阵 CCD 的行间距越宽，测量精度越高吗？若采用两个平行放置的单色 CCD 能否实现更高精度的测量结果？

（5）参考本实验角度测量原理，试设计一个用两个平行放置的线阵 CCD 进行圆形棒材直径测量的装置，并要求允许棒材产生适当的倾斜，求解测量公式。（选作）

实验 12　光纤位移测试传感器实验

一、实验目的

（1）掌握光纤传感器的基本组成和基本工作机理（见第 9 章有关内容）；
（2）了解光纤传感器的分类；
（3）学习和掌握光纤传感器测试微小位移的方法。

二、实验内容

利用光纤传感器测试微小位移。

三、实验所需仪器设备

（1）实验仪器：CSY10G 型光电传感器系统实验仪。

（2）实验所需器件：光纤、光电变换块、光纤变换电路、电压表、反射片（电机叶片）、位移平台。

四、实验原理

本实验仪中所用的为传光型光纤传感器，光纤在传感器中起到光的传输作用，因此，光纤传感器属于非功能性的光纤传感器。光纤传感器的两支多模光纤分别用于光源发射及接收光强，其工作原理如图 11-17 所示。

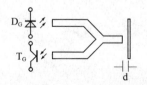

图 11-17　光纤传感器工作原理图

五、实验步骤

（1）将光纤、光电变换块与光纤变换电路相连接，注意同一实验室如有多台光电传感器实验仪，由于光电变换块中的光电元件特性存在不一致，则光纤变换电路中的发射/接收放大电路的参数也不一致，故做实验之前将光纤/光电变换块和实验仪对应编号，不要混用，以免影响正常实验。

（2）光纤探头安装于位移平台的支架上用紧定螺丝固定，电机叶片对准光纤探头，注意保持两端面的平行。

（3）尽量降低室内光照，移动位移平台使光纤探头紧贴反射面，此时变换电路输出电压 U_0 应约等于零。

（4）旋动螺旋测微仪带动位移平台使光纤端面离开反射叶片，每旋转一圈（0.5 mm）记录一个 U_0 值，并将记录结果填入表格（表格自己画），作出位移 x 与输出电压 U_0 的关系曲线。

从测试结果可以看出，光纤位移传感器工作特性曲线如图 11-18 所示，分为前坡 I 和后坡 II。前坡 I 工作范围较小，线性较好；后坡 II 工作范围大但线性较差。因此平时用光纤位移传感器测试位移时一般采用前坡特性范围。根据实验结果试找出本实验仪的最佳工作点（光纤端面距被测目标的距离）。

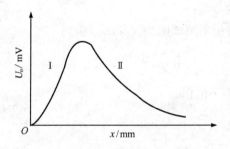

图 11-18　光纤传感器输出特性能曲线

注意事项： 不要开启风扇，否则容易损坏传感器。

六、思考题

如何利用光纤传感器位移测试的原理，设计一个光纤传感器压力测试单元？（提示：压力致使物体产生形变）

附录 A　实验 1 装置中器件说明

1. LWD30 光栅单色仪的光学系统

图 A-1 是单色仪光学系统的示意图，聚光镜把光源发出的光会聚于单色仪入射狭缝 S_1 上，光束经狭缝 B_1 射向球面反射镜 M_1。由于 S_1 位于 M_1 的焦面上，因此经球面镜 M_1 反射后的光束为平行光束。平行光束经平面光栅 G 分光后，不同的波长以不同的入射角投向球面反射镜 M_2。球面镜 M_2 把分光后的光聚在焦面上，形成波长不同的一系列光谱线。出射狭缝 S_2 位于球面镜 M_2 的聚焦面上。把狭缝 S_1 和 S_2 开得很窄，测量时转动手轮使光栅转动，在出射狭缝 S_2 处就会得到各个光谱分量的输出。输出光的波长可在手轮计数器上读出。仪器备有 4 块光栅，分别对应着可见光和红外区 4 个光谱段。实验 1 中采用第二块光栅（1 200 线/nm），此时的输出波长为手轮计数器读数的 2 倍（单位为 Å，1Å＝0.1 nm）。

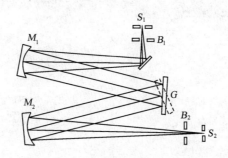

图 A-1　LWD30 光栅单色仪光学系统的示意图

2. 热释电探测器

本实验所用的热释电探测器是钽酸锂热释电器件，前置放大器与探测器装在同一屏蔽壳里。前放工作时需要＋12 V 电压。为减小噪声，用干电池供电。图 A-2 示出了热释电探测器的典型调制特性。

3. 硅光电二极管

硅光电二极管为待测器件，它的前置放大器与它装在同一屏蔽壳中，所需＋12 V 电压由选频放大器提供。前置放大器的放大倍数为 150。

4. 选频放大器

由于分光后的光谱辐射功率很小，虽然热释电探测器和光电二极管都带有前置放大器，但仍需接选频放大器放大。选频放大器的频率特性如图 A-3 所示。其中心频率 f_0 与调制频率一致（实验 1 中为 25 Hz）。

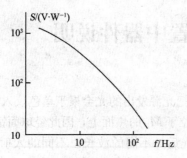

图 A-2　热释电探测器的典型调制特性

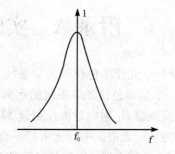

图 A-3　选频放大器的频率特性

另外，钨丝灯的电源电压在 0~6 V 可调，调制盘的电机使用 220 V 电压。

附录 B CS-1022 型示波器测量上升响应时间的方法介绍

CS-1022 型示波器的外触发工作方式和 10%~90% 的上升响应时间的测试方法。

1. 外触发同步工作方式

当示波器的触发源选择 ext 挡时，CS-1022 型示波器右下角的外触发输入插座上的输入信号成为触发信号。在很多应用方面，外触发同步更为适用于波形观测。这样可以获得精确的触发而与馈送到输入插座 CH$_1$ 和 CH$_2$ 的信号无关。因此，即使当输入信号变化时，也不需要再进一步触发。用示波器外触发工作方式测量光电探测器响应时间，其测试装置示意图如图 B-1 所示。

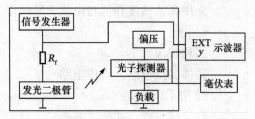

图 B-1 光电探测器响应时间的测试装置示意图

2. 10%~90% 的上升响应时间的测试方法

（1）将信号加到 CH$_1$ 输入插座，置垂直方式于 CH$_1$。用 V/div 和微调旋钮将波形峰峰值调到 6 div。

（2）用 ⬍ 位移旋钮和其他旋钮调节波形，使其显示在屏幕垂直中心。将 t/div 开关调到尽可能快速的挡位，能同时观测 10% 和 90% 两个点。将微调置于校准挡。

（3）用 ◀▶ 位移旋钮调节 10% 点，使之与垂直刻度线重合，测量波形上 10% 和 90% 点之间的距离（div）。将该值乘以 t/div，如果用"×10 扩展"方式，再乘以 1/10。

请正确使用 10%、90% 线。在 CS-1022 型示波器上，每个 0%、10%、90% 和 100% 测量点都标记在示波管屏幕上。

使用公式：上升响应时间 τ_r＝水平距离（div）× t/div 挡位×"×10 扩展"的倒数（1/10）。例如，水平距离为 4 div，t/div 是 2 μs，如图 B-2 所示。

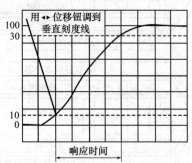

图 B-2 上升响应时间测量示例图

代入给定值：上升响应时间 τ_r＝4.0（div）×2（μs）＝8 μs

附录 C 彩色线阵 CCD 图像传感器 TCD 2252D 简介

TCD 2252D 是一种高灵敏度、低暗电流、2 700 像元的内置采样保持电路的彩色线阵 CCD 图像传感器。该传感器可用于彩色传真、彩色图像扫描和 OCR。它内部包含 3 列 2 700 像元的光敏二极管。该器件工作在 5 V 驱动（脉冲）、12 V 电源条件下。

1. 特性

(1) 像敏单元数目：   2 700 像元×3 列

(2) 像敏单元大小：   8 μm×8 μm×8 μm（相邻像元中心距为 8 μm）

(3) 光敏区域：   采用高灵敏度和低暗电流 PN 结作为光敏单元

(4) 相邻光敏列间距：   64 μm

(5) 时钟：   二相(5 V)

(6) 内部电路：   采样保持电路、钳位电路

(7) 封装形式：   22 脚 DIP 封装

(8) 彩色滤光片：   红、绿、蓝

2. 原理结构图

彩色线阵 CCD 图像传感器 TCD 2252D 的内部结构图如图 C-1 所示。

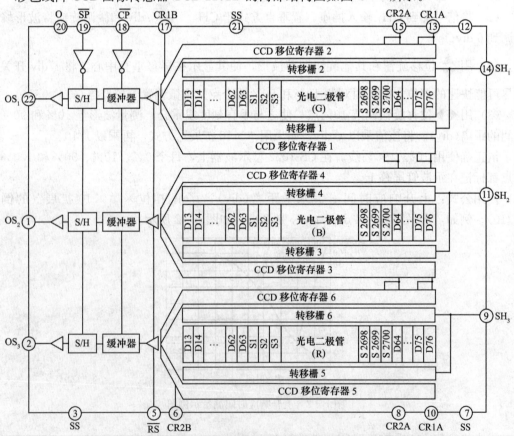

图 C-1 TCD 2252D 的内部结构图

管脚分布顶视图如图 C-2 所示。

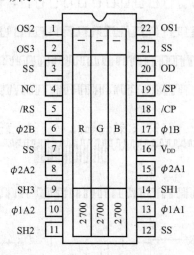

图 C-2　管脚分布顶视图

表 C-1 为 TCD 2252D 的管脚定义。

表 C-1　TCD 2252D 的管脚定义

管脚号	符号	功能描述	管脚号	符号	功能描述
1	OS2	信号输出(蓝)	12	SS	地
2	OS3	信号输出(红)	13	$\phi 1A1$	时钟1(第1相)
3	SS	地	14	SH1	转移栅1
4	NC	未连接	15	$\phi 2A1$	时钟1(第2相)
5	/RS	复位栅	16	V_{DD}	电源(数字)
6	$\phi 2B$	末级时钟(第2相)	17	$\phi 1B$	末级时钟(第1相)
7	SS	地	18	/CP	钳位栅
8	$\phi 2A2$	时钟2(第2相)	19	/SP	采样保持栅
9	SH3	转移栅3	20	OD	电源(模拟)
10	$\phi 1A2$	时钟2(第1相)	21	SS	地
11	SH2	转移栅2	22	OS1	信号输出(绿)

图 C-3 为驱动脉冲波形图与输出信号。

3. CCD 驱动波形与 YHLCCD-IV 同步脉冲的关系

由于 TCD 2252D 器件本身的驱动脉冲较多，为了便于实验，本实验仪器只提取了部分信号供实验测量，对应关系如下。

(1) 实验仪上 F1 信号对应于该器件的 $\phi 1A1$、$\phi 1A2$ 和 $\phi 1B$ 信号。

(2) 实验仪上 F2 信号对应于该器件的 $\phi 2A1$、$\phi 2A2$ 和 $\phi 2B$ 信号。

(3) 实验仪上 RS 信号对应于该器件的 /RS 信号。

(4) 实验仪上 CP 信号对应于该器件的 /CP 信号。

(5) 实验仪上 SP 信号对应于该器件的 /SP 信号。

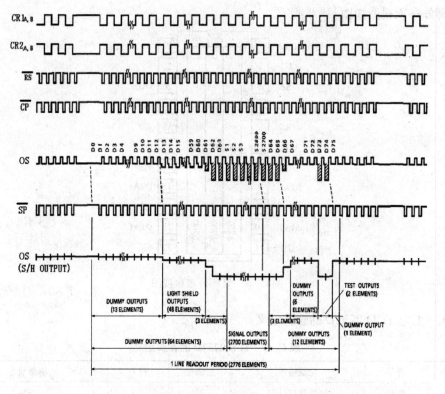

图 C - 3   TCD 2252D 驱动脉冲波形图与输出信号

（6）实验仪 FC 信号定义如下：FC 信号周期与 SH 信号周期相同，FC 信号上升沿对应于 CCD 第一有效输出信号，如图 C - 4 所示。

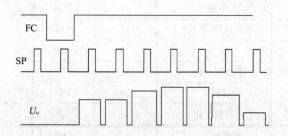

图 C - 4   实验仪中的同步脉冲 FC、SP 与输出电压的波形图

部分习题参考答案

第 1 章

1-3　(1) 光通量 $\Phi_v = 0.362$ lm；发光强度 $I_v = 1.15 \times 10^5$ cd；

　　　　光亮度 $L_v = 1.46 \times 10^{11}$ cd/m²；出射度 $M_v = 4.6 \times 10^5$ lm/m²

　　　(2) 屏上亮度 $L_v \approx 1.56 \times 10^2$ cd/m² （忽略激光器毛细管直径）

1-4　$\Phi_v = 847.8$ lm

1-6　$T = 6\,353$ K

1-14　NEP ≈ 0.31 nW

1-15　$\tau = 8$ ns

第 3 章

3-5　(1) 暗电流 $0.4\ \mu\text{A}$；(2) 电流灵敏度 16 nA/lx。

第 4 章

4-4　$E_{max} = 200$ lx

4-5　(1) 暗电阻约为 $1.2\ \text{M}\Omega$，亮电阻 $10\ \text{k}\Omega$；(2) 照度 83 lx

4-6　(1) 照度 250 lx；(2) 串联一个 $0.75\ \text{k}\Omega$ 的电阻

第 5 章

5-6　电源电压稳定度为 0.1%

5-7　$E_{max} = 0.04$ lx

第 7 章

7-3　转移损失率约为 0.034%

第 10 章

10-3　光外差检测系统的转换增益为 8.1×10^{-3}

10-5　光外差检测系统的最小可测信号为 39.78×10^{-20} W

参 考 文 献

[1] 缪家鼎，徐文娟，牟同升. 光电技术. 杭州：浙江大学出版社，2001.

[2] 王圣佑，曹才芝，韩召进. 光测原理和技术. 北京：兵器工业出版社，1992.

[3] 刘笃仁，韩保君. 传感器原理及应用技术. 西安：西安电子科技大学出版社，2003.

[4] 刘迎春，叶湘滨. 传感器原理设计与应用. 长沙：国防科技大学出版社，2002.

[5] 郝允祥，陈遐举，张保洲. 光度学. 北京：北京师范大学出版社，1988.

[6] 梅遂生，杨家德. 光电子技术. 北京：国防工业出版社，1999.

[7] 程守洙，江之永. 普通物理学. 北京：高等教育出版社，1996.

[8] 苟清泉. 固体物理学简明教程. 北京：人民教育出版社，1979.

[9] 特瑞德. 激光光谱学的基础和技术. 黄潮，译. 北京：科学出版社，1980.

[10] 石顺祥，张海兴，刘劲松. 物理光学与应用光学. 西安：西安电子科技大学出版社，2000.

[11] 高雅允，高乐. 光电检测技术. 北京：国防工业出版社，1995.

[12] 秦积荣. 光电检测原理及应用. 北京：国防工业出版社，1985.

[13] 周书铨. 红外辐射测量基础. 上海：上海交通大学出版社，1991.

[14] 王清正，胡渝. 光电探测技术. 北京：电子工业出版社，1989.

[15] 潘天明. 半导体光电器件及其应用. 北京：冶金工业出版社，1985.

[16] 童诗白，华成英. 模拟电子技术基础. 北京：人民教育出版社，2001.

[17] 张烽生，龚全宝. 光电器件应用基础. 北京：机械工业出版社，1993.

[18] 罗四维. 传感器应用电路详解. 北京：电子工业出版社，1993.

[19] 王庆有. CCD 应用技术. 天津：天津大学出版社，1993.

[20] 陈东波. 固体成像器件和系统. 北京：兵器工业出版社，1991.

[21] 汤顺青. 色度学. 北京：北京理工大学出版社，1990.

[22] 袁祥辉. 固体图像传感器及其应用. 重庆：重庆大学出版社，1992.

[23] 诺布尔. 集成光电器件和系统. 李锦林，译. 北京：科学出版社，1983.

[24] 江月松. 光电技术与实验. 北京：北京理工大学出版社，2000.

[25] 张展霞，刘洪涛，何家耀. 电荷耦合器件及其应用进展. 光谱学与光谱分析，2000，20(2)：160.

[26] 张志伟，武志芳，郭俊杰. 一种测量溶液浓度的光纤传感器. 中北大学学报，2005，26(3)：216.

[27] 郭培源，付扬. 光电检测技术与应用. 2 版. 北京：北京航空航天大学出版社，2011.

[28] 姚建铨，于意仲. 光电子技术. 北京：高等教育出版社，2006.

[29] 张厥盛，郑继禹，万心平. 锁相技术. 西安：西安电子科技大学出版社，1994.

[30] 龚育良，李红卫，白世武，等. 激光外差探测超声位移的原理、方法和实验. 声学学报，1996，21（3）：259.

[31] 徐国昌，凌一鸣. 光电子物理基础. 南京：东南大学出版社，2000.

[32] 高如云，陆曼茹，张企民. 通讯电子线路. 西安：西安电子科技大学出版社，1994.

[33] 杨小丽. 光电子技术基础. 北京：北京邮电大学出版社，2005.

[34] 白廷柱，金伟其. 光电成像原理与技术. 北京：北京理工大学出版社，2016.

[35] 浦昭邦，赵辉. 光电测试技术. 北京：机械工业出版社，2013.

[36] 张文静，孙运强. 共线外差干涉系统相位特性. 光子学报，2016，45(4)：0414003-1.

[37] ZHANG W J，ZHANG Z W. Heterodyne interferometry method for calibration of a soleil-babinet compensator. Appl. Opt.，2016，55(15)：4227.

[38] 王旭颖. 图像传感器 CMOS 的性能及发展趋势. 内蒙古民族大学学报（自然科学版）. 2013，28(5)：502.

[39] 张志伟，赵冬娥，赵辉. 光电检测技术课程内容及教学方法优化与实践. 大学教育. 2018，(1)：86.

[40] 安毓英，曾晓东，冯喆珺. 光电探测与信号处理. 北京：科学出版社，2010.